高职高专计算机基础教育系列教材

信息技术基础
——操作技能训练

主编　王晓娟　陈　康

 南京大学出版社

图书在版编目(CIP)数据

信息技术基础 : 操作技能训练 / 王晓娟,陈康主编. —
南京 : 南京大学出版社,2010.9
ISBN 978 - 7 - 305 - 07526 - 1

Ⅰ. ①信… Ⅱ. ①王… Ⅲ. ①电子计算机－基本知识
Ⅳ. ①TP3

中国版本图书馆 CIP 数据核字(2010)第 165756 号

出版发行　南京大学出版社
社　　址　南京市汉口路 22 号　　　　邮　编　210093
网　　址　http://www.NjupCo.com
出 版 人　左　健
丛 书 名　高职高专计算机基础教育系列教材
书　　名　信息技术基础——操作技能训练
主　　编　王晓娟　陈　康
责任编辑　章　强　倪　琦　　　　编辑热线　025 - 83686531
照　　排　南京南琳图文制作有限公司
印　　刷　江苏凤凰通达印刷有限公司
开　　本　787×1092　1/16　印张　20.5　字数 499 千
版　　次　2010 年 9 月第 1 版　2010 年 9 月第 1 次印刷
印　　数　1～3000
ISBN 978 - 7 - 305 - 07526 - 1
定　　价　35.00 元
发行热线　025 - 83594756　83686452
电子邮箱　Press@NjupCo.com
　　　　　Sales@NjupCo.com(市场部)

前 言

当今社会竞争越来越激烈,通过办公软件提高效率可以让自己在学习和工作中处于领先地位。Microsoft 公司推出的 Office 2003 办公套装软件以其强大的功能、体贴入微的设计、方便的使用方法而深受用户的欢迎。使用 Office 2003 软件可以进行文档编辑与美化、表格数据统计与汇总、制作精美演示文稿、网页设计与发布、数据库管理等,涉及了学习和办公领域的方方面面。本书同时也简单地介绍了多媒体创作工具 Photoshop 图像处理和 Flash 动画制作,帮助读者扩展知识面。

本书从实际教学需求和办公应用出发,合理安排知识结构,从零开始、由浅入深、循序渐进地讲解 Office 2003 的基本知识和使用方法,本书共分 10 章,主要内容如下:

第 1 章　介绍了 Windows 基本操作,重点介绍了文件和文件夹的管理,控制面板相应功能的设置;

第 2 章　介绍了网络基本应用,重点介绍了家庭网络连接、网络工具、网络设置等;

第 3 章　介绍了 Word 2003 文档格式的设置,图片、表格、艺术字、自选图形等对象的操作方法及文档的高级应用技术;

第 4 章　介绍了 Excel 2003 数据表的编辑与格式化,数据公式与函数的计算,统计与分析等应用;

第 5 章　介绍了 PowerPoint 2003 演示文稿的制作方法,幻灯片版式、模板、背景的修改,并介绍了通过动画效果丰富演示文稿等应用;

第 6 章　介绍了 FrontPage 2003 网页制作技术,网页属性设置,掌握建立超链接和动态效果设置等技术;

第 7 章　介绍了 Access 2003 数据库管理的基础知识,了解数据库的基本操作:增、删、改等常见应用;

第 8 章　介绍了 Photoshop 图像软件的基本应用,了解图像的区域选择、编辑、滤镜、图层、文字编辑等应用;

第 9 章　介绍了 Flash 动画制作软件的基本应用,了解景物造型、运动控制和描述、图像绘制、视频生成等应用;

第 10 章　介绍了如何利用 Office 2003 办公软件综合处理实际问题。

本书采用"理论知识——实战演练——综合测验——真题解析——同步练习"5 阶段教学模式,以知识点讲解为基础,以实战演练为练习,采用真题解析的方法,配合同步练习进行系统测试,从而达到"老师易教,学生易学"的目的。内容结构的分配方式方便学习和教学,真题解析操作步骤简明清晰,同步练习内容丰富,强调培养学生的动手能力和独立思考问题的能力,对有一定基础的同学,可直接进行同步练习。本书内容丰富,章节结构清晰,并细化了每一章的内容,符合教学需要和计算机爱好者的学习习惯。在每章的开始处,列出了学习目标和本章重要知识点,便于学生提纲挈领地掌握各章知识点,每节的后面附加了实战演练环节,每章的最后配套了综合测验模板,便于读者巩固所学的知识。

本书图文并茂,条理清晰,通俗易懂,内容丰富,在讲解每个知识点时都配有相应的实战演练环节,方便读者实践。同时在难以理解和掌握的部分内容上给出相关提示,让读者能够快速地提高操作技能。此外,本书配有大量综合实例和练习,让读者在不断的实际操作中更加牢固地掌握书中讲解的内容。本书所用的技术名词以软件自身的使用和说法为准,如"帐户"、"撤消"。

本书是适合大中专院校、职业院校及各类社会培训学校使用的优秀教材,也可作为计算机爱好者自学计算机知识的参考书。本书除主编外,参与本书编写的人员有印元军、薛巍、肖娟、时洋、胡磊、金翠芹等老师,同时感谢蔡志锋、梁亮、蒋磊、孙利、邵薇、姜晶晶、杨帆、张晏榕、肖雅、王小红、丁海群、王媛媛、张朝虎、刘海峰、王明等老师的帮助。由于作者水平有限,本书难免有不足之处,欢迎广大读者批评指正。我们的邮箱是 xjwang@foxmail.com。

教学安排参考建议

章　节	重点与难点	建议教学学时
第 1 章　Windows 基本操作	1. 文件和文件夹的管理 2. 定制 Windows 的工作环境（如显示器设置、桌面管理、回收站设置、任务栏设置等） 3. Windows 组件的添加与卸载 4. 熟悉常见软件的安装与卸载（如 Office 办公软件、网络通信软件、常用的辅助工具及多媒体软件等）	2 学时
第 2 章　网络的基本应用	1. IE 浏览器的基本应用 2. 利用关键字查找相关的文字素材 3. 通过 WWW 浏览器进行电子邮件服务 4. 家庭网络的接入与共享	2 学时
第 3 章　文字处理 ——Word 2003	1. 查找和替换 2. 页面设置 3. 边框和底纹 4. 分栏 5. 模板的制作与应用 6. 图文混排 7. 制作索引和目录 8. 表格绘制及计算 9. 邮件合并	4 学时
第 4 章　电子表格管理 ——Excel 2003	1. 填充柄的使用 2. 公式和函数的使用 3. 图表的制作 4. 按照多个字段排序 5. 高级筛选 6. 分类汇总 7. 数据透视表的建立与编辑 8. 合并计算 9. 跨工作表或工作簿计算	4 学时
第 5 章　PowerPoint 2003 精美演示文稿制作	1. 设置幻灯片配色方案 2. 设置幻灯片模板 3. 设置幻灯片母版 4. 自定义幻灯片动画效果 5. 设置幻灯片放映效果 6. 与其他 Office 组件的综合应用	4 学时
第 6 章　网页制作 ——FrontPage 2003	1. 网站的建立与导入 2. 格式主题、动态效果、滚动字幕设置 3. 框架网页建立、初始网页设置；框架网页调整及属性设置 4. 链接点、链接目标设置，书签设置	4 学时

章　节	重点与难点	建议教学学时
第 7 章　Access 2003 数据库	1. 数据库的基本操作 2. 数据表的更新（增加、删除、更改） 3. 数据表的单表查询和多表查询	4 学时
第 8 章　图片合成——制作香水广告	1. 背景修饰 2. 图像的滤镜操作 3. 利用绘图功能徒手绘画 4. 图层操作	2 学时
第 9 章　FLASH 应用	1. 景物造型 2. 确定景物的颜色、材质等 3. 设置灯光效果 4. 图像绘制 5. 视频生成	2 学时
第 10 章　真题解析与实战练习	1. Word 与 Excel 的综合应用 2. Word 与 PowerPoint 的综合应用 3. PowerPoint 与 FrontPage 的综合应用	4 学时
总学时		32

目 录

第 **1** 章
Windows 基本操作

学习目标

    Windows XP 是 Microsoft 公司于 2001 年推出的产品,它采用 Windows NT 平台的核心技术,使软件的运行更为稳定有效。Windows XP 的多媒体性能被大大增强,并增加了许多网络的新技术和新功能,用户在 Windows XP 环境下能够轻松地完成各种管理操作,体验更多的娱乐内容。目前在多数教学活动及工作中,主要还是以 Windows XP 为平台。通过本章学习,用户能够初步掌握 Windows 的基本操作,对其他新版本的使用,也有较大的帮助。

本章知识点

1. 桌面管理
(1) 自定义桌面
(2) 创建桌面快捷方式
(3) 排列桌面图标
(4) 设置桌面属性
(5) 任务栏管理
(6) 自定义开始菜单

2. 文件及文件夹管理
(1) 新建文件及文件夹
(2) 选择、复制和移动文件及文件夹
(3) 重命名文件及文件夹
(4) 查看或更改文件及文件夹属性
(5) 搜索文件及文件夹

3. 控制面板管理
(1) 设置桌面背景、屏幕保护及显示外观
(2) 更改区域和语言选项

(3) 设置日期和时间

(4) 设置鼠标和键盘

(5) 设置声音

(6) 添加或删除程序或 Windows 组件

(7) 管理用户帐户

(8) 添加或删除字体

(9) 输入法的添加与删除

(10) 常见工具的使用

4. Windows 任务管理器

(1) 新建或结束当前任务

(2) 结束进程

(3) 注销用户

(4) 切换用户

(5) 重新启动

5. 磁盘优化管理

(1) 磁盘碎片整理

(2) 磁盘清理

(3) 磁盘检查

1.1 启动、退出 Windows XP

1. 启动 Windows XP

用户按下主机箱上的电源按钮,启动计算机,引导操作系统启动,进入登录界面(使用口令)如图 1-1 所示或直接进入 Windows 桌面如图 1-2 所示。

图 1-1　Windows 登录界面　　　　　　图 1-2　桌面

2. 注销 Windows XP

Windows XP 是一个支持多个用户的操作系统,即可实现多用户登录,各个用户可以进行个性化设置而互不影响。为了便于不同的用户快速登录,Windows XP 提供了注销的功能,应用注销功能,使用户不必重新启动计算机就可以实现多用户登录。单击 Windows 桌面左下角的"开始"按钮,在弹出的【开始】菜单中单击"注销"按钮,弹出如图1-3所示的对话框,用户可根据需求选择"切换用户"或"注销"。

"切换用户"指在不关闭当前登录用户的情况下而切换到另一个用户,用户可以不关闭正在运行的程序,而当再次返回时系统会保留原来的状态。而"注销"将保存设置并关闭当前登录用户。

图 1-3　"注销 Windows"对话框

图 1-4　"关闭计算机"对话框

3. 退出 Windows XP

当用户不再使用计算机时,可退出 Windows XP,关闭计算机。单击 Windows 桌面左下角的"开始"按钮,在弹出的【开始】菜单中单击"关闭计算机"按钮,弹出如图 1-4 所示的对话框,用户可根据需求选择"待机"、"关闭"或"重新启动"。

- 待机:当用户选择"待机"选项后,系统保持当前的运行,计算机转入低功耗状态;当用户再次使用计算机时,在桌面上移动鼠标即可恢复原来的状态。此项通常在用户暂时不使用计算机,而又不希望其他人在自己的计算机上任意操作时使用。
- 关闭:选择此项后,系统将停止运行,保存设置退出,并且会自动关闭电源。用户不再使用计算机时选择该项可以安全关机。
- 重新启动:此选项将关闭并重新启动计算机。

用户也可以在关机前关闭所有的程序,然后使用【Alt+F4】组合键快速调出"关闭计算机"对话框进行关机。

1.2　认识 Windows XP

1.2.1　桌面及图标

"桌面"是用户启动计算机登录到系统后看到的整个屏幕界面,它是用户和计算机进行交流的窗口,上面可以存放用户经常用到的应用程序和文件夹图标,用户可以根据自己的需要在桌面上添加各种快捷图标,在使用时双击图标就能够快速启动相应的程序或文件。通过桌面,用户可以有效地管理自己的计算机。

如图 1-2 所示,桌面显示的"我的文档"、"我的电脑"、"网上邻居"和"回收站"均为系统默认图标。而"Microsoft Office Word 2003"和"Microsoft Office Excel 2003"为应用程序的快捷方式。

1. 我的文档

它用于管理"我的文档"下的文件和文件夹,可以保存信件、报告和其他文档,它是系统默认的文档保存位置。由于不同的计算机上安装的程序及其数量不一样，在"我的文档"中出现的文件夹也可能不一样，如图1-5所示。

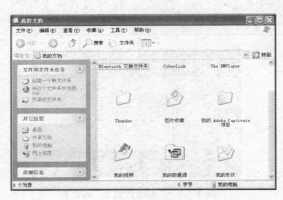

图1-5　我的文档

图1-6　我的电脑

2. 我的电脑

用户通过该图标可以实现对计算机硬盘驱动器、文件夹和文件的管理，在"我的电脑"中，用户可以访问连接到计算机的硬盘驱动器、照相机、扫描仪和其他硬件以及有关信息，如图1-6所示。右击"我的电脑"在弹出的快捷菜单中单击【属性】，弹出如图1-7所示的"系统属性"对话框，通过此对话框用户可查看操作系统信息、计算机的硬件配置信息，查看或更改计算机名称，设置虚拟内存、系统启动列表、系统还原、自动更新、远程协助等。

图1-7　系统属性

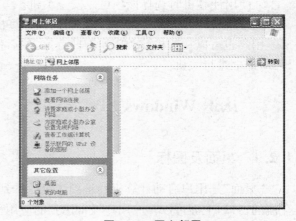

图1-8　网上邻居

3. 网上邻居

该项中提供了网络上其他计算机上已共享的文件夹和文件访问，双击此项，在弹出的窗口中用户可以浏览工作组中的计算机、查看网络位置及添加网络位置等，如图1-8所示。

若用户已知某一台共享资源的计算机的名称或IP地址，可直接在地址栏或单击【开始】菜单中的【运行】命令后输入"\\计算机名或IP地址"，例如"\\js"或"\\202.102.13.200"。

右击"网上邻居"，在弹出的快捷菜单中单击【属性】，弹出如图1-9所示的"网络连接"

窗口,包含本计算机可用的所有连接,双击某个连接在弹出的对话框中可查看或修改配置信息。

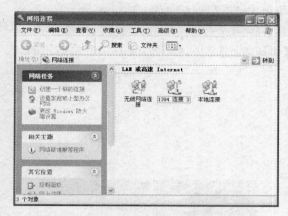
图 1-9　网络连接

图 1-10　回收站

4. 回收站

在回收站中暂时存放着用户已经删除的文件或文件夹等一些信息,当用户还没有清空回收站时,可以从中还原删除的文件或文件夹。

(1) 还原已删除的文件或文件夹。

双击"回收站",在如图 1-10 所示的窗口中,右击某个项目可对其进行"还原"、"剪切"、"删除"等操作。

(2) 清空回收站。

图 1-11　"确认删除"对话框

用户将文件或文件夹送入回收站后,它们并未真正地从磁盘中删除,继续占用磁盘空间。当用户确认清空回收站中的所有项目以释放磁盘空间,可直接右击桌面上的回收站图标,在弹出的快捷菜单中单击【清空回收站】命令,弹出如图 1-11 所示的对话框进行确认。

(3) 更改回收站属性。

回收站是磁盘分区中具有隐藏属性的系统文件夹,名为"RECYCLER",当用户将文件送入回收站,实际上是送入文件所在分区的"RECYCLER"文件夹中。回收站的大小默认为磁盘空间的 10%,用户可进行修改,右击"回收站",在弹出的快捷菜单中单击【属性】命令,弹出如图 1-12 所示的对话框,所有磁盘分区可使用同一配置,也可根据实际需求独立配置。

5. 创建桌面快捷方式

桌面上的图标实质上就是打开各种程序和文件的快捷方式,用户可以在桌面

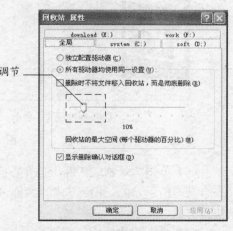
图 1-12　"回收站属性"对话框

上创建自己经常使用的程序或文件的图标,使用时直接在桌面上双击即可快速启动该项目。以创建某程序的快捷方式为例,具体操作如下:

(1)右击桌面上的空白处,在弹出的快捷菜单中选择【新建】命令。

(2)利用【新建】命令子菜单,用户可以创建各种形式的图标,比如文件夹、快捷方式、文本文档等等,如图 1-13(a)所示,此例中单击【快捷方式】命令,弹出如图 1-13(b)所示的对话框。

(a)"新建"菜单

(b)"创建快捷方式"对话框

(c)"选择程序标题"菜单

(d)"快捷方式属性"对话框

图 1-13 创建快捷方式

(3)单击"浏览"按钮,选择某应用程序的可执行文件,单击"下一步"按钮,如图 1-13(c)所示,输入快捷方式的名称,单击"完成"按钮,此时在桌面上出现了该应用程序的快捷方式。

(4)单击此快捷方式即可启动该应用程序。

若要修改此快捷方式的属性,右击此快捷方式,在弹出菜单中单击【属性】命令,弹出如图的 1-13(d)所示的对话框,用户可进行相应的修改,例如快捷键、图标等。

　　除了使用以上方法创建快捷方式,用户还经常使用发送到桌面快捷方式的方法。右击某应用程序或应用程序的快捷方式,在弹出的菜单中单击【发送到】→【桌面快捷方式】命令。给文件或文件夹创建桌面快捷方式也可使用此方法。

6. 排列图标

　　当桌面上有较多个图标时,如果不进行排列,会显得非常零乱,这样不利于用户选择所需要的项目,而且影响视觉效果。使用排列图标命令,可以使用户的桌面看上去整洁而富有条理。可在桌面上的空白处右击,在弹出的快捷菜单中选择【排列图标】命令,在子菜单项中包含了多种排列方式,如图 1-14 所示。用户可选择按【名称】、【大小】、【类型】或【修改时间】等方式进行排列,若用户选择了【自动排列】命令,在对图标进行移动时会出现一个选定标志,这时只能在固定的位置将各图标进行位置的互换,而不能拖动图标到桌面上任意位置。

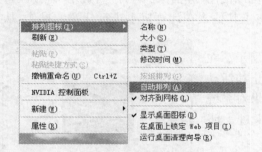

图 1-14　"排列图标"菜单

图 1-15　"显示属性"对话框"主题"选项卡

1.2.2　显示属性

　　Windows XP 允许用户进行个性化桌面的设置,系统自带了许多精美的图片,用户可以将它们设置为墙纸。通过显示属性的设置,用户还可以改变桌面的外观,或选择屏幕保护程序,还可以为背景加上声音,通过这些设置,可以使用户的桌面更加赏心悦目。

　　在进行显示属性设置时,可以右击桌面的空白处,在弹出的快捷菜单中选择【属性】命令,这时会出现"显示属性"对话框,共包含了五个选项卡,用户可以在各选项卡中进行个性化设置。

　　在"主题"选项卡中用户可以为背景加一组声音,在"主题"选项中单击向下的箭头,在弹出的下拉列表框中有多种选项,如图 1-15 所示。

　　在"桌面"选项卡中用户可以设置自己的桌面背景,在"背景"列表框中,提供了多种风格的图片,可根据自己的喜好来选择,也可以通过浏览的方式从已保存的文件中调入自己喜爱的图片,如图 1-16 所示。单击"自定义桌面"按钮,将弹出"桌面项目"对话框,如图 1-17

信息技术基础——操作技能训练

所示。在"桌面图标"选项组中可以通过对复选框的选择来决定在桌面上图标的显示情况。用户可以对图标进行更改,当选择一个图标后,单击"更改图标"按钮,出现"更改图标"对话框。

图1-16 "显示属性"对话框"桌面"选项卡

图1-17 "桌面项目"对话框

当用户暂时不对计算机进行任何操作时,可以使用"屏幕保护程序"将显示屏幕屏蔽掉,这样可以节省电能,有效地保护显示器,并且防止其他人在计算机上进行任意的操作,从而保证数据的安全。

选择"屏幕保护程序"选项卡,如图1-18所示。在"屏幕保护程序"下拉列表框中提供了各种静止和活动的样式,当用户选择了一种活动的程序后,如果对系统默认的参数不满意,可以根据自己的喜好来进一步设置。

如果用户要调整监视器的电源设置来节省电能,单击"电源"按钮,可打开"电源选项属性"对话框,可以在其中制定适合自己的节能方案。

选择"外观"选项卡,如图1-19所示,用户可以改变窗口和按钮的样式,系统提供了三种色彩方案:橄榄绿、蓝色和银色,默认的是蓝色,在"字体"下拉列表框中可以改变标题栏上字体显示的大小。用户单击"效果"按钮就可以打开"效果"对话框,在这个对话框中可

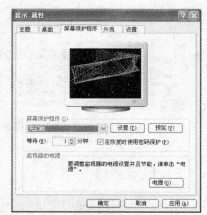

图1-18 "显示属性"对话框"屏幕保护程序"选项卡

以为菜单和工具提示使用过渡效果,可以使屏幕字体的边缘更平滑,尤其是对于液晶显示器的用户来说,使用这项功能,可以大大地增加屏幕显示的清晰度。除此之外,用户还可以使用大图标、在菜单下设置阴影显示等等。

显示器显示高清晰的画面,不仅有利于用户观察,而且会很好地保护视力,特别是对于一些专业从事图形图像处理的用户来说,对显示屏幕分辨率的要求是很高的,在"显示属性"对话框中切换到"设置"选项卡,可以在其中对高级显示属性进行设置,如图1-20所示。

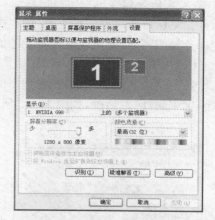

图 1-19　"显示属性"对话框"外观"选项卡　　图 1-20　"显示属性"对话框"设置"选项卡

在"屏幕分辨率"选项中,用户可以拖动小滑块来调整其分辨率。分辨率越高,在屏幕上显示的信息越多,画面就越逼真。在"颜色质量"下拉列表框中有:中(16 位)、高(24 位)和最高(32 位)三种选择。显卡所支持的颜色质量位数越高,显示画面的质量越好。用户在进行调整时,要注意自己的显卡配置是否支持高分辨率,如果盲目调整,则会导致系统无法正常运行。

1.2.3　任务栏

任务栏是默认位于桌面最下方的部分,它显示了系统正在运行的程序和打开的窗口、当前时间等内容,用户通过任务栏可以完成许多操作,也可以对它进行一系列的设置。

1. 任务栏的组成

任务栏可分为【开始】菜单按钮、快速启动工具栏、窗口按钮栏和通知区域等几部分,如图 1-21 所示。

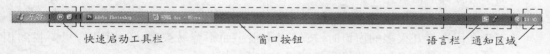

　　　　快速启动工具栏　　　　　　　窗口按钮　　　　　语言栏　通知区域

图 1-21　任务栏

- 【开始】菜单按钮:单击此打开【开始】菜单,用户可以通过它打开大多数的应用程序。
- 快速启动工具栏:它由一些小型的按钮组成,单击可以快速启动程序,一般情况下,它包括网上浏览工具 Internet Explorer 图标、Outlook Express 图标和显示桌面图标等。
- 窗口按钮栏:当用户启动某项应用程序而打开一个窗口后,在任务栏上会出现相应的有立体感的按钮,按钮是向下凹陷时,表明程序正在被使用,而把程序窗口最小化后,按钮则是向上凸起的,这样可以使用户观察更方便。
- 语言栏:进行输入法的切换,语言栏可以最小化以按钮的形式在任务栏显示,也可还原独立于任务栏之外。右击语言栏可进行添加、删除等设置。
- 通知区域:包括音量图标、日期指示器及部分正在运行的应用程序图标。

2. 自定义任务栏

任务栏默认位于桌面的最下方,用户可以根据自己的需要把它拖到桌面的任何边缘处及改变任务栏的宽度,通过改变任务栏的属性,还可以让它自动隐藏。

(1)任务栏的属性。

右击任务栏上的非按钮区域,在弹出的快捷菜单中选择【属性】命令,即可打开"任务栏和「开始」菜单属性"对话框,如图1-22所示。

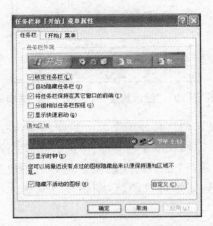

图1-22 "任务栏和「开始」菜单属性"对话框

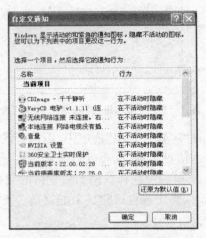

图1-23 "自定义通知"对话框

在"任务栏外观"选项组中,用户可以通过对复选框的选择来设置任务栏的外观。

● 锁定任务栏:当锁定后,任务栏不能被随意移动或改变大小,系统默认锁定。

● 自动隐藏任务栏:当用户不对任务栏进行操作时,它将自动消失,当用户需要使用时,可以把鼠标放在任务栏位置,它会自动出现。

● 将任务栏保持在其他窗口的前端:如果用户打开很多的窗口,任务栏总是在最前端,而不会被其他窗口盖住。

● 分组相似任务栏按钮:把相同的程序或相似的文件归类分组使用同一个按钮,这样不至于在用户打开很多的窗口时,按钮变得很小而不容易被辨认,使用时,只要找到相应的按钮组就可以找到要操作的窗口名称。

● 显示快速启动:选择后将显示快速启动工具栏。

在"通知区域"选项组中,用户可以选择是否显示时钟,也可以把最近没有点击过的图标隐藏起来以便保持通知区域的简洁明了。单击"自定义"按钮,在打开的"自定义通知"对话框中,用户可以进行隐藏或显示图标的设置,如图1-23所示。

(2)改变任务栏的位置或大小。

在改变任务栏的位置或大小前,需要先解除对任务栏的锁定,右击任务栏上的非按钮区域,在弹出的快捷菜单中单击"锁定任务栏",取消其之前的"√"。然后拖动任务栏至相应的位置,将光标置于任务栏的边缘,当光标变成"↕"形状时,可按下鼠标左键不放并拖动以改变任务栏的大小,如图1-24所示。

图 1-24　自定义任务栏

图 1-25　"开始"菜单

（3）改变任务栏各区域大小。

任务栏中的各组成部分所占比例也是可以调节的,当任务栏处于非锁定状态时,各区域的分界处将出现两竖排凹陷的小点,把光标移至上面,当光标变成"↔"形状时,按下鼠标左键不放并拖动即可改变各区域的大小。

1.2.4　【开始】菜单

【开始】菜单在 Windows 系统中占有重要的位置,通过它可以打开大多数应用程序、查看计算机中已保存的文档、快速查找所需要的文件或文件夹等内容,以及注销用户和关闭计算机。

1.　组成部分

单击桌面左下方的"开始"按钮,或者在按下【Ctrl+Esc】组合键,就可以打开【开始】菜单,它大体上可分为四部分,如图 1-25 所示。

- 菜单最上方标明了当前登录计算机系统的用户,由一个漂亮的小图片和用户名称组成,单击图片可打开"用户帐户"对话框,更换图片。
- 在【开始】菜单的中间部分左侧是用户常用的应用程序的快捷启动项,根据其内容的不同,中间会有不明显的分组线进行分类,通过这些快捷启动项,用户可以快速启动应用程序。在【所有程序】菜单项中显示计算机系统中安装的全部应用程序。
- 在右侧是系统控制工具菜单区域,比如"我的电脑"、"我的文档"、"控制面板"、"搜索"等选项,通过这些菜单项用户可以实现对计算机的操作与管理。
- 在【开始】菜单最下方是计算机控制菜单区域,包括"注销"和"关闭计算机"两个按钮,用户可以在此进行注销用户和关闭计算机的操作。

2.　自定义【开始】菜单

（1）在任务栏的空白处或者在"开始"按钮上右击,然后从弹出的快捷菜单中选择【属性】命令,就可以打开"任务栏和「开始」菜单属性"对话框,在"「开始」菜单"选项卡中,用户可以选择系统默认的「开始」菜单,或者是经典的「开始」菜单,如图 1-26 所示。在"「开始」菜单"选项卡中单击"自定义"按钮,打开"自定义「开始」菜单"对话框,如图 1-27 所示。

图 1-26 "任务栏和「开始」菜单属性"对话框

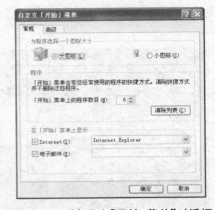

图 1-27 "自定义「开始」菜单"对话框

（2）单击图 1-27 中的"高级"选项卡，如图 1-28 所示，可进一步定义"开始"菜单。

图 1-28 "自定义「开始」菜单"对话框

- 在"「开始」菜单设置"选项组中，"当鼠标停止在它们上面时打开子菜单"指用户把鼠标放在"开始"菜单的某一选项上，系统会自动打开其级联子菜单，如果不选择这个复选框，用户必须单击此菜单项才能打开。"突出显示新安装的程序"指用户在安装完一个新应用程序后，在"开始"菜单中将以不同的颜色突出显示，以区别于其他程序。

- 在"「开始」菜单项目"列表框中提供了常用的选项，用户可以将它们添加到"开始"菜单，在有些选项中用户可以通过单选按钮来让它显示为菜单、链接或者不显示该项目。当显示为"菜单"时，在其选项下会出现级联子菜单，而显示为"链接"时，单击该选项会打开一个链接窗口。

- 在"最近使用的文档"选项组中，用户如果选择"列出我最近打开的文档"复选框，"开始"菜单中将显示这一菜单项，用户可以对自己最近打开的文档进行快速的再次访问。当打开的文档太多需要进行清理时，可以单击"清除列表"按钮，这时在"开始"菜单中"我最近打开的文档"选项下为空，此操作只是在"开始"菜单中清除其列表，而不会对所保存的文档产生影响。

（3）当用户在"常规"和"高级"选项卡中设置好之后，单击"确定"按钮，会回到"任务栏和「开始」菜单属性"对话框中，在对话框中单击"应用"按钮，然后单击"确定"关闭对话框，当用户再次打开【开始】菜单时，所做的设置就会生效了。

1.2.5 Windows XP 的窗口

当用户打开一个文件或者一个应用程序时，都会出现一个窗口，窗口是用户进行操作时的重要组成部分。Windows 中的窗口主要包括应用程序窗口、文档窗口、文件夹窗口和对话框等几种类型。

1. 窗口的组成

Windows XP 中有许多种窗口,其中大部分都包括了相同的组件,如图 1 - 29 所示是一个标准的窗口,它由标题栏、菜单栏、工具栏等部分组成。

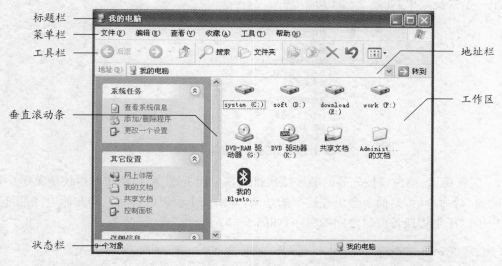

图 1 - 29   示例窗口

- 标题栏:位于窗口的最上部,它标明了当前打开的窗口及文件名称,最左边的图标为控制菜单按钮,右侧有"最小"、"最大化/还原"以及"关闭"按钮。单击标题栏可在多个窗口之间进行切换,双击标题栏可改变窗口的大小。
- 菜单栏:在标题栏的下面,包含着本窗口中所有可执行的命令。一般使用鼠标操作,使用键盘操作时,须使用【Alt】键激活菜单。
- 工具栏:工具栏中包括了一些常用的功能按钮。
- 状态栏:在窗口的最下方,标明了当前有关操作的执行情况或结果。
- 工作区:在窗口中所占的比例最大,是文件编辑区域或显示程序、文件的图标或列表。
- 滚动条:包括水平滚动条和垂直滚动条,当工作区域的内容太多而不能全部显示时,窗口将自动出现滚动条,用户可以通过拖动滚动条来查看所有的内容。可单击图 1 - 19 中的"高级"按钮在弹出的对话框中设置滚动条的大小,但不能设置不显示,如图 1 - 30 所示。

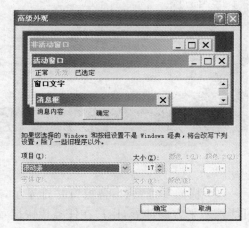

图 1 - 30   "高级外观"对话框

2. 窗口的基本操作

包括窗口的打开、移动、缩放、最大化/最小化、切换及关闭等操作,这些操作不但可以通过鼠标使用窗口上的各种命令按钮来进行,而且可以通过使用键盘上的快捷键来操作。

3. 窗口的排列

当用户在对打开的多个窗口进行操作时,而且需要全部处于全显示状态,这就涉及到窗口排列的问题,在 Windows XP 中为用户提供了三种排列的方式。右击任务栏上的非按钮区,弹出一个快捷菜单,如图 1－31 所示。

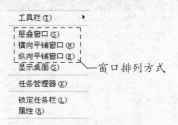

图 1－31 任务栏快捷菜单

(1) 层叠窗口:把窗口按先后的顺序依次排列在桌面上,当用户在任务栏快捷菜单中选择【层叠窗口】命令后,桌面上会出现排列的结果,其中每个窗口的标题栏和左侧边缘是可见的,用户可以任意切换各窗口之间的顺序,如图 1－32 所示。

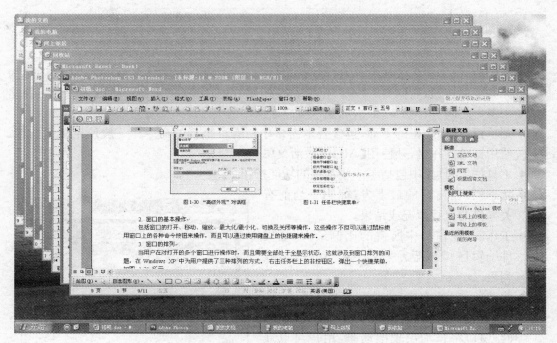

图 1－32 层叠窗口

(2) 横向平铺窗口:各窗口并排显示,在保证每个窗口大小相当的情况下,使得窗口尽可能往水平方向伸展,用户在任务栏快捷菜单中执行【横向平铺窗口】命令后,在桌面上即可出现排列后的结果,如图 1－33 所示。

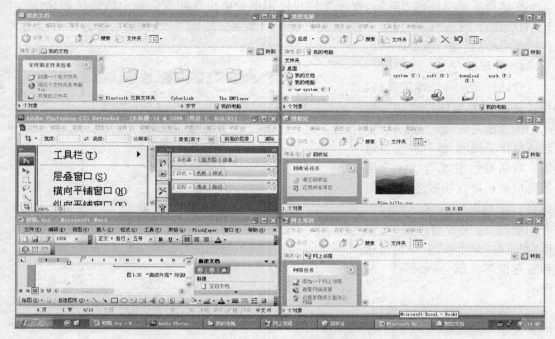

图 1-33　横向平铺窗口

（3）纵向平铺窗口：在排列的过程中，使窗口在保证每个窗口都显示的情况下，尽可能往垂直方向伸展，用户选择相应的【纵向平铺窗口】命令即可完成对窗口的排列，如图 1-34所示。

图 1-34　纵向平铺窗口

在选择了某项排列方式后,在任务栏快捷菜单中会出现相应的撤消该选项的命令,例如,用户执行了【层叠窗口】命令后,任务栏的快捷菜单会增加一项【撤消层叠】命令,当用户执行此命令后,窗口恢复原状。

4. 对话框

对话框是一种特殊的窗口,当计算机系统与用户之间需要进一步沟通时,一般会显示一个对话框作为提问、解释和警告之用。对话框的组成与以上介绍的窗口的组成有相似之处,同时也有一定的区别。它一般包含有标题栏、选项卡与标签、文本框、列表框、命令按钮、单选按钮和复选框等几部分,如图 1 - 35 所示。

对话框的操作类似于窗口,但其大小不能改变。

图 1 - 35   示例对话框

1.3   文件及文件夹管理

Windows 系统中文件是一组相关信息的集合,是数据存储的基本单位,一个程序、一幅画、一篇文章、一个通知等都可以以文件的形式存放在磁盘和光盘上。文件夹是系统组织和管理文件的一种形式,是为方便用户查找、维护和存储而设置的,用户可以将文件分门别类地存放在不同的文件夹中。

1.3.1   使用资源管理器

使用"我的电脑"可以管理文件和文件夹,但效率远远不及"Windows 资源管理器",资源管理器更直观地显示计算机上驱动器、文件夹、文件的多层树状结构。使用资源管理器可以更方便地实现浏览、创建、查找、移动和复制文件或文件夹等操作。

使用以下几种方法均可启动资源管理器:

(1) 右击桌面上"我的电脑",在弹出的快捷菜单中单击【资源管理器】,如图 1 - 36 所示。

(2) 右击"开始"按钮,在弹出的快捷菜单中单击【资源管理器】。

(3) 单击"开始"按钮→【运行】,在弹出的对话框中输入"c:\windows\explorer. exe",单击"确定"。

(4) 单击"开始"按钮→【所有程序】→【附件】→【Windows 资源管理器】。

"资源管理器"包括文件夹窗口和文件夹内容窗口。左边的窗格为文件夹窗口,显示了所有驱动器及其中文件夹的列表,右边的窗格为文件夹内容窗口,用于显示左侧选定的磁盘和文件夹中的内容。左边的窗格中,若驱动器或文件夹前面有"+"号,表明该驱动器或文件

图 1-36　Windows 资源管理器窗口

夹有下一级子文件夹,单击该"＋"号可展开其所包含的子文件夹,当展开驱动器或文件夹后,"＋"号会变成"－"号,表明该驱动器或文件夹已展开,单击"－"号,可折叠已展开的内容。例如,单击左边窗格中"我的电脑"前面的"＋"号,将显示"我的电脑"中所有的磁盘信息,选择需要的磁盘前面的"＋"号,将显示该磁盘中所有的内容。

1.3.2　创建文件或文件夹

以在 C 盘创建一个"世博会"文件夹为例。

（1）启动资源管理器。

（2）在资源管理器的左窗格中单击 C 盘。

（3）单击【文件】菜单→【新建】→【文件夹】命令,如图 1-37 所示;或在右窗格的空白处右击,在弹出的快捷菜单中选择【新建】→【文件夹】命令,如图 1-38 所示。

（4）输入"世博会",单击空白处或按【Enter】键完成文件夹的创建。系统中支持的各种类型的文件均出现在【新建】子菜单中,创建方法类似。

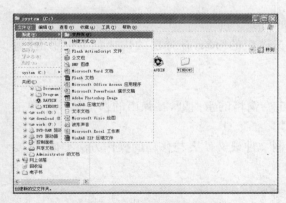

图 1-37　【文件】菜单

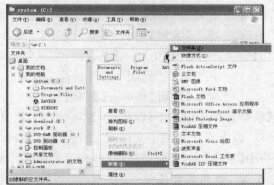

图 1-38　快捷菜单

1.3.3 选定文件或文件夹

在对某个对象进行操作之前，先要选定此对象。

1. 选定单个对象

在资源管理器的右窗格中用鼠标点击欲选中的对象即可。

2. 选定连续多个对象

单击第一个对象后，按住【Shift】键，单击最后一个对象，即可选中连续的多个对象，或单击空白处按住左键不放，拖动选定连续对象，然后松开左键。

3. 选定不连续多个对象

单击第一个对象后，按住【Ctrl】键不放，单击多个对象即可选定，若发现选择的对象有误，再按住【Ctrl】键，单击要取消的对象即可。

4. 选定不连续的连续对象

选定第一个局部连续对象，按住【Ctrl】选择第二个局部的第一个对象，按住【Ctrl＋Shift】组合键，单击最后一个对象，即可选定第二个局部连续区域。多次重复上一步即可选定不连续的连续对象。

5. 全部选定

首先打开对象所在的文件夹，然后单击【编辑】菜单→【全部选定】命令或按下【Ctrl＋A】组合键。

6. 反向选择

如果一个文件夹中只有少数的文件不选定，其余文件都要选，此时可以使用反向选择操作。

利用以上方法首先选中不选定的少数文件，然后单击【编辑】菜单→【反向选择】命令或者先全部选定，然后按住【Ctrl】键，单击不需要选定的文件即可。

1.3.4 移动和复制文件或文件夹

实际应用中，移动和复制文件或文件夹是使用较为频繁的操作，可通过以下三种方法实现：

1. 使用剪贴板

（1）在资源管理器中，选定要移动或复制的对象。

（2）单击【编辑】菜单→【剪切】命令，或右击选定的对象，在弹出的快捷菜单中单击【剪切】命令，或按下【Ctrl＋X】组合键，实现剪切。

（3）在资源管理器中，打开目标文件夹。

（4）单击【编辑】菜单→【粘贴】命令，或右击右窗格的空白处，在弹出的快捷菜单中单击【粘贴】命令，或按下【Ctrl＋V】组合键，实现剪切。

以上操作实现了文件或文件夹的移动，复制文件或文件夹与移动的操作方法类似，但要使用【复制】命令，或使用【Ctrl＋C】组合键。

2. 使用鼠标拖放

（1）在资源管理器中，选定要移动或复制的对象，按住鼠标左键不放，拖动到目标位置，松开鼠标左键。

- 同一驱动器中,直接拖动即可实现移动,若要实现复制操作,需要按住【Ctrl】键,此时在鼠标箭头右下角出现一个"＋"号。
- 不同驱动器中,直接拖动即可实现复制,若要实现移动操作,需要按住【Shift】键,此时在鼠标箭头右下角的"＋"号会消失。

（2）使用鼠标右键拖动某个对象至目标位置,松开鼠标右键,弹出如图 1－39 所示的快捷菜单,也可实现文件或文件夹的移动和复制。

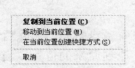

图 1－39　快捷菜单　　　　　图 1－40　"复制项目"对话框

3. 使用"移动到文件夹"或"复制到文件夹"

（1）在资源管理器中,选定要移动或复制的对象。

（2）单击【编辑】菜单→【移动到文件夹】或【复制到文件夹】命令,弹出如图 1－40 所示的对话框,单击目标位置,单击"移动"或"复制"按钮即可。

1.3.5　重命名文件或文件夹

重命名文件或文件夹是给文件或文件夹一个更符合用户要求的名称,重命名分为重命名单个文件或文件夹和重命名一组文件或文件夹。

1. 重命名单个文件或文件夹

右击文件或文件夹,在弹出的快捷菜单中单击【重命名】命令选项,输入所要更换的文件或文件夹名后,按【Enter】键。

> ▶ 提示:
>
> 　用户在更改文件或文件夹名时,如果所更换的新文件或新文件夹与同路径存在的文件或文件夹名有重复,则系统会弹出提示对话框,提醒用户无法更换新的文件或新的文件夹名。

2. 重命名一组文件或文件夹

实际生活中对一组数码相机的照片命名或对系列文件命名时可采用此方法。

（1）打开需要命名的对象所在的文件夹,并全选,如图所示。

（2）右击第一个文件或文件夹,在弹出的快捷菜单中单击【重命名】命令选项,输入所要更换的文件或文件夹名后,按【Enter】键即可完成一组文件或文件夹的命名,如果输入"世博会",则第一个对象被命名为"世博会",后续文件会依次加上序号,如图所示。

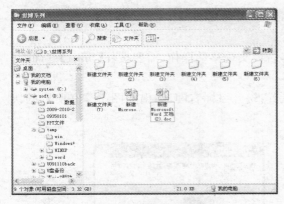

图 1-41　重命名前　　　　　　　　　　　图 1-42　重命名后

1.3.6　删除和还原文件或文件夹

当文件或文件夹对用户没有作用时,可将其删除以节省磁盘空间。删除后的文件或文件夹被送入回收站,此时用户可以决定是彻底删除还是还原到原来的位置。当然用户也可以不经过回收站直接删除文件或文件夹,但无法还原。

（1）在资源管理器中,选定要删除文件或文件夹。

（2）单击【文件】菜单→【删除】命令,或右击选定的对象,在弹出的快捷菜单中单击【删除】命令,或按下【Delete】键,弹出如图 1-43 所示的对话框,单击"确定"按钮即可。

图 1-43　"确认删除"对话框　　　　　　　图 1-44　"确认删除"对话框

若要不经过回收站直接删除,请在执行第（2）操作时按住【Shift】键,弹出如图 1-44 所示的对话框,单击"确定"按钮即可。

> ▶ 提示:
>
> 　　从网络位置删除的项目、从 U 盘删除的项目或超过"回收站"存储容量的项目将不被放到"回收站"中,而被彻底删除,不能还原。

1.3.7　更改文件或文件夹的属性

文件和文件夹一般包含四种属性。"只读"属性:表示该文件或文件夹只能查看,不允许修改。"隐藏"属性:表示该文件或文件夹在常规显示中将不被看到。"存档"属性:表示该文件或文件夹已存档,有些程序用此选项来确定哪些文件需做备份。"系统"属性:表示该文件或文件夹属于操作系统的一部分。更改文件或文件夹的属性操作如下:

（1）在资源管理器中,选定要更改属性的文件或文件夹。

（2）单击【文件】菜单→【属性】命令,或右击选定的对象,在弹出的快捷菜单中选择【属性】

命令,打开"属性"对话框,如图 1-45 所示,可设置"只读"和"隐藏"属性。单击"高级"按钮,弹出如图 1-46 所示的"高级属性"对话框,可设置"存档"、"索引"、"压缩"和"加密"等属性。

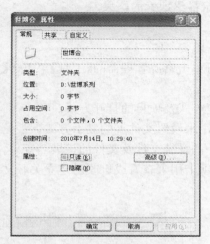

图 1-45　"属性"对话框

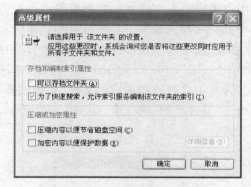

图 1-46　"高级属性"对话框

1.3.8　搜索文件或文件夹

用户在使用文件或文件夹的过程中,若忘记了其具体的位置或完整的名称,又想快速的找到该文件或文件夹,此时需要使用 Windows 系统中提供的搜索功能。搜索时需要使用通配符来代替用户忘记的部分,Windows 中使用"*"代替任意长度的任意字符,"?"代替一个任意字符。

例如:用户需要从 D 盘查找第二、三个字母为"em"的文件,具体操作如下:

(1)单击"开始"按钮,在弹出的【开始】菜单中单击【搜索】命令,弹出"搜索结果"窗口,单击左窗格的"所有文件和文件夹",如图 1-47 所示。

图 1-47　"搜索结果"窗口

21

（2）在"全部或部分文件名"文本框中输入"?em＊.＊"。

（3）在"在这里查找"列表框中选择 D 盘。

（4）单击"搜索"按钮，开始查找，在右窗格中显示最终搜索的结果。

1.3.9 文件夹选项

用户需要改变文件夹的常规设置或查看方式，可单击资源管理器的【工具】菜单→【文件夹选项】命令，弹出如图 1-48 所示的对话框。

"常规"选项卡主要涉及窗口的风格、窗口的浏览方式及项目的打开方式。

单击"查看"选项卡，如图 1-49 所示，本选项卡用来设置文件夹的显示方式。常见的操作有是否显示具有隐藏属性的文件、是否隐藏受保护的系统文件及文件的扩展名等。

单击"文件类型"选项卡，如图 1-50 所示，该选项卡用来查看或更改已建立关联文件的打开方式。

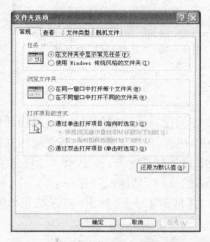

图 1-48 "文件夹选项"对话框"常规"选项卡

图 1-49 "高级属性"对话框"查看"选项卡

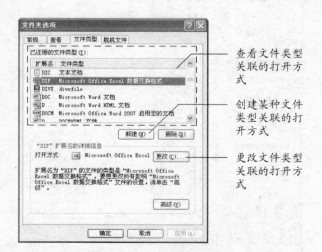

图 1-50 "文件夹选项"对话框"文件类型"选项卡

1.4　使用控制面板

控制面板是用户对计算机系统集中控制的一个平台,通过此窗口,用户可实现对计算机硬件、软件及系统环境的配置工作。

1.4.1　定制个性化 Windows 环境

Windows XP 允许每个用户拥有自己个性化的系统环境,用户登录后可对自己的桌面及环境进行相应的设置,以满足自己的爱好、操作习惯或工作需求。

1. 设置桌面背景、屏幕保护及显示外观

前面章节中已介绍"显示属性"的设置,本节介绍从控制面板中打开的方法,具体细节不再阐述。

(1)单击"开始"按钮,在弹出的【开始】菜单中单击【控制面板】命令,在弹出的窗口中单击"切换到经典视图",如图 1-51 所示。

图 1-51　"控制面板"窗口

(2)双击"显示"图标,弹出如图 1-15 所示的对话框,参考前面章节进行个性化设置。

2. 更改区域和语言选项

由于不同的国家或不同的用户可能使用不同的语言、数字格式、货币格式、时间格式和日期格式等,Windows XP 中允许用户自定义这些格式。

(1)在图 1-51 所示的"控制面板"窗口中双击"区域和语言选项",弹出如图 1-52 所示的对话框,其中显示使用的语言及对应的标准格式。

(2)若用户需要更改相应的格式,可单击"自定义"按钮,弹出如图 1-53 所示的对话框,在"数字"、"货币"、"时间"、"日期"和"排序"选项卡上均可进行详细的设置。

图1-52 "区域和语言选项"对话框

图1-53 "自定义区域选项"对话框

3. 设置日期和时间

在任务栏的通知区域显示有系统的时间和日期,将鼠标指向时间栏稍有停顿即会显示系统日期。若用户不想显示日期和时间,可使用"任务栏属性"对话框进行设置,如图1-22所示。

若需要调整日期和时间,具体操作如下:

(1)在如图1-51所示的"控制面板"窗口中双击"日期和时间",弹出如图1-54所示的对话框,直接更改相应的日期和时间即可。

(2)"时区"选项卡中列出了全球94个时区供用户选择。

(3)"Internet时间"选项卡中用户可以选择同步Internet时间,以保证时间的准确性。

图1-54 "日期和时间属性"对话框

4. 设置鼠标和键盘

鼠标和键盘是最常用的输入设备,Windows的默认设置不一定满足用户的使用习惯,用户可根据自己的需求调整鼠标和键盘的设置。

(1)鼠标。

用户对于鼠标调整较多的主要是指针,在如图1-51所示的"控制面板"窗口中双击"鼠标",在弹出的对话框中单击"指针"选项卡,如图1-55所示。

(2)键盘。

在如图1-51所示的"控制面板"窗口中双击"键盘",弹出如图1-56所示的对话框,可设置字符重复延迟、字符重复率及光标闪烁频率。

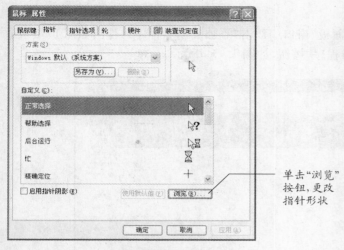

图 1-55 "鼠标属性"对话框

图 1-56 "键盘属性"对话框

5．设置声音

Windows 系统中很多的事件都配置了相应的声音,一组事件及其对应的声音构成了系统的声音方案,用户对系统提供的声音不满意,可自定义事件对应的声音。

(1) 在图 1-51 所示的"控制面板"窗口中双击"声音和音频设备",在弹出的对话框中单击"声音"选项卡,如图 1-57 所示。

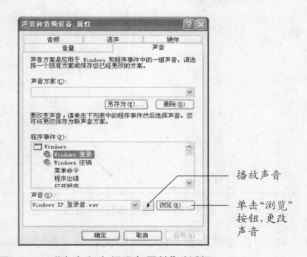

图 1-57 "声音和音频设备属性"对话框

(2) 可直接更改声音方案,或单击某个"程序事件",然后单击"浏览"按钮,更改声音。

1.4.2 添加或删除程序

用户的某种应用一般会依赖于相应的应用程序。应用程序主要分两种:一种是绿色软件,复制到磁盘中即可运行;另一种应用程序是需要通过安装过程进行一系列的设置,并注册,才能正常运行。例如,用户在实现办公自动化时,会在系统中安装 Office 软件。当用户不再使用某个软件或软件版本过低,用户会选择删除此软件。

1. 添加程序

（1）在如图 1－51 所示的"控制面板"窗口中双击"添加或删除程序"，弹出如图 1－58 所示的窗口。单击窗口左侧的"添加新程序"按钮，如图 1－59 所示。

图 1－58 "更改或删除程序"窗口

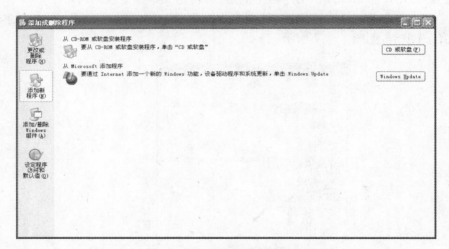

图 1－59 "添加新程序"窗口

（2）单击"CD 或软盘"按钮添加新程序，弹出如图 1－60 所示的对话框。

（3）单击"下一步"按钮，如图 1－61 所示，Windows 从 CD 或软盘未找到安装程序，单击"浏览"按钮进行手动查找，可从磁盘安装。目前一般应用程序的安装程序名为"setup. exe"或"程序名（英文居多）. exe"

（4）若用户需要对 Windows 进行更新，可单击如图 1－59 所示的窗口中的"Windows Update"按钮，此操作需要计算机处于已连接 Internet 状态才可正常进行。

以上方法可以实现程序的添加，但实际应用中用户很少采用此方法，用户一般直接双击如图 1－62 所示的"资源管理器"窗口中的某安装程序，弹出如图 1－63 所示的应用程序安装对话框，进行程序安装。

图 1-60 "从软盘或光盘安装程序"对话框

图 1-61 "运行安装程序"对话框

图 1-62 "资源管理器"窗口

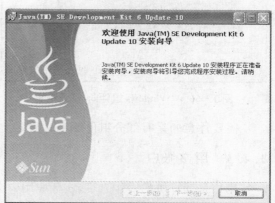

图 1-63 示例安装程序对话框

2．删除程序

Windows XP 中删除程序不是仅仅删除程序的安装目录，还要删除系统注册表中该应用程序的所有注册信息，以及创建的一些快捷方式。

通常情况下在 Windows XP 中删除某个应用程序可通过如下两种方法：

一是使用应用程序自身提供的卸载程序，此卸载程序一般会随同应用程序一起在"开始"菜单中创建快捷方式，卸载程序名一般为"Uninstall"或"卸载（程序名）"，如图 1-64 所示，单击即可启动卸载程序。

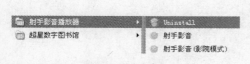

图 1-64 示例

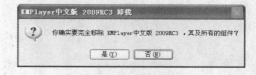

图 1-65 示例对话框

对于某些自身不提供卸载程序的应用程序来说，我们一般采用第二种方法，即使用"添加或删除程序"窗口，如图 1-58 所示，单击要删除的应用程序，在其右下角会出现"更改/删除"按钮或"删除"按钮，单击可进行删除，如图 1-65 所示，不同的应用程序一般会弹出不同的对话框与用户进一步确认。

3．添加/删除 Windows 组件

Windows XP 安装时会默认添加一部分组件，用户可根据实际需求对组件进行添加或删除,在如图 1-58 所示的窗口中单击"添加/删除 Windows 组件",弹出如图 1-66 所示的对话框,用户可通过组件复选框进行确认,然后单击"下一步"按钮即可完成添加或删除操作。

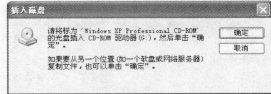

图 1-66 "Windows 组件向导"对话框　　　　图 1-67 "插入磁盘"对话框

需要注意的是有部分组件添加时需要提供系统安装盘,如图 1-67 所示。

1.4.3　用户帐户

用户是计算机的操作人员,实际应用中会出现多个用户使用一台计算机的情况,若每个用户均可实现个性化的设置而不影响其他用户,此时需要为每个用户创建用户帐户。

在图 1-51 所示的"控制面板"窗口中双击"用户帐户",弹出如图 1-68 所示的窗口。其中主要可以实现以下三项工作。

图 1-68 "用户帐户"窗口　　　　　　　图 1-69 "更改帐户设置"窗口

1. 更改已有帐户的设置

单击帐户"Administrator",如图 1-69 所示,可更改帐户的密码、图片,为帐户添加一个. NET Passport 等。

2. 创建新帐户

单击图 1-68 所示的窗口中的"创建一个新帐户",如图 1-70 所示,输入帐户名称,单击"下一步",如图 1-71 所示,选择帐户类型,单击"创建帐户"即可完成。

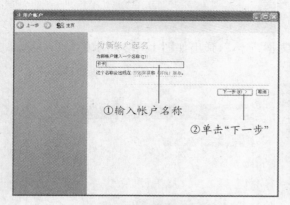

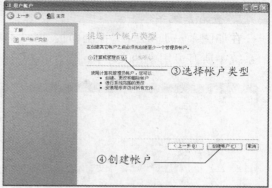

图 1-70　"输入帐户名称"窗口　　　　　图 1-71　"创建帐户"窗口

新帐户创建后,用户可通过如图 1-69 所示的窗口为帐户更改相应的设置,例如创建密码,如图 1-72 所示。

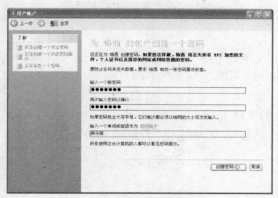

图 1-72　"创建密码"窗口　　　　　图 1-73　"计算机管理"窗口

　　用户帐户的创建及更改除了以上方法,也可以打开"计算机管理"窗口进行操作。双击"控制面板"窗口中的"管理工具",然后再双击"计算机管理"即可弹出如图 1-73 所示的窗口,在左窗格中单击【本地用户和组】→【用户】,在右窗格中可实现用户帐户的创建与更改。

3. 更改用户登录或注销方式

　　单击如图 1-68 所示的窗口中的"更改用户登录或注销方式",如图 1-74 所示。登录方式可以使用欢迎屏幕或传统的方式。注销选项中可选择快速用户切换。

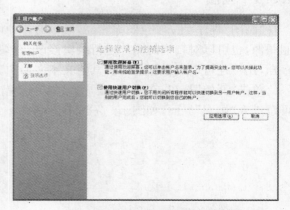

图 1-74　"更改用户登录或注销方式"窗口

1.4.4 字体

1. 查看系统字体

在如图1-51所示的"控制面板"窗口中双击"字体",弹出如图1-75所示的窗口,包含了系统中所有可用中西文字体。

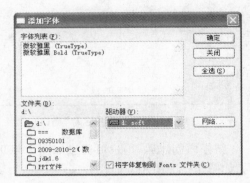

图1-75 "字体"窗口   图1-76 "添加字体"对话框

2. 安装新字体

可通过两种方法为系统添加新字体,一是直接将字体文件复制到"字体"窗口中,二是在"字体"窗口中单击【文件】菜单→【安装新字体】,弹出如图1-76所示的对话框。

(1)在"驱动器"中,单击所在的驱动器。

(2)在"文件夹"中,双击包含所要添加字体的文件夹。

(3)在"字体列表"中,单击所要添加的字体,然后单击"确定"。若要添加所有列出的字体,请单击"全选",然后单击"确定"。

1.5 Windows 自带的工具软件

1.5.1 画图

"画图"程序是一个位图编辑器,可以对各种位图格式的图像进行编辑,用户可以自己绘制图像,也可以对扫描的图片进行编辑修改,在编辑完成后,可以以BMP,JPG,GIF等格式存档,用户还可以发送到桌面和其他文本文档中。

单击"开始"按钮,在弹出的【开始】菜单中单击【所有程序】→【附件】→【画图】,这时用户可以进入"画图"界面,如图1-77所示。

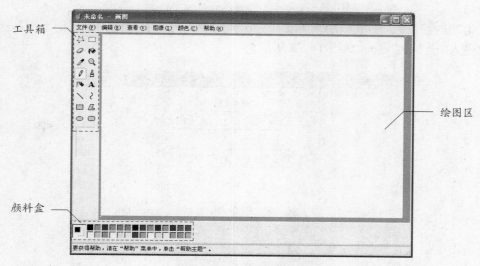

工具箱

绘图区

颜料盒

图 1－77　"画图"窗口

1.5.2　写字板

　　"写字板"是一个简单且功能强大的文字处理工具,用户不仅可以利用它进行日常工作中文件的编辑,而且还可以图文混排,插入图片、声音、视频剪辑等多媒体资料。

　　单击"开始"按钮,在弹出的【开始】菜单中单击【所有程序】→【附件】→【写字板】,这时用户可以进入"写字板"界面,如图 1－78 所示。

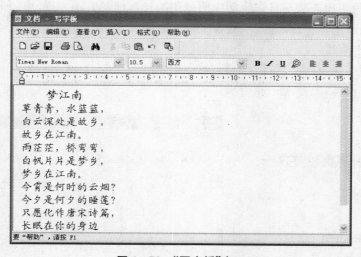

图 1－78　"写字板"窗口

1.5.3　记事本

　　记事本用于纯文本文档的编辑,功能简单,适于编写一些篇幅较小的无格式文本,由于它使用方便、快捷,应用也是比较多的,比如一些程序的 Read Me 文件通常是以记事本的形式打开的。

单击"开始"按钮，在弹出的【开始】菜单中单击【所有程序】→【附件】→【记事本】，这时用户可以进入"记事本"界面，如图1-79所示。

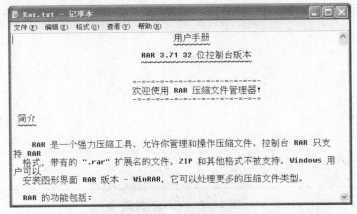

图1-79 "记事本"窗口

1.5.4 计算器

计算器分为"标准型计算器"和"科学型计算器"两种，"标准型计算器"可以完成日常工作中简单的算术运算，"科学型计算器"可以完成较为复杂的科学运算，比如进制转换、函数运算等，运算的结果不能直接保存，而是将结果存储在内存中，以供粘贴到别的应用程序和其他文档中，它的使用方法与日常生活中所使用的计算器的方法一样，可以通过鼠标单击计算器上的按钮来取值，也可以通过从键盘上输入来操作。

1. 标准型计算器

单击"开始"按钮，在弹出的【开始】菜单中单击【所有程序】→【附件】→【计算器】，系统默认打开标准型计算器，如图1-80所示。

图1-80 "标准型计算器"窗口

图1-81 "科学型计算器"窗口

2. 科学型计算器

在图1-80所示窗口中，单击【查看】菜单→【科学型】，如图1-81，例如输入数字"255"（系统默认为"十进制"），然后单击"二进制"前面的单选按钮，即可得到"11111111"，这是一个简单的十进制数向二进制数的转换。通过这种方法,还可以实现其他几种进制之间的转换。

1.5.5　命令提示符

Windows XP"命令提示符"相当于 Windows 95/98 下的"MS-DOS 方式",使用此工具进一步提高了 Windows 与 DOS 下操作命令的兼容性。

单击"开始"按钮,在弹出的【开始】菜单中单击【所有程序】→【附件】→【命令提示符】,这时用户可以看到具有 DOS 界面的窗口,如图 1-82 所示,此窗口中用户可以使用 DOS 命令来完成日常操作。

例如很多用户在查看本机网卡的 MAC 地址时,会在窗口中输入"ipconfig/all"命令,查看该计算机上所有网络连接的配置信息,其中的"Physical Address"就是网卡的 MAC 地址。

图 1-82　"命令提示符"窗口

1.6　Windows 任务管理器

任务管理器提供正在您的计算上运行的程序及其进程的相关信息。也显示最常用的度量进程性能的单位。使用任务管理器可以监视计算机性能的关键指示器,可以查看正在运行的程序的状态,并终止已停止响应的程序,也可以使用多达 15 个参数评估正在运行的进程的活动,查看反映 CPU 和内存使用情况的图形和数据。如果有多个用户连接到您的计算机,您可以看到谁在连接、他们在做什么,还可以给他们发送消息。

在任务栏的空白处右击,从弹出的快捷菜单中单击【任务管理器】命令,或按下【Ctrl+Alt+Delete】组合键即可启动如图 1-83 所示的"Windows 任务管理器"窗口。

"应用程序"选项卡:如图 1-83(a)所示,显示了当前系统中运行的所有应用程序,通过此窗口可以单击"新任务"启动一个应用程序,也可通过"结束任务"按钮关闭一个应用程序。

"进程"选项卡:如图 1-83(b)所示,显示了所有的系统进程及用户进程,用户可通过"结束进程"的方式关闭对应的应用程序。

"性能"选项卡:如图 1-83(c)所示,显示了当前 CPU 及内存的使用情况。

（a）"应用程序"选项卡

（b）"进程"选项卡

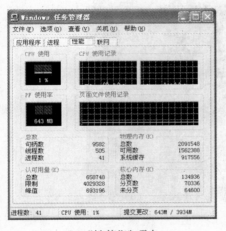

（c）"性能"选项卡

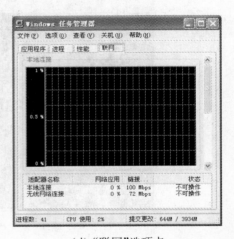

（d）"联网"选项卡

图 1-83　"Windows 任务管理器"对话框

"联网"选项卡：如图 1-83（d）所示，显示了本计算机中所有网络连接的使用情况。

1.7　磁盘优化

磁盘是计算机上最主要、最重要的外存储设备，几乎所有的图片、文件都存放在磁盘上。为了能够使磁盘更加快速、安全的工作，不仅要对磁盘做好备份工作，还要经常对磁盘进行优化。

1.7.1　磁盘碎片整理

在计算机的日常使用过程中，用户可能会非常频繁地进行应用程序的安装、卸载，文件的移动、删除等多种操作，这些操作会产生不同程度的碎片，碎片多了会影响硬盘的读写速度，从而造成计算机整体性能下降。

1. 磁盘碎片整理前要做好以下几项工作

（1）磁盘碎片整理一般需要几个小时，因此用户要选择在计算机比较空闲的时候进行，一旦开始整理后,用户最好不要进行任何读写操作,这样会严重影响碎片整理的效率,甚至会造成磁盘碎片整理程序终止。

（2）磁盘碎片整理前请先关闭屏幕保护程序,它的启动对碎片整理工作会有影响。

（3）磁盘碎片整理前请先退出所有的应用程序。

2.　执行磁盘碎片整理

（1）依次单击"开始"按钮,在弹出的【开始】菜单中选择【所有程序】→【附件】→【系统工具】→【磁盘碎片整理程序】命令,弹出如图 1－84 所示的"磁盘碎片整理程序"窗口。

图 1－84　"磁盘碎片整理程序"窗口

（2）在该窗口中显示了磁盘的一些状态和系统信息。选择一个磁盘,单击"分析"按钮,系统即可分析该磁盘是否需要进行磁盘整理,并弹出是否需要进行磁盘碎片整理的对话框,如图 1－85 所示。用户可单击"查看报告"按钮查看分析结果,单击"碎片整理"按钮启动碎片整理程序。

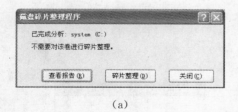
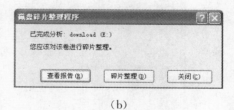

（a）　　　　　　　　　　　　　（b）

图 1－85　"磁盘碎片分析"对话框

1.7.2　磁盘清理

计算机在使用一段时间后,会产生一定数量的垃圾文件或临时文件,使用磁盘清理程序能够删除这些文件,释放磁盘空间,提高系统性能。

执行磁盘清理程序的具体操作如下:

（1）单击"开始"按钮,在弹出的【开始】菜单中选择【所有程序】→【附件】→【系统工具】

→【磁盘清理】命令,弹出如图 1-86 所示的"选择驱动器"对话框。

(2) 选择驱动器,单击"确定"按钮,经过计算,弹出如图 1-87 所示的对话框,用户可以有选择性的删除某些项目。

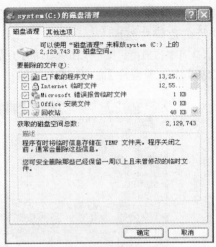

图 1-86　"选择驱动器"对话框　　　　图 1-87　"磁盘清理"对话框

1.7.3　磁盘检查

磁盘使用一段时间后,难免会在某些磁道上出现文件系统错误,用户通过磁盘检查程序可以很方便的检查各个分区,及时发现并修复文件系统错误,甚至是某些坏扇区。

以对 C 盘检查为例,执行磁盘检查程序的具体操作如下:

(1) 在"资源管理器"或"我的电脑"窗口中右击"C 盘",在弹出的快捷菜单中单击【属性】命令,在弹出的对话框中单击"工具"选项卡,如图 1-88 所示。

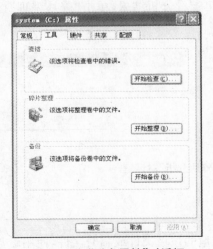

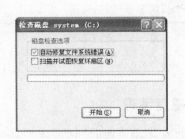

图 1-88　"磁盘属性"对话框　　　　图 1-89　"检查磁盘"对话框

(2) 单击"开始检查"按钮,弹出如图 1-89 所示的"检查磁盘"对话框。确认选项,单击"开始"按钮即可。若选中"自动修复文件系统错误"选项,会弹出如图 1-90 所示的对话框,要求重新启动计算机后自动对磁盘扫描。

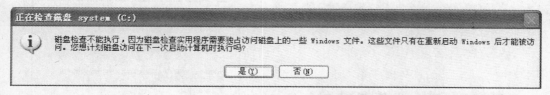

图 1-90　"正在检查磁盘"对话框

1.8　输入法及 Windows 常用快捷键

输入法是用户进行各种字符输入的方法。以中文字符输入为例，有"搜狗拼音输入法"、"微软拼音输入法"、"全拼"、"智能 ABC"、"五笔 86 版"等多种类型。用户一般会选择其中的 1～2 种适合自己使用习惯、效率较高的输入法进行字符输入。为了便于切换，用户会添加需要的输入法而删除多余的输入法。

1. 输入法的添加

（1）不属于 Windows 系统提供的输入法，例如"搜狗拼音输入法"，一般采用直接双击该输入法的安装程序文件进行添加。

（2）Windows 系统提供的输入法。

直接右击任务栏上的语言栏，在弹出的快捷菜单中单击【设置】命令，弹出如图 1-92 所示的"文字服务和输入语言"对话框。或在图 1-51 所示的"控制面板"窗口中双击"区域和语言选项"，在弹出的对话框中单击"语言"选项卡，如图 1-91 所示，单击"详细信息"按钮，弹出如图 1-92 所示的对话框，单击"添加"按钮，弹出如图 1-93 所示的对话框，可选择输入语言及相应的输入法。

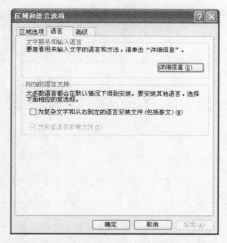

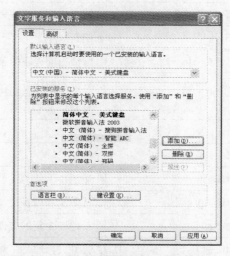

图 1-91　"区域和语言选项"对话框　　　　图 1-92　"文字服务和输入语言"对话框

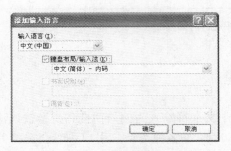

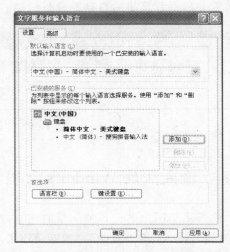

图 1-93 "添加输入语言"对话框 　　　图 1-94 "文字服务和输入语言"对话框

2. 输入法的删除

为了简化中英文切换,提高输入效率,用户会将不常用的输入法删除,具体操作如下:

在图 1-92 所示的对话框中,单击某一种输入法,例如"智能 ABC",然后单击"删除"按钮即可,重复以上操作,结果如图 1-94 所示。

3. Windows 常用快捷键

表 1-1　Windows 常用快捷键

名　　称	功　　能
F1	显示当前程序或者 Windows 的帮助内容
F2	重新命名所选项目
F3	搜索文件或文件夹
F5	刷新
F10 或 Alt	激活当前程序的菜单栏
Esc	取消当前任务
Ctrl＋C	复制
Ctrl＋X	剪切
Ctrl＋V	粘贴
Ctrl＋Z	撤消
Ctrl＋A	选中全部内容
Ctrl＋N	新建一个新的文件
Ctrl＋O	打开"打开文件"对话框
Ctrl＋P	打开"打印"对话框
Ctrl＋S	保存当前操作的文件

（续表）

名　称	功　能
Ctrl+Esc	显示"开始"菜单
Ctrl+Alt+Delete	启动任务管理器
Delete	删除
Shift+Delete	永久删除所选项，而不将它放到回收站中
Alt+F4	关闭当前项目或者退出当前程序
Alt+Tab	在打开任务之间切换
Alt+Esc	以任务打开的顺序循环切换
Print Screen	将当前屏幕以图像方式拷贝到剪贴板
Alt+Print Screen	将当前活动程序窗口以图像方式拷贝到剪贴板
Shift+Space	全角与半角切换
Ctrl+Space	中英文输入切换
Ctrl+Shift	各种输入法切换

1.9　模拟练习

　　实验准备：在 D 盘创建一个以自己学号命名的文件夹，将操作要求. doc 及考生文件夹复制到自己的学号文件夹中，双击打开操作要求. doc 文件。

　　1. 在考生文件夹中建立如下图结构目录。

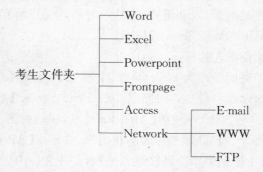

　　2. 将考生文件夹中名为 Win 文件夹更名为 Windows。

　　3. 删除第 1 题中创建的 FTP 文件夹。

　　4. 在 C 盘中查找名为"calc. exe"文件，并将其复制到第 2 题的 Windows 文件夹中。

　　5. 在 C 盘 Windows 文件夹（不包含子文件夹）中查找以 help 结尾的文件，并将其复制到第 2 题的 Windows 文件夹中。

　　6. 在考生文件夹中新建一个文本文件，文件名为"自我介绍. txt"，内容 50 字左右，字体设置为楷体，四号。

　　7. 将考生文件夹中的文件"自我介绍. txt"设置属性为"只读、隐藏、不存档"。

8. 在考生文件夹中创建资源管理器（explorer. exe）的快捷方式，取名为"浏览 Windows"。

9. 解释下列快捷键的功能（直接填入本表）

名　称	功　能
Print Screen	
Alt＋Print Screen	
Alt＋Tab	
Alt＋ESC	
Ctrl＋C	
Ctrl＋V	
Ctrl＋X	
Ctrl＋Space	
Ctrl＋Alt＋Delete	

10. 在资源管理器中显示所有文件和文件夹，并取消隐藏受保护的操作系统文件，并使用【Alt＋Print Screen】截图。

11. 设置回收站不显示删除确认对话框，每个驱动器的回收站最大空间占驱动器总量的 8%，并使用【Alt＋Print Screen】截图。

12. 将"计算器"程序添加到快速启动工具栏。

13. 在桌面创建"画图"程序的快捷方式，并将图标名称改为"绘图"。

14. 清除"开始"菜单中显示的最近使用的文档，并使用【Alt＋Print Screen】截图。

15. 设置任务栏总在最前面，自动隐藏，不显示时钟，在【开始】菜单中显示小图标，其余采用默认设置，并使用【Alt＋Print Screen】截图。

16. 将任务栏移到桌面的左边缘。

17. 将计算机系统的时间更改为 2012 年 12 月 21 日，并使用【Alt＋Print Screen】截图。

18. 设置鼠标使其显示指针踪迹，并使用【Alt＋Print Screen】截图。

19. 删除"智能 ABC"输入法，并使用【Alt＋Print Screen】截图。

20. 给计算机添加一个以自己学号命名的新用户，并使用【Alt＋Print Screen】截图。

21. 使用计算器，将十进制数 207 转换成八进制，并使用【Alt＋Print Screen】截图。

22. 通过任务管理器查看当前正在运行的程序，并使用【Alt＋Print Screen】截图。

23. 设置屏幕保护为"变幻线"，等待时间为 20 分钟，并使用【Alt＋Print Screen】截图。

24. 将考生文件夹中的"界.jpg"设置为桌面背景，拉伸显示。

25. 将"外观"中的"色彩方案"改为"橄榄绿"，图标改为大图标。

26. 最小化所有的应用程序，使用【Print Screen】截取当前桌面。

27. 在我的电脑窗口中查看 D 盘的属性，将 D 盘的卷标改为"我的磁盘"，并使用【Alt＋Print Screen】截图。

28. 使用磁盘清理程序，对 C 盘做一次磁盘清理，清除所有的临时文件，并使用【Alt＋

Print Screen】截图。

29. 使用磁盘碎片整理程序,对 D 盘进行分析,查看分析结果,并使用【Alt + Print Screen】截图。

30. 如何选择连续的文件或文件夹、不连续的文件或文件夹以及反向选择和全部选择文件或文件夹。(文字说明)

31. 移动和复制文件或文件夹的方法,并熟悉同一磁盘中和不同磁盘间移动和复制文件或文件夹的方法。(文字说明)

第2章 网络的基本应用

学习目标

随着信息技术的迅猛发展,计算机网络的应用已经深入到人们日常生活的每一个角落,涉及到社会的各个方面,其影响之广、普及之快是前所未有的。宽带网络的蓬勃发展更是让人们欣喜地感受着共享网上资源的独特魅力。网络的巨大能量改变着人们的工作、学习、生活和习惯方式。通过网络基本应用的学习,可以方便用户自由通信、网上视频交谈、各种娱乐活动、多媒体教学,使用户从网络中方便快捷的获取各种信息。

本章知识点

1. 网络的常见应用

(1) ADSL 接入 Internet 网

(2) 配置 TCP/IP 网络协议

(3) 利用 DOS 进行网络测试

(4) IE 浏览器的使用

(5) 搜索引擎的使用

2. 网络与生活

(1) 网上购物

(2) 在线聆听音乐

(3) 畅想网络谷歌地图

(4) 收发电子邮件

(5) 利用网络下载工具下载并安装软件

(6) 使用 MSN 进行网络交流;利用 FTP 进行文件下载

2.1　实验步骤

2.1.1　ADSL 接入 Internet 网

1. 安装硬件

关闭主机电源,在机箱内装入内置网卡(现在笔记本电脑或台式机大多有集成网卡,无需额外加装网卡)。电话线一端接入 ADSL MODEM 的 LINE 端口,另一端接入分线盒,双绞线(网线)一端接入 ADSL MODEM 的 Ethernet 端口,另一端接入主机的网卡(RJ - 45 接口),接通 ADSL MODEM 的电源。

2. 安装驱动

Windows 系统中包括大多数网卡的驱动程序,系统会自动检测到网卡,并安装其驱动。

3. 新建 ADSL 网络连接

点击"开始"→【程序】→【附件】→【通讯】→【新建连接向导】。如图 2 - 1 所示。

图 2 - 1　新建连接向导

点击"下一步"。选择【连接到 Internet】。再点击"下一步"。选择【手动设置我的连接】如图 2 - 2 所示。

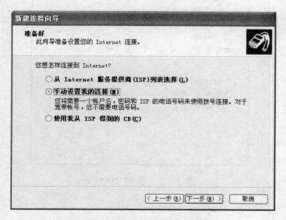

图 2 - 2　手动设置我的连接

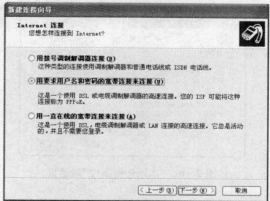

图 2 - 3　选择接入方式

单击【用要求用户名和密码的宽带连接来连接】→"下一步",如图 2 - 3 所示。

输入 ISP 名称(任意),显示如图 2 - 4。

单击"下一步"输入你申请的 ADSL 的帐号和密码。如图 2 - 5 所示。

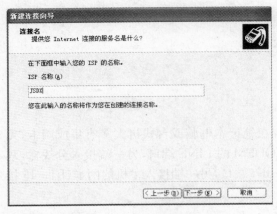

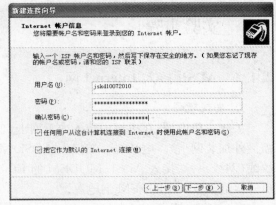

图 2-4　输入 ISP 名称　　　　　　　　　图 2-5　输入用户名及密码

　　继续点击"下一步"→点击在【在我的桌面上添加一个到此连接的快捷方式】→点击"完成"。此时,在桌面上就多出了图标 ,双击该图标即可连接至 Internet。

2.1.2　配置 TCP/IP 协议

　　以 Windows XP 系统为例,桌面→鼠标右击"网上邻居"→单击快捷菜单中的【属性】→双击"本地连接"→单击"常规"选项卡中的"属性"。接下来就可以设置 IP 地址了(以下 IP 地址不特别说明,均指 IPV4 地址)。如图 2-6,2-7 所示。

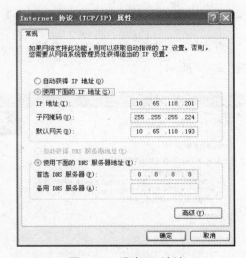

图 2-6　"本地连接属性"对话框　　　　　　图 2-7　设定 IP 地址

> ▶ 提示:
> 　　IP 地址、子网掩码、网关由网络管理员分配或由 ISP 提供。网络使用DHCP服务器动态指定 IP 地址时,则用"自动获得 IP 地址"。(上述步骤在实验时,可能会出现 IP 冲突等情况,请实验指导教师注意)

2.1.3　网络测试

在任务栏上单击"开始"→【运行】,在【运行】对话框中输入"cmd"→单击"确定",进入 DOS 环境。如图 2-8 所示。

图 2-8　运行命令

在 DOS 命令窗口中输入"ipconfig/all",可查询与本机 IP 地址相关的全部信息。如图 2-9 所示。

```
C:\WINDOWS\system32\cmd.exe
        Media State . . . . . . . . . . . : Media disconnected
        Description . . . . . . . . . . . : SiS191 Ethernet Controller
        Physical Address. . . . . . . . . : 00-22-15-62-A8-D7

Ethernet adapter 无线网络连接:

        Connection-specific DNS Suffix  . :
        Description . . . . . . . . . . . : Atheros AR5007EG Wireless Network Ad
apter
        Physical Address. . . . . . . . . : 00-15-AF-E6-49-96
        Dhcp Enabled. . . . . . . . . . . : Yes
        Autoconfiguration Enabled . . . . : Yes
        IP Address. . . . . . . . . . . . : 192.168.0.100
        Subnet Mask . . . . . . . . . . . : 255.255.255.0
        Default Gateway . . . . . . . . . : 192.168.0.1
        DHCP Server . . . . . . . . . . . : 192.168.0.1
        DNS Servers . . . . . . . . . . . : 192.168.0.1
        Lease Obtained. . . . . . . . . . : 2010年7月14日 7:49:33
        Lease Expires . . . . . . . . . . : 2010年7月15日 7:49:33

C:\Documents and Settings\x>ipconfig/all_
```

图 2-9　显示本地网络 IP 信息

输入命令"ping 127.0.0.1"。屏幕上出现"Reply from 127.0.0.1 bytes=32 time<1ms TTL=128"的提示,说明本机网络设置正常。如图 2-10 所示。

```
C:\WINDOWS\system32\cmd.exe
C:\Documents and Settings\x>
C:\Documents and Settings\x>ping 127.0.0.1

Pinging 127.0.0.1 with 32 bytes of data:

Reply from 127.0.0.1: bytes=32 time<1ms TTL=128
Reply from 127.0.0.1: bytes=32 time<1ms TTL=128
Reply from 127.0.0.1: bytes=32 time<1ms TTL=128
Reply from 127.0.0.1: bytes=32 time<1ms TTL=128

Ping statistics for 127.0.0.1:
    Packets: Sent = 4, Received = 4, Lost = 0 (0% loss),
Approximate round trip times in milli-seconds:
    Minimum = 0ms, Maximum = 0ms, Average = 0ms

C:\Documents and Settings\x>
```

图 2-10　测试网络连通性

假定网关为 192.168.0.1,输入 ping 192.168.0.10,测试本机能否与网关正确连接。如图 2-11 所示。

图 2-11　测试网关

通过与图 2-10 的对比,发现在 DOS 窗口中有"Request timed out."这样的提示,初步判定从本机到网关没有正确连接。

2.1.4　IE 浏览器的使用

(1) 启动 IE(以下以 IE7 为例)。双击桌面上的 IE 图标 →弹出 IE 浏览器窗口,主页是空白页。如图 2-12 所示。

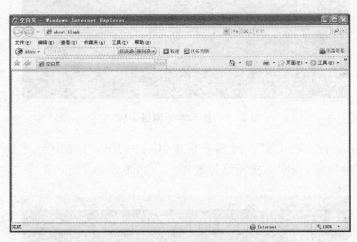

图 2-12　IE 窗口

(2) 在该窗口地址档中输入地址 http://www.163.com,按【Enter】键。如图 2-13 所示。

图 2-13　地址栏

(3) 点击地址栏左侧的"返回"或"前进"箭头 ,可浏览曾经访问过的网页。在 IE

窗口的左窗格中有历史记录,通过其可访问浏览过的网页,如图 2 - 14 所示。按组合键【Ctrl＋Shift＋H】,在屏幕左侧单击【今天】,可看到今天访问过的网页。

图 2 - 14　历史记录

　　(4)当需要把某个网页收藏时,可在网页的浏览区域,点击右键→选择【添加到收藏夹】→点击"添加"。如图 2 - 15 所示。

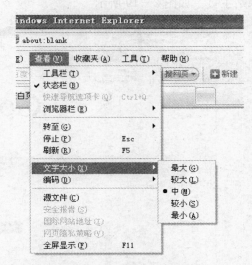

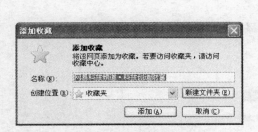

图 2 - 15　添加至收藏夹

图 2 - 16　文字大小设置

　　(5)设置文字大小:点击【查看】下拉菜单→【文字大小】→【中】。如图 2 - 16 所示。
　　(6)在 IE 浏览器中,单击【工具】下拉菜单→【Internet 选项】→"常规"选项卡可设置主页,可删除浏览记录或设置网页保存在历史记录中的天数,还可以设定颜色、语言、字体、辅助功能等,如图 2 - 17 所示。
　　(7)点击"安全"选项卡,点击"Internet"区域图标,根据自己的情况选择安全级别,添加可信站点，设置受限站点等。注意对话框中的提示。如图2-18所示。

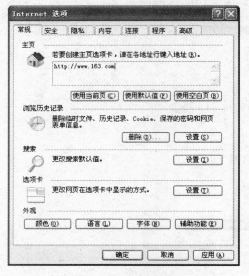

图2-17　IE常规选项

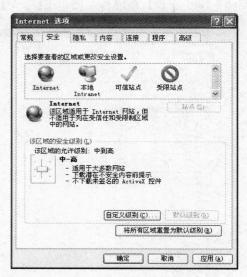

图2-18　IE安全选项

2.1.5　搜索引擎的应用

（1）在IE窗口地址栏中输入"http://www.google.com.hk/"，按【Enter】键进入谷歌网站主页。如图2-19所示。

图2-19　谷歌主页

（2）在搜索文本框中输入关键词"作曲家"，按【Enter】键或点击"Google搜索"按钮，可搜索到非常多的文档。单击第7条，显示某作曲家的"博客"，得到如图2-20所示页面。

图 2-20　某作曲家的博客

　　此外,还可利用 Google 首页中的【视频】、【图片】、【购物】、【地图】、【音乐】、【翻译】、【265 导航】等,点击实现更专业的搜索。

　　(3) 在 Google 首页,点击搜索文本框右侧的【高级】二字,即可精确搜索,如图 2-21 所示。

图 2-21　高级搜索界面

　　(4) 依次给出搜索范围,进行更精确的搜索。如图 2-22 所示。

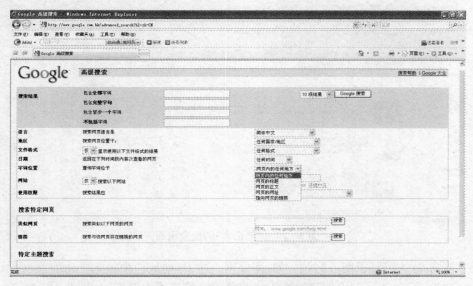

图 2-22　高级搜索的关键字选择

2.1.6 网络与生活

1. 网上购物

例：在网上选购笔记本电脑。

（1）方式一：Google 首页，点击【购物】，出现如图 2-23 所示的界面。（此界面即时更新，实际操作时会有不同）

图 2-23 Google 购物搜索界面

（2）点击【惠普笔记本】，显示与"笔记本"相关的界面，价格也在其中。如图 2-24 所示。单击"比较价格"可看到下一页更为详细的产品介绍。

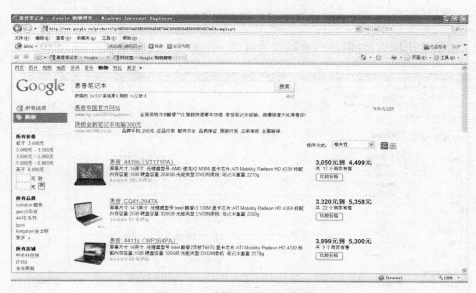

图 2-24 "笔记本"的搜索页面

（3）方式二：访问电子商务网站。如：淘宝网。在 IE 地址栏中输入"http://www.taobao.com/"。在"搜索"文本框中输入您想购买的商品，如"笔记本电脑"。如图 2-25 所示。

图 2-25　"淘宝网"搜索界面

（4）点击"搜索"，将会出现如图 2-26 的界面。接下来，点击每件商品图片后的"和我联系"，再按照该网站的要求，一步步点击下去，即可完成网上商品交易。具体操作方法可参阅该网站的购物详细教程。

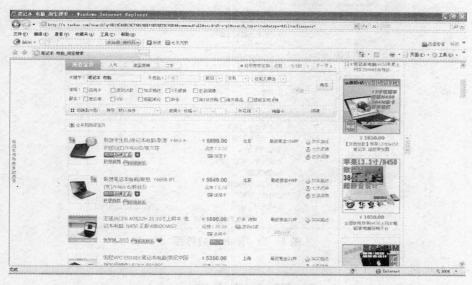

图 2-26　搜索商品后的界面

2.　在线音乐

（1）在 IE 地址栏中输入网址"www. baidu. com"，进入百度主页，点击【mp3】。如图 2-27 所示。

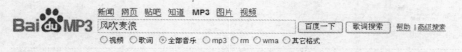

图 2-27　百度首页

（2）下一界面，在文本框中输入待搜索的歌曲，如"风吹麦浪"，点击"百度一下"或直接按【Enter】键，即出现如图 2-28 所示界面。

图 2-28　歌曲搜索界面

（3）点击【试听】出现如图 2-29 所示界面，即可收听歌曲。

图 2-29　乐曲播放界面

3．网上地图

（1）进入谷歌网站首页，点击【地图】，或直接在 IE 地址栏中输入"http://ditu. google. cn/"网址。在长文本框中输入地名"亚丁"，点击"搜索地图"或按【Enter】键。即搜寻到相关地图信息，如图 2-30 所示。

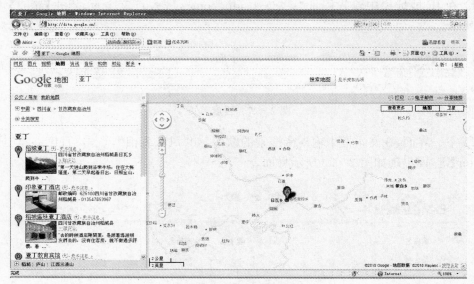

图 2-30　谷歌地图

上图左侧是与关键词"亚丁"有关的信息,右侧是地图信息,这里的地图可放大亦可缩小。利用谷歌地图可查看地形,测量出发地到目的地的距离,查询公交路线等。可见,谷歌地图的功能十分强大。

2.1.7　电子邮件的使用

电子邮件又称 E-mail。收发电子邮件要用到邮箱,用户需先向 ISP 申请注册。每个电子邮箱都有一个唯一的邮件地址,发件时用电子邮件指明接收方。如用户在 163 的邮箱名是 XAWI,则电子邮箱全称是:XAWI@163.com。

1. 申请一个免费电子邮箱

(1) 启动 IE。在地址栏中输入网址"http://mail.sina.com.cn/",如图 2-31 所示。

图 2-31　"新浪"邮箱登录页面

(2) 点击"注册免费信箱",可见到如图 2-32 所示页面。输入邮箱名称,即登录名。

图 2-32　注册免费信箱

（3）输入登录密码,依据提示输入其他相关信息(打"＊"号的必须填写),最后点击"提交"。若你注册的登录名为 tls_2010,密码为 tls2010,则你的电子邮箱为 tls_2010@sina.com。注册成功后,你就可以使用该邮箱,收发你的电子邮件。如图 2-33 所示。

图 2-33　邮箱注册页面

2. 收发邮件

（1）在 IE 地址栏中输入"http://mail.sina.com.cn",按【Enter】键,得到新浪邮箱界面。

（2）在【新浪免费邮箱】栏中输入用户名和密码,单击"登录"转入电子邮件管理界面,如图 2-34 所示。

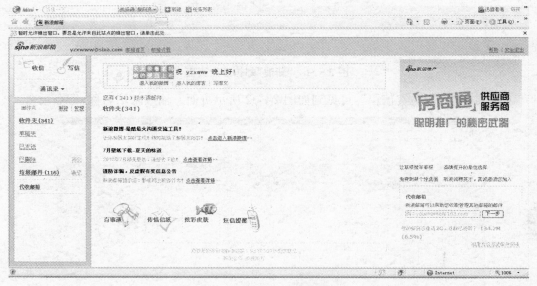

图 2-34　电子邮件管理界面

（3）发送邮件。单击左侧窗口中的"写信"。在【收件人】栏中,输入收信人的电子邮箱地址。若同时有多个收件人,信箱地址间用","号隔开。【主题】栏输入邮件的标题,【正文】中书写邮件内容。若有图片及其他文件要发送,则点击【添加附件】,选择待发送的文件即可。如图 2-35 所示。

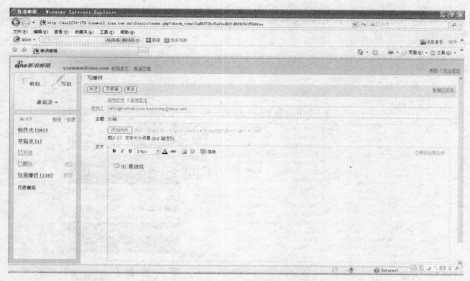

图 2-35 发送电子邮件

（4）点击【发送】，邮件即被发送出去。点击【收信】，查询最新邮件。

2.1.8 网络常用工具软件的使用方法

1. 使用迅雷

（1）迅雷软件的安装。

登录迅雷官方网站 http://www.xunlei.com，选择本地下载迅雷软件。下载完成后，双击 Thunder.exe 文件（若下载的是打包文件则先解压缩），按提示一步步安装下去。

（2）使用迅雷下载软件。

利用前述的搜索引擎（可任意一种），搜索软件 WinRAR。如图 2-36 所示。

图 2-36 WinRAR 的查询结果

（3）点击第 1 条记录，打开相关页面。任选一个下载点，右键快捷菜单→单击【使用迅雷下载】，如图 2-37 所示。

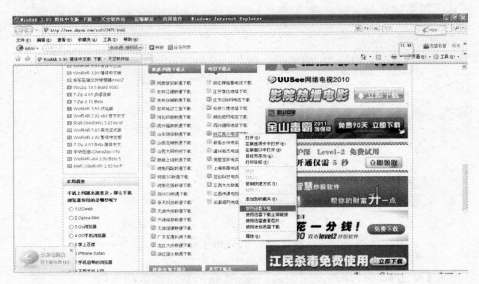

图 2-37　使用迅雷下载文件

（4）接下来会弹出如图 2-38 所示对话框。可先改变存储路径，然后点"立即下载"进入下载状态。迅雷下载文件的界面如图 2-39 所示。

图 2-38　建立新的下载任务对话框

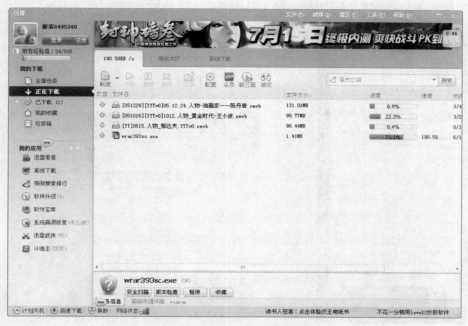

图 2 - 39　文件下载中的状态

2. 使用 MSN

（1）MSN 是微软推出的一款即时聊天工具，它可用 Hotmail 邮箱地址登录，初次运行
MSN 时需输入用户名及密码。如图 2 - 40 所示。图 2 - 41 为登录成功后界面。

图 2 - 40　MSN 登录界面

图 2 - 41　登录成功

（2）联机菜单如图 2－42 所示。聊天界面如 2－43 所示。

图 2－42　联机菜单

图 2－43　聊天界面

2.1.9　FTP 的使用

（1）将鼠标移至【开始】菜单处，右击→弹出快捷菜单→单击【资源管理器】。如图 2－44 所示。

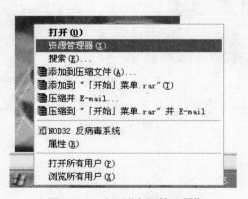

图 2－44　打开"资源管理器"

（2）在"资源管理器"窗口的地址栏输入 FTP 地址"ftp://ftp.cuhk.hk/"，按【Enter】键或点地址栏右侧的【转到】进入香港中文大学 FTP 站点。如图 2－45 所示。

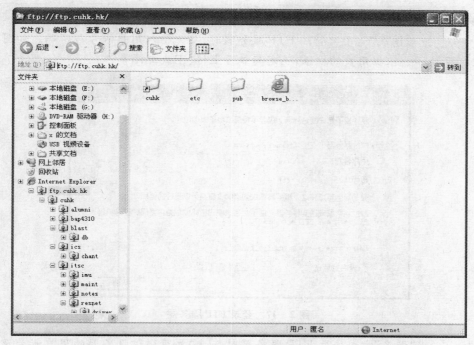

图 2－45　进入 FTP 站点

（3）若要下载某个 FTP 站点中的文件。先进入某个目录，找到该文件，点击右键，选择【复制】→【粘贴】至本地磁盘即可。如图 2－46 所示。

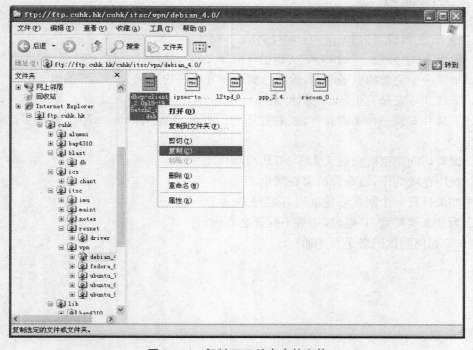

图 2－46　复制 FTP 站点中的文件

▶ 提示：

① 一般情况下，用户登陆 FTP 服务器时，要先输入用户帐号与密码。如图 2-47 所示。依据用户的权限，确定其能否上传、下载文件等。

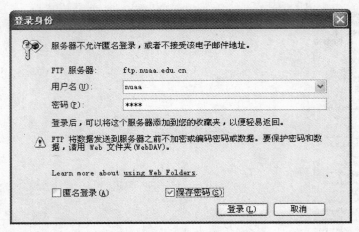

图 2-47　登录 FTP 服务器

② 以"匿名"方式登录 FTP 服务器时，不需要获得该服务器的用户帐号及密码，即可访问 FTP 服务器中的资源，但往往只可查看或下载文件。

2.2　模拟练习

1. 将 IE 主页设置为 http://www.sohu.com。
2. 搜索有关"吴冠中"的 DOC 文档（WORD 文档），并将其下载，文件名为"大家"。
3. 申请一个免费的电子邮箱，给自己的好友发送一份主题为"大家"的电子邮件。
4. 下载 360 安全卫士，安装并使用它。
5. 下载并安装一种杀毒软件，试着使用它。如何设置 Windows 操作系统中自带的防火墙？
6. 试着访问南京航空航天大学 FTP 站点。
7. 利用在线地图，看看你的家在哪里。
8. 如果打开一个网页后是乱码，你会怎么办？
9. 为什么要配置 IP 地址，如果不配置会如何？
10. 应如何测试网络是否连通？

第 **3** 章

文字处理——**Word 2003**

学习目标

Word 2003 是微软公司的 Office 2003 系列办公组件之一,是目前世界上最流行的文字编辑软件。适于制作各种文档,如信函、传真、公文、报刊、书刊和简历等。Word 2003 不仅改进了一些原有的功能,而且添加了不少新功能。与以前的版本相比较,Word 2003 的界面更友好、更合理,功能更强大,为用户提供了一个智能化的工作环境。通过本章学习,用户能够熟练掌握常见办公文档的编辑排版工作。

本章知识点

1. Word 文档的基本操作

(1) 新建、打开和保存文档

(2) 编辑文档(添加文字、符号、数字、时间和日期)

(3) 移动和复制文本

(4) 查找和替换文本

2. 格式化 Word 文档

(1) 设置字体大小和段落格式

(2) 设置字符间距

(3) 设置文字效果

(4) 首字下沉

(5) 更改大小写

(6) 设置制表位

(7) 添加项目符号和编号

(8) 插入脚注或尾注

(9) 添加书签

(10) 插入超链接

3. Word 文档的高级应用

（1）页面设置

（2）分节符和分页符的使用

（3）添加页眉和页脚

（4）插入页码

（5）设置分栏效果

（6）边框和底纹的设置

（7）设置背景效果

（8）更改文字方向

（9）图片效果的设置

（10）插入并编辑表格

（11）邮件合并

（12）插入并编辑公式和批注

3.1 初识 Word 2003

3.1.1 Word 2003 的启动

系统提供多种方法启动 Word 2003 应用程序，用户可根据个人的使用习惯任意选择其中的一种方式。

（1）单击【开始】菜单→【所有程序】→【Microsoft Office】→【Microsoft Office Word 2003】，如图 3-1 所示。

（2）双击桌面上 Word 2003 的快捷图标，如图 3-2 所示。

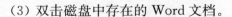

图 3-1 【开始】菜单【所有程序】

图 3-2 桌面

（3）双击磁盘中存在的 Word 文档。

3.1.2 Word 2003 的退出

同启动 Word 2003 应用程序一样,系统也提供了多种方法退出 Word 2003 应用程序,用户可根据个人的使用习惯任意选择其中的一种方式。

(1)单击【文件】菜单→【退出】命令。

(2)单击 Word 2003 应用程序窗口标题栏上的"关闭"按钮 。

(3)单击 Word 2003 应用程序窗口标题栏上的 ⊞ 按钮,在弹出的快捷菜单中选择【关闭】命令。

(4)双击 Word 2003 应用程序窗口标题栏上的 ⊞ 按钮。

(5)使用系统提供的快捷键:【Alt+F4】。

执行退出操作之前,如果文档窗口的内容自上次存盘后又发生了更新,系统将会弹出如图 3-3 所示的对话框。提示用户保存或取消对文档的修改,单击"是"按钮将保存修改,单击"否"按钮将取消修改,单击"取消"按钮则退出操作被中止。

图 3-3 对话框

3.2 文档的基本操作

3.2.1 Word 2003 的操作环境

启动 Word 2003 后,屏幕上会出现 Word 2003 的工作界面,如图 3-4 所示,包括标题栏、菜单栏、工具栏、状态栏和文档工作窗口等部分。

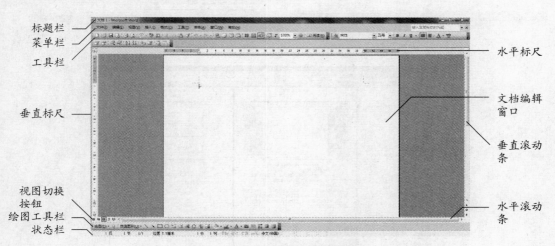

图 3-4 Word 2003 应用程序窗口

3.2.2 Word 2003 的视图方式

Word 2003 中提供了五种不同的视图方式,用户可根据实际需求选择最适合的视图方式来显示或编辑文档,不同的视图方式可通过单击【视图】菜单或视图切换按钮进行切换。以下图示是同一篇文档在不同视图方式下的显示效果。

1. 页面视图

页面视图模式是 Word 2003 默认的视图模式,这种模式下将显示文档编排的各种效果。此视图模式下文档的浏览效果与实际打印的效果相同,体现出 Word 2003"所见即所得"的特性,如图 3-5(a)所示。

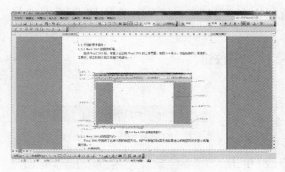

（a）页面视图　　　　　　　　　　　　　　（b）普通视图

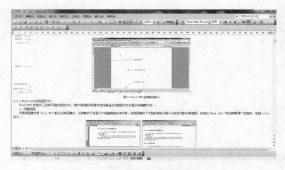　　

（c）Web 版式视图　　　　　　　　　　　　（d）大纲视图

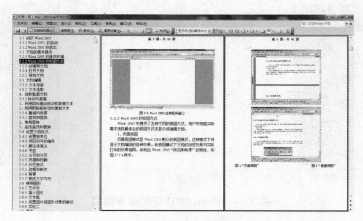

（e）阅读版式视图

图 3-5　五种不同的视图方式

2. 普通视图

在普通视图中可以进行文本输入、编辑及格式的设定等操作，对页面格式及页面布局进行了简化，隐藏了页边距、页眉、页脚、浮动图形及背景等元素。多栏显示为单栏的形式。在页与页之间用一条虚线表示分页符，在节与节之间用双行虚线表示分节符，如图 3-5(b)所示。

3. Web 版式视图

Web 版式视图是一种模仿 Web 浏览器来显示文档的一种视图模式。此视图模式下，编辑或浏览 Web 页面效果最好，文本为适应窗口的变化而自动换行调整，图形的位置与在 Web 浏览器中的位置保持一致，如图 3-5(c)所示。

4. 大纲视图

大纲视图主要用于显示文档的结构。这种视图模式下，文档标题的层次关系很清晰，用户可以通过标题左侧的"＋"号标记，展开或折叠文档，对各级标题可灵活使用，并且可以通过拖动标题来移动、复制或重组文档，如图 3-5(d)所示。

5. 阅读版式视图

阅读版式视图的目标是增加可读性，文本是采用 Microsoft ClearType 技术自动显示的，可以方便地增大或减小文本显示区域的尺寸，而不会影响文档中的字体大小。如果打开文档是为了进行阅读，阅读版式视图将优化阅读体验。阅读版式视图会隐藏除"阅读版式"和"审阅"工具栏以外的所有工具栏，如图 3-5(e)所示。

3.2.3 创建新文档

Word 2003 应用程序启动时会自动创建一个名为"文档1"空白文档，如图 3-6 所示，但这不代表每次创建一个新文档都必须要重新启动 Word 2003。Word 2003 中提供了以下几种创建新文档的方法：

图 3-6 "文档1"窗口

图 3-7 "新建"任务窗格

（1）单击【文件】→【新建】命令，在文档右侧弹出如图 3-7 所示的任务窗格，通过此任务窗格，用户可以创建多种不同类型的文档或模板。若单击"本机上的模板……"，则弹出如图 3-8 所示的对话框。

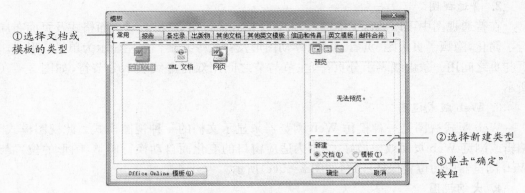

图 3-8 "模板"对话框

（2）单击常用工具栏上的"新建空白文档"按钮，可以创建新的空白文档。

（3）按下【Ctrl+N】组合键可以创建新的空白文档。

3.2.4 打开文档

对于任何文档，用户必须先打开，才能对其进行编辑、修改等操作。Word 2003 中提供了以下几种打开文档的方法。

单击【文件】菜单→【打开】命令，或单击常用工具栏上的"打开"按钮，或按下【Ctrl+O】组合键，弹出如图 3-9 所示的对话框。

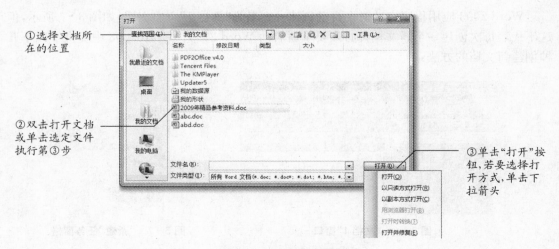

图 3-9 "打开"对话框

3.2.5 保存文档

在编辑文档的过程中，随时对文档进行保存，可减少死机、断电等意外情况带来的损失。文档可分为两种：新建文档和已存在的文档。对新建文档进行保存操作时，总会弹出如图 3-10 所示的"另存为"对话框。

而对已存在的文档进行保存操作，Word 2003 会按文件原有的路径、文件名和文件类型直接保存。若需要改变其中一个属性，则需要选择【文件】菜单→【另存为】命令。Word 2003 中提供了以下几种常用的保存文档的方法：

单击【文件】菜单→【保存】命令，或单击常用工具栏上的"保存"按钮 ，或按下【Ctrl＋S】组合键可以保存文档。

①选择文档保存的位置

②输入文件名

③选择文件类型

④单击"保存"按钮

图 3-10　"另存为"对话框

3.3　文档编辑

制作一篇优秀的文档，走好第一步是关键。文档编辑工作是文档制作的基础环节，有重要的意义。通过上一节，用户对 Word 2003 的操作环境及文档的基本操作有所了解，这一节以一篇论文为例，介绍 Word 2003 处理文字的基本操作，包括文本内容的准备，文本的移动、复制、删除、查找和替换等，实例文档如图 3-11 所示。

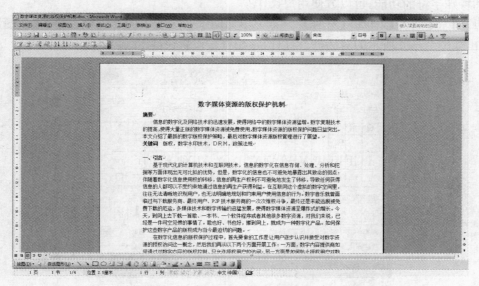

图 3-11　实例文档

3.3.1 文本准备

在对文本进行处理之前,必须将文本输入到文档中。当用户创建一份新文档或打开一份已存在的文档,就可以输入文本了,此时在文档的开始处会出现一个闪烁的光标"|",即"插入点",用户输入的任何文本会出现在插入点左侧。用户在输入文本的过程中可以随时用鼠标或键盘改变"插入点"的位置。

1. 文字输入

用户根据文档的内容,选择一种合适的输入法,然后在文档中确定"插入点"的位置,就可以开始文字输入了。

Word 2003 中文文本的输入具有两种模式:插入模式和改写模式。系统默认的模式是插入模式,用户输入的文本将出现在"插入点"的左边,"插入点"右边的内容将向后顺延。改写模式下,用户输入的文本将依次替换"插入点"右侧的内容。用鼠标双击"改写"或使用键盘上的插入键【Insert】键可实现插入模式和改写模式的切换。当"改写"呈灰色状态,表示当前为插入模式,如图 3-12(a)所示。当"改写"呈黑色状态,表示当前为改写模式,如图 3-12(b)所示。

8 行　1 列　录制 修订 扩展 改写 英语(美国)	8 行　1 列　录制 修订 扩展 **改写** 英语(美国)
(a)"插入"模式	(b)"改写"模式

图 3-12　状态栏

2. 插入符号

用户在进行文本输入的时候,除了中英文之外,经常会遇到一些符号和特殊字符,例如©,℃,∽,❶等。有一部分符号是键盘无法直接输入的,Word 2003 为用户提供了插入符号和特殊字符的功能,可以方便用户操作。

(1)单击【插入】菜单→【符号】命令,弹出如图 3-13 所示的对话框。单击"快捷键"按钮,弹出如图 3-14 所示的对话框,可以给常用符号设置快捷键。

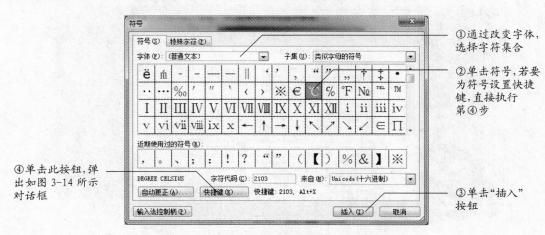

图 3-13　"符号"对话框

图 3-14 "自定义键盘"对话框

（2）单击【插入】菜单→【特殊符号】命令，弹出如图 3-15 的对话框，此对话框中共有六个选项卡，分别包含不同的特殊符号。

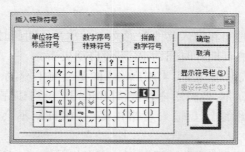

图 3-15 "插入特殊符号"对话框

▶ 提示：

用户也可以通过软键盘输入部分特殊符号。选择一种中文输入法，右击语言栏上的软键盘图标，在如图 3-16 的菜单中选择需要输入的符号类别，单击语言栏上的软键盘图标，在屏幕的右下角弹出如图 3-17 的键盘窗口，此时可以通过鼠标点击或键盘对应输入得到需要的符号。

图 3-16 "软键盘"菜单

图 3-17 "软键盘"窗口

3. 插入数字

在文档中经常会用到一些特殊的数字类型，例如"Ⅰ，Ⅱ，Ⅲ，…"，这些数字与日常使用的阿拉伯数字"1，2，3，…"一一对应。Word 2003 为用户提供了 13 种类型的数字，方便用户使用，系统默认数字类型为"1，2，3，…"。

用户确定插入点后，单击【插入】菜单→【数字】命令，弹出如图 3-18 所示的对话框，在"数字"下方的文本框中输入一个阿拉伯数字（如"3"），然后在"数字类型"下方的列表框中选择一种类型（如"Ⅰ，Ⅱ，Ⅲ，…"），单击"确定"按钮，在插入点显示"Ⅲ"。

部分数字类型对输入数字的大小有一定的要求，例如"甲，乙，丙……"要求数字必须介于 1～10 之间，"子，丑，寅……"要求数字必须介于 1～12 之间。

图 3-18 "数字"对话框

4. 插入日期和时间

用户在编辑一些文档（如：通知）的时候，需要向文档中插入日期和时间。Word 2003 提供以下几种方式：

（1）键盘直接输入。

键盘直接输入日期、时间和输入其他普通文本一样。日期和时间可以是任意的，其格式由用户自定义，不受系统的日期和时间约束，不会自动更新。

若系统开启了"记忆式键入"功能，当用户输入的是当前年份，系统会弹出如图 3-19 所示的提示框，此时用户直接按【Enter】键就可以完成当前系统日期的输入，或者继续键盘输入忽略该提示，该日期不会自动更新。

2010/7/5（按 Enter 插入）
2010↵

图 3-19 提示框

（2）单击【插入】菜单→【日期和时间】命令，弹出如图 3-20 所示的对话框。若选中"自动更新"复选框，系统会对插入的日期和时间自动更新，既每次重新打开文档时，系统会将文档中的日期和时间更新为当前日期和时间，以保证显示的日期和时间总是最新。

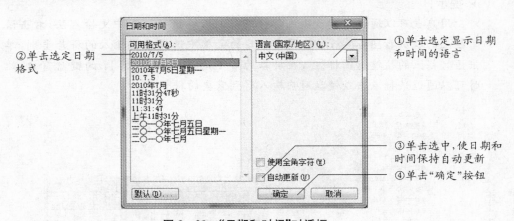

②单击选定日期格式
①单击选定显示日期和时间的语言
③单击选中，使日期和时间保持自动更新
④单击"确定"按钮

图 3-20 "日期和时间"对话框

3.3.2 文本选取

用户在编辑文档时，要对文档中的某一部分文本进行操作，例如某行、某个段落，必须先

选中这个部分,被选中的部分呈黑底白字高亮显示。小到字符,大到整篇文档,Word 2003 提供了多种选取的方法:

1. 选取任意区域

- 在要选取的文本的开始位置按下鼠标左键,拖动鼠标,将光标移动至要选取部分的结束位置释放鼠标左键即可。
- 在要选取文本的开始位置单击鼠标左键,按下【Shift】键,然后在要选取部分的结束位置再次单击鼠标左键即可。

2. 选取词组

将插入点置于词组的中间或左侧,双击鼠标左键可快速选中该词组。

3. 选取一行

- 将光标置于某一行的最前面,按下【Shift+End】组合键,可选择一行。
- 将鼠标移动至某一行的左侧,当鼠标指针变为 后,单击鼠标左键,可选中这一行。

4. 选取多行

将鼠标移动至要选择文本首行(或末行)的左侧,当鼠标指针变为 后,按下鼠标左键,向下(或向上)拖动鼠标,选中后释放左键。

5. 选取一段

- 在某一段中单击鼠标左键三次,可选中这一段。
- 将鼠标移动至某一段的左侧,当鼠标指针变为 后,双击鼠标左键,可选中这一段。

6. 选取多段

将鼠标移动至要选择文本首段(或末段)的左侧,当鼠标指针变为 后,双击鼠标左键,并向下(或向上)拖动鼠标,选中后释放左键。

7. 选取任意矩形区域

- 按下【Alt】键,在要选取的开始位置单击鼠标左键,拖动鼠标形成一个矩形选择区域,在结束位置释放鼠标即可。如图 3-21 所示。

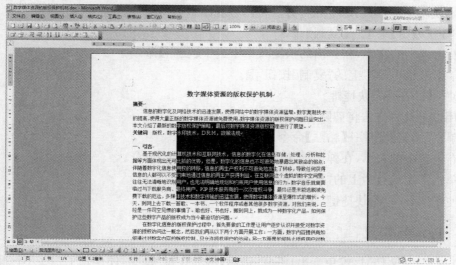

图 3-21 "选取矩形区域"图例

- 在要选取的开始位置单击鼠标左键,同时按下【Shift】键和【Alt】键,移动鼠标至结束位置,单击鼠标左键即可。

8. 选取整篇文档

- 将鼠标移动文档左侧的任意位置,当鼠标指针变为 ⬈ 后,连击三次鼠标左键,可选中整篇文档。
- 单击【编辑】菜单→【全选】命令,可选中整篇文档。
- 使用【Ctrl＋A】组合键,可选中整篇文档。
- 在文档的开始位置单击鼠标左键,然后同时按下【Shift】键、【Ctrl】键和【End】键,可选中整篇文档。

3.3.3 移动与复制

在文档编辑的过程中,有时会多次用到与先前部分相同的内容,有时需要将部分内容从当前位置移至另一个位置,为了减少文本的重复输入,提高工作效率,用户可以使用 Word 2003 中所提供的复制和移动功能。

1. 利用鼠标拖动移动和复制文本

选中要移动或复制的文本,若是移动文本,将鼠标置于选中文本上方,单击鼠标左键,拖动文本至新的位置。拖动时当鼠标移动到窗口的顶部(或底部),文档自动向上(或向下)滚动。若是复制文本,将鼠标置于选中文本上方,按下【Ctrl】键,单击鼠标左键,拖动文本至新的位置。

2. 利用剪贴板移动和复制文本

选中要移动或复制的文本,若是移动文本,可用以下几种方法将内容剪切到剪贴板上:

- 单击【编辑】菜单→【剪切】命令。
- 右击选中的文本,在弹出的快捷菜单中选中【剪切】命令。
- 单击常用工具栏上的"剪切"按钮 ✄ 。
- 使用【Ctrl＋X】快捷键。

若是复制文本,可用以下几种方法将内容复制到剪贴板上:

- 单击【编辑】菜单→【复制】命令。
- 右击选中的文本,在弹出的快捷菜单中选中【复制】命令。
- 单击常用工具栏上的"复制"按钮 🗐 。
- 使用【Ctrl＋C】快捷键。

可用以下几种方法将剪贴板上的内容粘贴到新位置:

- 单击【编辑】菜单→【粘贴】命令。
- 右击选中的文本,在弹出的快捷菜单中选中【粘贴】命令。
- 单击常用工具栏上的"粘贴"按钮 🗐 。
- 使用【Ctrl＋V】快捷键。

3.3.4 撤消与恢复

用户在编辑文档时,难免会出现一些错误,例如在排版的时候误删了一些不该删除的内容,或对前面的操作不太满意等,为此 Word 2003 提供了撤消与恢复功能,方便用户纠正错误。撤消就是取消前一步或多步的操作,将编辑状态回到错误操作之前的状态。恢复则是将撤消的操作再恢复回来,恢复是撤消的逆操作。

1. 撤消操作

Word 2003 会记住用户的每一步操作,并将其保存下来。因此,当用户出现错误操作时可以执行撤消操作,撤消操作可通过以下几种方法来实现:

(1) 如果是单步撤消操作,可单击常用工具栏的"撤消"按钮 ,或者使用【Ctrl+Z】快捷键。

(2) 单击【编辑】菜单→【撤消】命令,这里的撤消操作的名称会随着用户工作的内容而变化。例如【撤消键入】、【撤消清除】等。

(3) 若要一次撤消多步操作,可以单击常用工具栏的"撤消"按钮 右侧的下拉箭头 ,弹出如图 3-22(a)所示的列表框,此处保存了所有可撤消的操作,可根据编辑情况有选择的进行撤消操作。

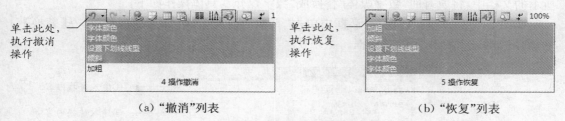

(a) "撤消"列表　　　　　　　　　　　　(b) "恢复"列表

图 3-22　撤消与恢复列表

2. 恢复操作

与撤消操作相似,恢复操作也可以通过以下几种方法来实现:

(1) 如果是单步恢复操作,可单击常用工具栏上的"恢复"按钮 。

(2) 单击【编辑】菜单→【恢复】命令,或者使用【Ctrl+Y】快捷键。这里的恢复操作的名称会随着用户工作的内容而变化。例如【恢复键入】、【恢复清除】等。

(3) 若要一次恢复多步操作,可以单击【常用】工具栏的"恢复"按钮 右侧的下拉箭头,弹出如图 3-22(b)所示的列表框,此处保存了所有已撤消的操作,可根据编辑情况有选择进行的恢复操作。

3.3.5　查找和替换

用户在编辑文档或校对文档的时候,往往会遇到文字修改的工作。特别在篇幅较长的文档,修改一个重复率较高、分布范围较广的词语,如果靠人工查找,修改起来既费时又费力,而且很容易有遗漏的地方。针对这一问题,Word 2003 提供了很好的解决方法,即强大的文本查找和替换功能,不仅可以查找替换文本内容,而且还可以查找替换文档中的字体、段落、样式、特殊字符等许多内容,可以帮助用户轻松、快速的实现文本的查找和替换操作。Word 2003 中的查找和替换操作可分为常规操作和高级功能两个部分。高级功能是在常规操作的基础上增加了一些搜索选项、格式设定和特殊字符的替换等功能。

1. 常规查找

常规查找主要的工作就是快速定位文本内容在文档中的位置,例如在如图 3-11 所示的文档中查找"数字媒体",具体操作如下:

单击【编辑】菜单→【查找】命令,弹出如图 3-23 所示的对话框。

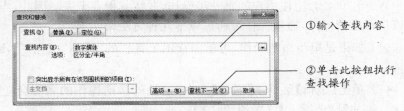

①输入查找内容

②单击此按钮执行查找操作

图 3-23 "查找和替换"对话框的"查找"选项卡

2. 常规替换

查找结束后,用户可以对文档中特定内容进行部分替换或全部替换,例如在如图 3-11 所示的文档中,将所有的"数字媒体"替换成"数字媒介",具体操作如下:

在图 3-23"查找和替换"对话框中单击"替换"选项卡,或单击【编辑】菜单→【替换】命令,弹出如图 3-24 所示的对话框。

①输入查找内容

②输入替换内容

③单击此按钮执行逐个替换操作

③单击此按钮执行全部替换操作

图 3-24 "查找和替换"对话框的"替换"选项卡

3. 高级查找和替换

单击图 3-24 中的"高级"按钮,可展开如图 3-25 的"高级"对话框,用户在进行查找和替换时,可控制搜索范围,区分大小写,使用通配符,设置格式或使用特殊字符等。例如,将如图 3-11 所示的文档中所有的"数字媒体"的字体格式设定为楷体、加粗、红色。

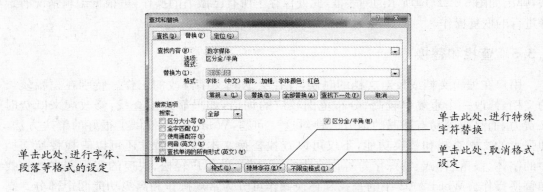

单击此处,进行特殊字符替换

单击此处,取消格式设定

单击此处,进行字体、段落等格式的设定

图 3-25 "查找和替换"的高级选项

> ▶ 提示：
>
> 用户在对文字进行字体格式设定前，确认光标已置于"替换为"编辑框中。若发现字体格式加载到"查找内容"部分，可通过点击"不限定格式"按钮取消格式设定。

3.4   设置文档格式

Word 2003 是一款制作精美、专业文档的工具，它提供了多种方法，方便用户设置丰富多彩的文档格式，例如使文本突出显示、段落层次清晰分明等，使文档更加美观，阅读起来赏心悦目，本节主要介绍文本格式及段落格式的设置。

3.4.1   设置文本格式

文本格式的设置是 Word 2003 中最常用的操作之一，主要包括字体、字形、颜色、大小、字符间距和动态效果等。通过设置文本格式可使文本效果更加突出，条理更加清晰，可增加文档的易读性。

1. 设置文本格式

使用格式工具栏设置文本格式，如图 3-26 所示。

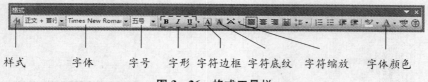

图 3-26   格式工具栏

2. 设置字体格式

单击【格式】菜单→【字体】命令，弹出如图 3-27 所示的对话框。例如设置字体格式为"幼圆、加粗、三号、红色、蓝色双下划线、加着重号"，设置完单击"确定"按钮。

3. 设置字符间距

字符间距是指文档中相邻两个字符之间的距离，以"磅"为单位。通常情况下，文本是以标准间距显示的，但有些时候为了创建特殊效果，需要对字符间距进行扩大或缩小。

单击【格式】菜单→【字体】命令，弹出"字体"对话框，单击"字符间距"选项卡，如图 3-28 所示。

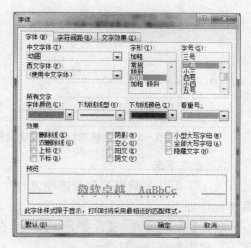

图 3-27   "字体"对话框

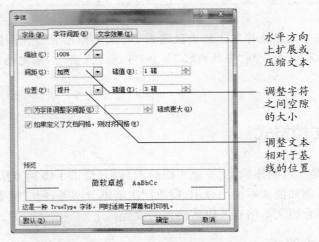

水平方向
上扩展或
压缩文本

调整字符
之间空隙
的大小

调整文本
相对于基
线的位置

图 3-28 "字体"对话框"字符间距"选项卡

4. 设置文字效果

用户可以给文本加上动态效果，将原先静止不动的文本变得闪闪发光、跳跃闪烁。这些效果经常会在电子板报中应用。但这些效果只能在显示时有效，不能应用于打印文档。

单击【格式】菜单→【字体】命令，弹出"字体"对话框，单击"文字效果"选项卡，如图 3-29 所示。

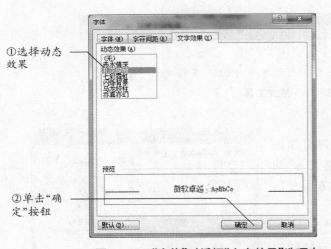

①选择动态
效果

②单击"确
定"按钮

图 3-29 "字体"对话框"文字效果"选项卡

①选择下沉
方式

②选择其他
选项

③单击"确
定"按钮

图 3-30 "首字下沉"对话框

5. 首字下沉

首字下沉是一般报刊和杂志中常用的文本修饰手段。在 Word 2003 中设置首字下沉具体操作如下：

单击【格式】菜单→【首字下沉】命令，在弹出如图 3-30 所示的对话框中进行设置。首字下沉效果如图 3-31 所示。

3.4 设置文档格式

WORD 2000 是一款制作精美、专业文档的工具,它提供了多种方法,方便用户设置丰富多彩的文档格式,如使文本突出显示,是段落层次清晰分明等,使文档更加美观,阅读起来赏心悦目,本节主要介绍文本格式及段落格式的设置。

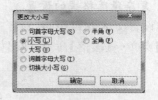

图 3-31 "首字下沉"效果　　　　**图 3-32 "更改大小写"对话框**

6. 更改大小写

用户在进行文档输入时,特别是英文字符较多的文档,经常切换字符的大小写,会影响输入的效率。Word 2003 提供了更改大小写的功能,方便用户在输入完之后,统一修改。具体操作如下:

选定某段文本,若修改整篇文档,将光标置于文档中,单击【格式】菜单→【更改大小写】命令,弹出如图 3-32 所示的对话框,进行大小写或半全角的转换。

3.4.2 设置段落格式

Word 2003 中段落是以【Enter】键结束的一段内容,它是独立的信息单位。段落中可以包含文字、图片、特殊字符等。一篇文档可以有很多段落组成,每个段落可以有它的格式,段落格式的设定对文档的整体外观都有着很大的影响。段落格式主要包括段落的对齐方式、段落的缩进、段落间距和行间距。

1. 使用格式工具栏设置段落格式

设置段落格式时首先将光标置于要设置格式的段落中或选中该段落,然后在如图3-33所示的工具栏上选择相应的格式即可。

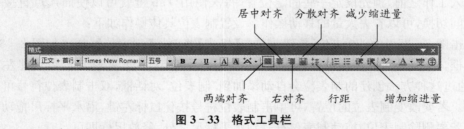

图 3-33 格式工具栏

2. 使用"水平标尺"设置段落缩进

Word 2003 中在水平标尺上有四个缩进滑块,如图 3-34 所示。鼠标拖动缩进滑块可以快速灵活的设置段落缩进,参考标尺的尺寸可确定缩进量。

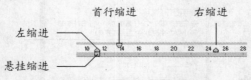

图 3-34 标尺上缩进滑块

3. 复杂段落格式的设置

与设置文本格式相同，对于一些复杂的段落格式需要在"段落"对话框中操作，单击【格式】菜单→【段落】命令，弹出如图3-35所示的对话框。

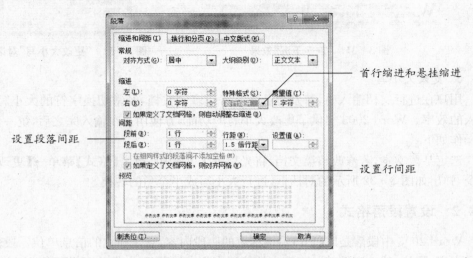

图3-35 "段落"对话框

3.4.3 设置制表位

在编辑文档的时候，若要把某些文字的起始点固定在同一个水平位置上，可以使用空格键和方向键进行调整，但操作比较繁琐。为了方便操作，Word 2003提供了制表位功能。在进行输入工作之前，预先设定一些固定位置，每次使用 Tab 键就可以使插入点直接在固定位置之间切换，可以省去大量的移动操作。设置制表位具体操作如下：

单击图3-35中的"制表位"按钮或单击【格式】菜单→【制表位】，弹出如图3-36所示的对话框。另外还可以使用鼠标创建制表位，用鼠标直接点击水平标尺即可创建左对齐制表位，通过这种方法创建的制表位会自动添加到"制表位"对话框，双击制表位符号可对其进行编辑。若要改变制表位的位置，可单击制表位符号按住鼠标左键，沿水平标尺拖动到新的位置。若要删除制表位，拖动制表位符号到水平标尺之外，释放鼠标即可。

图3-36 "制表位"对话框

3.4.4　项目符号和编号

在制作文档的过程中,为了使内容醒目有序,会将内容编排成列表的形式。一般是在内容的前面添加符号或者数字,这就是用户经常用到的项目符号和编号。

1. 自动添加项目符号和编号

当用户在键入文档的同时,Word 2003 可帮助用户自动添加项目符号和编号。单击【工具】菜单→【自动更正选项】命令,在弹出对话框中单击"键入时自动套用格式"选项卡,确认已选中"自动项目符号列表"和"自动编号列表"复选框。

(1) 键入" * "开始一个项目符号列表,或键入"1."开始一个编号列表,然后按空格键或 Tab 键。

(2) 键入所需要的文本,按【Enter】键添加下一个列表项。

(3) 要结束项目符号或编号列表,可按【Enter】键两次,或执行一次撤消操作,或使用【退格键(Backspace)】删除最后一个项目符号或编号。

2. 添加项目符号和编号

选中需要添加项目符号或编号的文本,通过以下两种方式操作:

(1) 单击【格式】工具栏上的"编号"按钮或"项目符号"按钮。

(2) 单击【格式】菜单→【项目符号和编号】命令,弹出如图 3-37 所示的对话框。

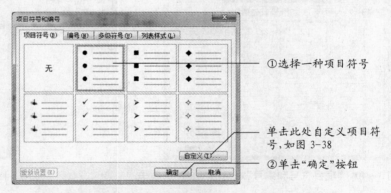

①选择一种项目符号

单击此处自定义项目符号,如图 3-38

②单击"确定"按钮

图 3-37　"项目符号与编号"对话框

3. 更改项目符号或编号列表的样式

(1) 自定义项目符号样式。

在如图 3-37 中列出了 7 种标准格式的项目符号,如果用户希望得到更多其他的样式,单击"自定义"按钮,弹出如图 3-38 所示的对话框。若用户需要使用图片样式的项目符号,可单击"图片"按钮,弹出如图 3-39 的对话框。

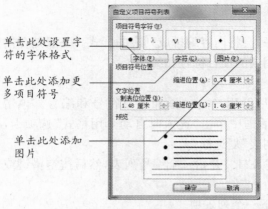

单击此处设置字符的字体格式

单击此处添加更多项目符号

单击此处添加图片

图 3-38 "自定义项目符号列表"对话框

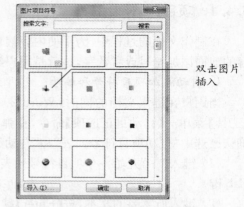

双击图片插入

图 3-39 "图片项目符号"对话框

（2）自定义编号样式。

打开"项目符号和编号"对话框，单击"编号"选项卡，如图 3-40 所示。选择任意一种编号样式，单击"自定义"按钮。弹出如图 3-41 所示的对话框。

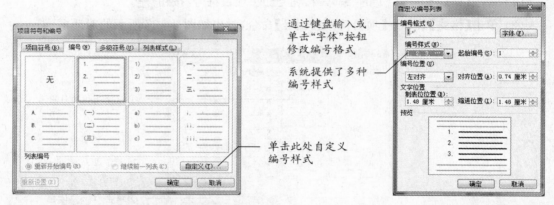

通过键盘输入或单击"字体"按钮修改编号格式

系统提供了多种编号样式

单击此处自定义编号样式

图 3-40 "项目符号和编号"对话框"编号"选项卡

图 3-41 "自定义编号列表"对话框

3.4.5 脚注或尾注

脚注和尾注在科学报告或论文中引用较为广泛，主要是对文档的内容做进一步的解释。一般用脚注对文档的内容注释，而用尾注说明引用的参考文献。脚注和尾注的作用基本相同，不同的是脚注一般放在页面的底端或文字下方，而尾注只放在文档的结尾或节的结尾部分。

选定文档中需要插入脚注或尾注的位置，单击【插入】菜单→【引用】→【脚注和尾注】命令，弹出如图 3-42 所示的对话框，用户根据需要，选择"脚注"或者"尾注"，并设置相应的格式。

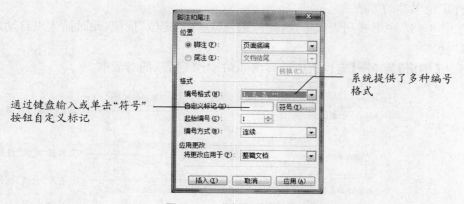

系统提供了多种编号
格式

通过键盘输入或单击"符号"
按钮自定义标记

图 3 - 42　"脚注和尾注"对话框

3.4.6　书签

Word 2003 中用户可以用书签标记某个命名位置,以后可直接用书签跳转到此处,无需滚动搜索,此功能对长文档具有重要的意义。用户可以通过书签对某个位置进行引用或链接。

1. 添加书签

选定需要指定为书签的内容,或单击要插入书签的位置,单击【插入】菜单→【书签】命令,弹出如图 3 - 43 所示的对话框。

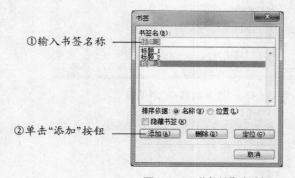

①输入书签名称

②单击"添加"按钮

图 3 - 43　"书签"对话框

如果是将某项内容指定为书签,该书签会以括号([……])的形式出现。如果是将某个位置指定为书签,该书签显示为"Ⅰ"形标记。当用户发现书签没有被标记时,请单击【工具】菜单→【选项】命令,在"视图"选项卡中选中"书签"复选框即可。

▸ 提示:

书签名必须以字母开头,可包含数字但不能有空格。可以用下划线字符来分隔文字,例如,"标题_1"。

2. 定位书签

在文档定义了书签之后,就可以利用定位功能快速的跳转到书签位置。Word 2003 中提供了两种定位书签的方法：

（1）在图3-43中书签列表框中选择"标题_1"，单击"定位"按钮，此时插入点自动定位到"标题_1"处。

（2）单击【编辑】菜单→【定位】命令，弹出如图3-44所示的对话框。

图3-44　"查找和替换"对话框"定位"选项卡

3.4.7　超链接

用户为文档中的文本创建超链接，可选定需要创建超链接的文本，单击【插入】菜单→【超链接】命令。弹出如图3-45所示的对话框。

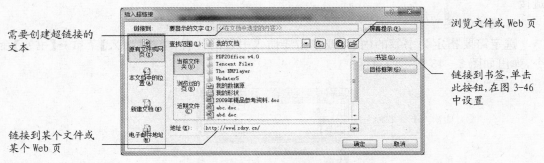

图3-45　"插入超链接"对话框

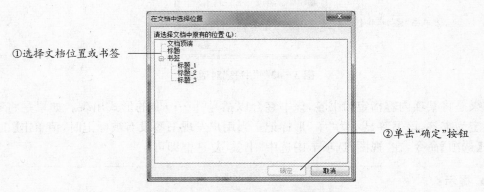

图3-46　"在文档中选择位置"对话框

3.4.8　格式刷

Word 2003中格式刷起到复制和粘贴的作用，不过它复制的对象只是文本的格式而不是文本的内容。当文档中出现多处需要设置相同格式的内容时,可先设置其中一处,然后利用格式刷快速设置其他文本的格式,具体操作如下:

(1) 选中要复制格式的文本,或将插入点置于要复制格式的段落中。

(2) 单击常用工具栏上的"格式刷"按钮 ,此时光标变成刷子状,表示格式已复制并且可以应用一次。

(3) 用光标选择需要应用格式的文本,被选定的文本的格式变为复制的格式。

如果要一次复制多次应用,双击"格式刷"即可。应用完之后要结束格式刷操作,可单击常用工具栏上的"格式刷"按钮或按下【Esc】键。

3.4.9　Word 实战演练 1

实验准备,启动 Word 2003,调入考生文件夹的 ED_1.doc 文件,参考样张按照下列要求操作:

(1) 参考样张,给文章加标题"2010 年上海世博会会徽",并将标题设置为华文新魏、加粗、三号字、居中对齐,字符缩放为 120%。

(2) 在正文第一段之前插入图片"世博会会徽.jpg",居中显示,高度和宽度为原来的 80%。

(3) 将正文第一段首字下沉 2 行,据正文 0.3 厘米,首字字体为楷体、蓝色。

(4) 正文其余各段首行缩进 2 个字符,段前 6 磅,行距 24 磅。

(5) 参照样张,将正文(不含标题)中的所有"会徽"设置为红色、加着重号。

(6) 将正文的第三、四段合并为一段。

(7) 参照样张,将正文最后一段分为偏左两栏,栏间加分割线。

(8) 为正文第二段文字加上"礼花绽放"的效果。

图 3-47　样张一

（9）在正文的最后另起一段，插入当前系统日期，保持自动更新，右对齐。

（10）将编辑好的文件以文件名：DONE_1，文件类型：RTF 格式（＊．RTF）保存到考生文件夹。

调入文件夹中的 ED_2.doc 文件，参考样张并按照下列要求操作：

（1）参考样张，给文章加标题"2010 上海世博会吉祥物"，并将标题设置为楷体、加粗、二号字居中对齐。

（2）在正文第一段之前插入图片"海宝.jpg"，居中显示，高度 8 厘米，宽度 7 厘米。

（3）参考样张，在正文第二段、第十一段、第十三段文字的前后插入"◆"符号，设置字体为黑体、四号字，并为其添加同名书签。

（4）设置正文其余各段首行缩进 2 字符，1.8 倍行距。

（5）参照样张，将正文（不含标题）中的所有"吉祥物"设置为天蓝色、加粗。

（6）参照样张，为正文第三段添加 1 磅，金色阴影边框，浅青绿色底纹。

（7）参照样张，为正文的第四段至第九段添加红色"●"项目符号。

（8）参照样张，为文档奇数页添加页眉"吉祥物"，为文档偶数页添加页眉"海宝"，页脚处插入自动图文集"第 X 页，共 Y 页"，居中显示。

（9）为正文第三段"上海世博会会徽"创建超链接，链接到考生文件夹的 DONE_1.RTF 文件。

（10）参考样张，在正文中插入"云形标注"自选图形，设置其填充色为橙色，环绕方式为紧密型，并添加文字"上善若水，海纳百川"，颜色为蓝色。

（11）参考样张，在正文图片右侧绘制文本框，无线条颜色，添加文字"主题形象"、"名字

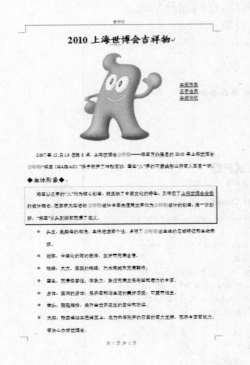
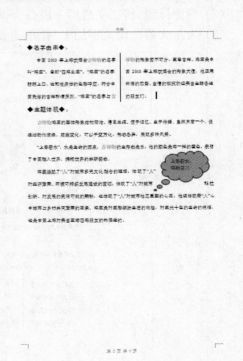

图 3-48　样张二

由来"、"主题体现",分别超链接到相应的书签。

（12）参考样张,将正文第十二段设置为等宽两栏,栏间加分隔线。

（13）将编辑好的文件以文件名:DONE_2,文件类型:RTF 格式(＊.RTF)保存到考生文件夹。

3.5　文档排版

文档排版即对文档的整个版面进行设置。一篇文档的内容固然重要,同时恰当的页面设置和页面排版也能为文档的整体布局增色不少,特别对打印文档有着重要的意义。

3.5.1　页面设置

页面设置是文档排版的基本操作之一,对文档全局样式起到决定性的作用。页面设置主要包括页面大小、方向、页边距、页眉和页脚等基本设置。

1. 设置纸张大小

单击【文件】菜单→【页面设置】命令,在弹出的对话框中单击"纸张"选项卡,如图 3－49所示。

①选择某种纸型或自定义纸张大小

②选择应用范围

③单击"确定"按钮

图 3－49　"页面设置"对话框"纸张"选项卡

2. 设置页边距

页边距指的是正文与页面边界的距离。为文档设置合适的页边距可以使打印出来的文档更美观,通常还在页边距的可打印范围内插入图形或文字,例如设置页眉、页脚和页码等。

单击【文件】菜单→【页面设置】命令,在弹出的对话框中单击"页边距"选项卡,如图 3－50 所示。

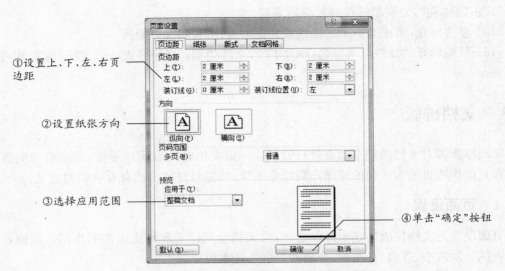

①设置上、下、左、右页边距

②设置纸张方向

③选择应用范围

④单击"确定"按钮

图 3-50　"页面设置"对话框"页边距"选项卡

除了以上方法,还可以用标尺设置页边距。水平标尺或垂直标尺上的灰色区域就是页边距的宽度。将鼠标移到标尺中页边距的边界上,当鼠标指针变成双向箭头时按住鼠标左键拖动,即可改变页边距。若要精确调整,可按住【Alt】键拖动。此方法有其局限性,就是只能应用于"整篇文档"。

3. 设置页面版式

单击【文件】菜单→【页面设置】命令,在弹出的对话框中单击"版式"选项卡,如图 3-51所示。

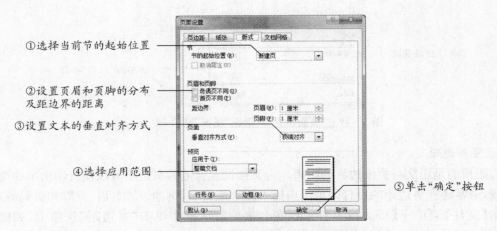

①选择当前节的起始位置

②设置页眉和页脚的分布及距边界的距离

③设置文本的垂直对齐方式

④选择应用范围

⑤单击"确定"按钮

图 3-51　"页面设置"对话框"版式"选项卡

4. 文档网格

文档网格化是将页边距以内的区域平均分配成一定数目的行数和列数。为了适应排版的需求,有时用户需要严格控制每页的行数和每行的字符数,可以使用文档网格来实现。

单击【文件】菜单→【页面设置】命令,在弹出的对话框中单击"文档网格"选项卡,如图3-52所示。

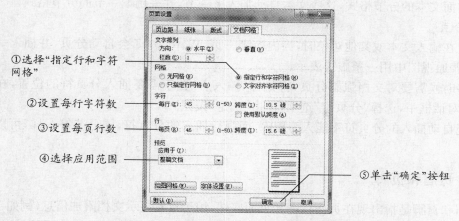

①选择"指定行和字符网格"

②设置每行字符数

③设置每页行数

④选择应用范围

⑤单击"确定"按钮

图3－52 "页面设置"对话框"文档网格"选项卡

3.5.2 分节和分页

1. 分节

用户在处理一篇格式复杂的长文档时，每隔一段需要进行不同的设置。Word 2003 提供了分节功能，可将文档分成若干节，然后对每节单独设置，对当前节的操作不影响其他节的设置。在不同的节中可以对页边距、页面方向、页眉和页脚格式等进行不同的设置。

Word 2003 中节用"分节符"来标识，在文档中将光标（插入点）置于需要创建新节的开始位置。单击【插入】菜单→【分隔符】命令，弹出如图3－53 所示的对话框。

（1）下一页：表示在当前插入点处插入一个分节符，强制分页，新的一节从下一页开始。

（2）连续：表示在当前插入点处插入一个分节符，不强制分页，新的一节从下一行开始。

（3）偶数页：表示在当前插入点处插入一个分节符，强制分页，新的一节从下一个偶数页开始，如果当前插入点在偶数页上，那么下一个奇数页为空页，并且不显示。

（4）奇数页：表示在当前插入点处插入一个分节符，强制分页，新的一节从下一个奇数页开始，如果当前插入点在奇数页上，那么下一个偶数页为空页，并且不显示。

文档中分节符用两条平行的水平虚线表示。若没有正常显示，单击【工具】菜单→【选项】命令，在"视图"选项卡中的"格式标记"区域，选中"全部"复选框即可正常显示。

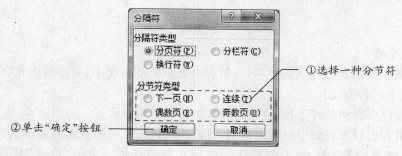

①选择一种分节符

②单击"确定"按钮

图3－53 "分隔符"对话框

若要删除分节符，先选中"分节符"，按下【Delete】即可。删除分节符的同时，也将删除分节符前面文本的分节格式,这些文本自动加入下一节,并采用下一节的分节格式。

2. 分页

用户在输入文本或其他对象时,当内容满一页,Word 2003 会自动分页,并插入一个分页符,在普通视图中用一条虚线表示。

有些时候需要对文档强制分页,将光标(插入点)置于需要插入分页符的位置,在如图3-53的对话框中,选择"分页符"选项,单击"确定"按钮。

系统自动插入的分页符不能人为删除,而强行插入的分页符,同分节符一样,可以被任意删除。

3.5.3 页眉和页脚

页眉和页脚是指出现在页面顶端和页面底端,用于重复显示文档附加信息(例如:页码、日期、书籍中的章节名称、单位 Logo 等文字或图形)的区域。Word 2003 中可以给文档的每一页使用相同的页眉和页脚,也可以在文档的不同部分使用不同的页眉和页脚,例如:在奇数页和偶数页上建立不同的页眉和页脚。

在普通视图下无法显示页眉和页脚,只有切换到页面视图,才能够正常显示。

1. 编辑页眉和页脚

单击【视图】菜单→【页眉和页脚】命令,如图 3-54 所示。文档的正文呈"不可编辑"状态,页面上出现了用虚线标明的"页眉"区和"页脚"区,同时显示页眉和页脚工具栏。

编辑完后,单击页眉和页脚工具栏的"关闭"按钮,或用鼠标双击版心(页边距以内)区域,退出页眉和页脚的编辑状态。

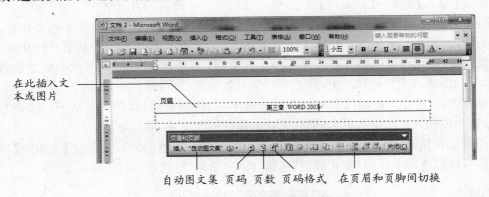

图 3-54 编辑"页眉和页脚"

2. 插入页码

页码是最常用的页眉和页脚之一,一般存放在页眉和页脚中,要在页眉和页脚中插入页码,可通过以下两种方法:

(1)可通过页眉和页脚工具栏插入页码,如图 3-54 所示。

(2)如果在页眉和页脚中只插入页码,可以不用进入页眉和页脚的编辑状态,直接单击【插入】菜单→【页码】命令,弹出如图 3-55 所示的对话框。单击"格式"按钮,弹出如图 3-56 所示的对话框,进行页码格式设置。

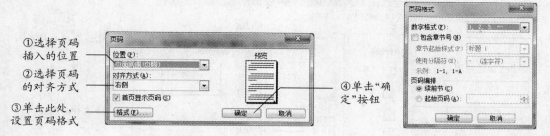

① 选择页码
插入的位置

② 选择页码
的对齐方式

③ 单击此处，
设置页码格式

④ 单击"确定"按钮

图 3-55　"页码"对话框　　　　**图 3-56　"页码格式"对话框**

3.5.4　分栏版式

分栏是报纸和杂志中最为常见的版式，用户在日常文档的处理中，经常会用到分栏。Word 2003 可以很方便的设置分栏，但只有在页面视图和打印预览视图下才能看到分栏的效果。

将插入点定位到需要分栏的文档中，若只给部分文本分栏，请选中文本，单击【格式】菜单→【分栏】命令，弹出如图 3-57 所示的对话框。

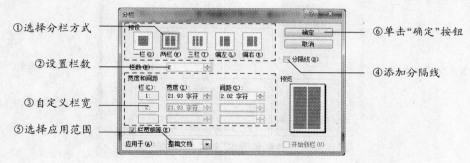

① 选择分栏方式

② 设置栏数

③ 自定义栏宽

⑤ 选择应用范围

⑥ 单击"确定"按钮

④ 添加分隔线

图 3-57　"分栏"对话框

用户在分栏后，若出现各栏长度不一致的情况是正常的，为了使版面更加美观，需要平衡各栏的长度。此时，用户只要将插入点置于分栏文档的结尾处，单击【插入】菜单→【分隔符】，在弹出的对话框中，选择"连续"，插入一个连续的分节符，即可得到各栏等长的效果。

3.5.5　边框和底纹

为了使文档中的文本、段落、图形和表格等更加突出醒目，用户可以为其添加边框和底纹。也可为整页或整篇文档添加页面边框，美化文档。

1. 为文本、图形和表格添加边框和底纹

用户可以为一些认为比较重要的文本、图形添加边框或底纹以示强调。选中文本、图形或表格，单击【格式】菜单→【边框和底纹】命令，在弹出的对话框单击"边框"选项卡，如图 3-58 所示。

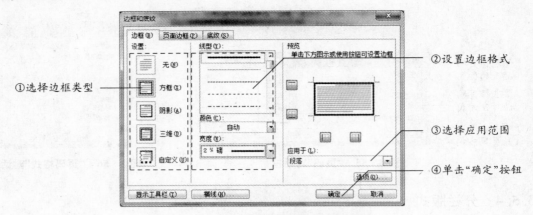

图 3-58 "边框和底纹"对话框"边框"选项卡

单击"底纹"选项卡,如图 3-59 所示。

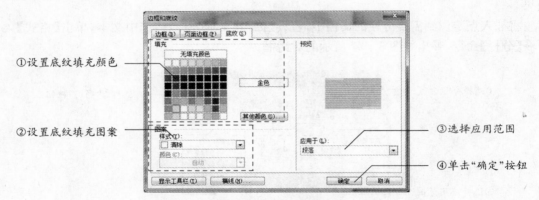

图 3-59 "边框和底纹"对话框"底纹"选项卡

2. 页面边框

为美化页面,用户可以给页面添加边框,单击【格式】菜单→【边框和底纹】命令,在弹出的对话框单击"页面边框"选项卡,如图 3-60 所示。页面边框的设置方法与文本边框设置相同,但页面边框中可设置"艺术型"边框。

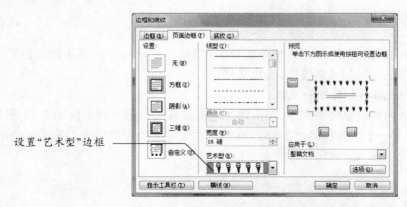

图 3-60 "边框和底纹"对话框"页面边框"选项卡

3.5.6 背景

在制作电子板报或 Web 页面时经常会用到丰富多彩的背景。Word 2003 提供强大的背景功能,可以用一张图片、一种图形、一些过渡效果或一种基本颜色作为文档的背景,以上背景效果主要应用于电子文档,不能被打印出来。另外 Word 2003 还提供了一种特殊的背景效果——水印,在打印文档中应用较为广泛。

1. 设置背景颜色

单击【格式】菜单→【背景】命令,打开如图 3 - 61 所示的调色板。单击某种颜色应用到文档的所有页面。若用户未能找到合适的颜色,可单击【其他颜色】命令,在弹出的"颜色"对话框中单击"自定义"选项卡,如图 3 - 62 所示,用户可以在颜色框中拖动鼠标选择颜色,也可以通过改变"颜色"框下面的 HSL 模式(色度、饱和度、亮度)或 RGB 模式(红色、绿色、蓝色)的数值来配置颜色。

图 3 - 61 调色板

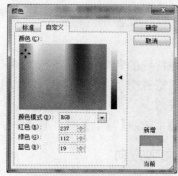

图 3 - 62 "颜色"对话框

不管用户当前处于哪种视图,在应用背景后,Word 2003 会自动切换到 Web 版式视图。当用户不需要使用背景颜色时,可单击图 3 - 61 中的【无填充颜色】命令。

2. 设置填充效果

通过以上方法,用户可以很轻松的给文档设置一种背景颜色。如果用户感觉一种颜色的背景有些单调,可以选择填充效果作为文档的背景,其中包含了图片、图案、纹理、渐变效果等丰富多彩的图案。

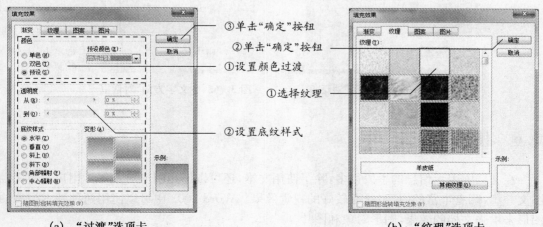

(a) "过渡"选项卡　　　　　　　　　　(b) "纹理"选项卡

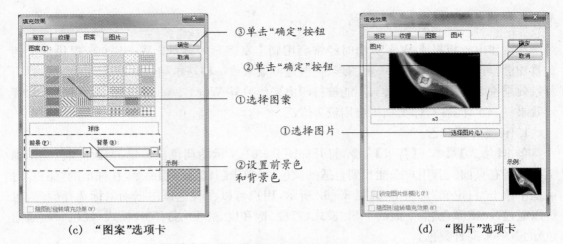

（c）"图案"选项卡　　　　　　　　　（d）"图片"选项卡

图 3 - 63　"填充效果"对话框

3. 设置水印

水印是一种特殊的背景格式，Word 2003 提供了设置水印的功能，设置的水印只有在页面视图和打印预览视图下才能看到。不管用户当前处于哪种视图，在设置水印后，系统会自动切换到页面视图。

单击【格式】菜单→【背景】→【水印】命令，弹出如图 3 - 64 所示的对话框。

3.5.7　更改文字方向

用户在编辑文档的过程中，若需要改变页面文本或文本框中的文本方向（例如：由横向变为纵向），将光标置于页面中或选定某个文本框，单击【格式】菜单→【文字方向】命令，弹出如图 3 - 65 所示的对话框。

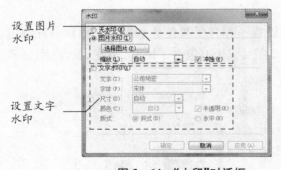

图 3 - 64　"水印"对话框

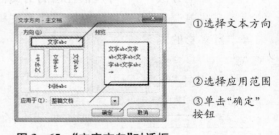

图 3 - 65　"文字方向"对话框

3.6　使用图形

在文档中表示信息的手段很多，除了使用文本，还可以使用图形对象等。用户希望文档图文并茂，既有丰富的内容，又有较好的视觉效果。Word 2003 中可以使用两种基本类型的图形来增强文档的效果：图形对象和图片。

3.6.1　图形对象

图形对象包括自选图形、曲线、线条和艺术字图形对象。这些对象都是 Word 文档的一部分。使用绘图工具栏的颜色、图案、边框和其他效果可以更改和增强这些对象。

单击【视图】菜单→【工具栏】→【绘图】命令，这时在状态栏上方出现绘图工具栏。如图 3 - 66 所示。

利用绘图工具栏可以在 Word 文档中绘制各种形状的图形，并加上许多特殊的效果，还可以在图形中添加文字。

图 3 - 66　"绘图"工具栏

图 3 - 67　"自选图形"菜单

1. 绘制基本图形

使用绘图工具栏中的"直线"、"箭头"、"矩形"和"椭圆"按钮，可以绘制出这四种基本图形。单击绘制基本图形按钮后，在文档中需要绘制图形的开始位置单击左键拖动到结束位置释放左键即可。若需要绘制对称图形，例如正方形、圆等。在拖动鼠标绘制图形的同时按住【Shift】键即可。

2. 绘制自选图形

单击绘图工具栏上自选图形按钮，弹出【自选图形】菜单，如图 3 - 67 所示。绘制自选图形的方法与绘制基本图形相同。

3. 编辑图形

对已绘制的图形进行编辑，通过对其进行改变大小、颜色，设置版式和添加文字等操作，使其对文档起到美化作用。

编辑图形时，首先要选定图形，直接单击鼠标左键即可选定图形。若要选定多个图形，可以先按住【Shift】键，然后用鼠标分别单击图形。也可单击绘图工具栏上的"选择对象"按钮，鼠标变成箭头状，拖动鼠标会出现一个虚线框，被虚线框框住的图形都被选中。改变图形填充颜色和效果或者图形线条颜色和线型，可使用图 3 - 66 中的"编辑图形效果按钮"。

若用户对绘制的图形不太满意，可以对图形的大小、形状和位置做一些调整。具体操作如下：

（1）选定图形，当鼠标指针呈十字箭头状时，可拖动图形，调整图形在文档中的位置。

（2）选定图形，在图形的四周会出现尺寸句柄，拖动句柄可调整图形大小。若要锁定纵横比，可按住【Shift】键，再拖动句柄。若要以图形的中心为基点进行缩放，可按住【Ctrl】键，再拖动句柄。

（3）选定图形，使用绘图工具栏上的【自由旋转】功能，如图 3 - 68 所示，在图形的四周出现绿色的句柄，可单击句柄拖动旋转，旋转时图形呈虚线状态。

（4）对于某些图形,选定后会出现一个或多个黄色的菱形块,用鼠标拖动菱形块可改变图形的形状。如图3-69所示。

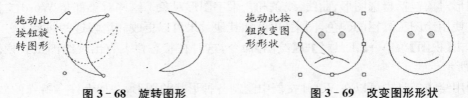

图3-68　旋转图形　　　　　　　　图3-69　改变图形形状

4. 在图形中添加文字

用户除了可以绘制出任意形状的图形外,还可以很方便地在图形中添加文字。在需要添加文字的图形上单击鼠标右键,从弹出的快捷菜单中选择【添加文字】命令。这时光标就出现在选定的图形中,输入需要添加的文字内容。这些输入的文字就会变成图形的一部分,当移动图形时,图形中的文字也跟随移动。如图3-70所示。

图3-70　添加文字

5. 组合图形

选定多个图形后,右击其中一个图形,在弹出的快捷菜单中选择【组合】菜单→【组合】命令,即可使多个图形变成一个整体。

如果需要对某个图形进行单独修改,需要取消组合。右击图形组合,在弹出的快捷菜单中选择【组合】菜单→【取消组合】命令即可。

3.6.2　艺术字

编辑文档时,经常会给文档的标题或特别需要强调的文本使用艺术字效果。单击【插入】菜单→【图片】→【艺术字】命令,或单击绘图工具栏上的"插入艺术字"按钮,打开"艺术字库"对话框。如图3-71所示。

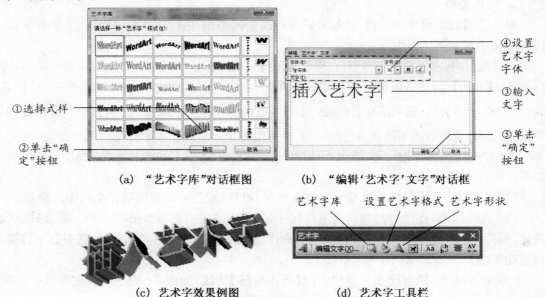

（a）"艺术字库"对话框图　　　　（b）"编辑'艺术字'文字"对话框

（c）艺术字效果例图　　　　（d）艺术字工具栏

图3-71　插入艺术字

利用绘图工具栏和艺术字工具栏上的按钮,可以增加或改变艺术字的效果。例如改变艺术字形状,对艺术字进行旋转、翻转、设置阴影和三维效果等。

3.6.3　插入图片

图片是由其他文件创建的图形。它们包括位图、扫描的图片和照片以及剪贴画。通过使用如图 3-72 所示的图片工具栏上的工具和如图 3-66 绘图工具栏上的部分工具可以更改和增强图片。

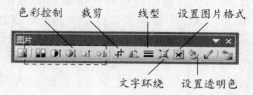

图 3-72　图片工具栏

1. 插入剪贴画

Word 2003 在"剪辑库"中拥有一套自己的图片集。包含有大量的剪贴画,从"剪辑库"中,您可以找到从风景背景到地图,从建筑物到人物的各种图像。这些专业设计的图像可以帮助您轻松地增强文档的效果。

单击文档中要插入剪贴画的位置。单击【插入】菜单→【图片】→【剪贴画】命令,或单击绘图工具栏上的"插入剪贴画"按钮,打开"插入剪贴画"对话框,在"图片"选项卡中单击所需类型的图标,这时可以看到此类别中所有的剪贴画,单击所需的图像,在弹出的快捷菜单中单击【插入剪辑】命令,即可将剪贴画插入到文档中。

2. 插入来自文件的图片

编辑文档时,有时需要使用由其他文件生成的图片文件以丰富文档内容。

单击文档中要插入图片的位置,选择【插入】菜单→【图片】→【来自文件】命令,打开"插入图片"对话框。找到图片文件所在的路径,选择需要插入的图片文件,单击"插入"按钮即可将图片插入到文档中。

在文档中插入图片后,一般都需要对其进行编辑,以适合文档的需求。编辑方法与图形的编辑基本相同,可使用图片工具栏进行相关设置。

3.6.4　文本框

Word 2003 的文本框是一种可以移动、大小可调的文本或图形容器。文本框可用于在页面上放置多块文本,也可用于为文本设置不同于文档中其他文本的方向。

单击【插入】菜单→【文本框】→【竖排】或【横排】命令,或者单击绘图工具栏上的"文本框"或"竖排文本框"按钮,按照绘制矩形的方法在文档区绘制文本框,然后就可以立即在文本框中输入文字内容。

此外,也可以直接将已有文本加到文本框中。选择需要包含到文本框中的内容,然后按照排版要求,单击绘图工具栏上的"文本框"或"竖排文本框"按钮,将所选择的内容添加到文本框中。如图 3-73 所示。

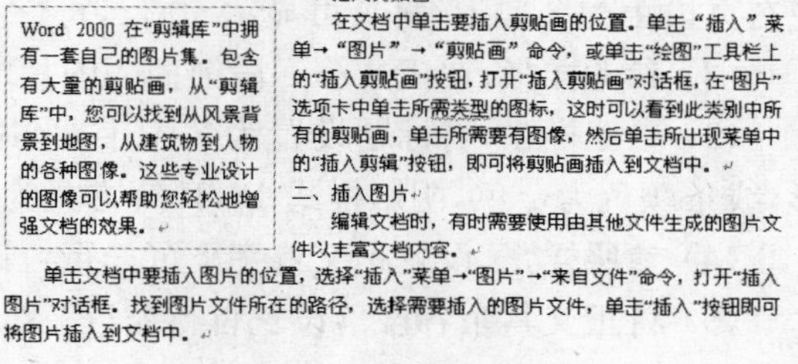

图片是由其他文件创建的图形。他们包括位图、扫描的图片和照片以及剪贴画。通过使用"图片"工具栏上的工具和"绘图"工具栏上的部分工具以更改和增强图片。

一、插入剪贴画

在文档中单击要插入剪贴画的位置。单击"插入"菜单→"图片"→"剪贴画"命令,或单击"绘图"工具栏上的"插入剪贴画"按钮,打开"插入剪贴画"对话框,在"图片"选项卡中单击所需类型的图标,这时可以看到此类别中所有的剪贴画,单击所需要有图像,然后单击所出现菜单中的"插入剪辑"按钮,即可将剪贴画插入到文档中。

二、插入来自文件的图片

编辑文档时,有时需要使用由其他文件生成的图片文件以丰富文档内容。

单击文档中要插入图片的位置,选择"插入"菜单→"图片"→"来自文件"命令,打开"插入图片"对话框。找到图片文件所在的路径,选择需要插入的图片文件,单击"插入"按钮即可将图片插入到文档中。

Word 2000 在"剪辑库"中拥有一套自己的图片集。包含有大量的剪贴画,从"剪辑库"中,您可以找到从风景背景到地图,从建筑物到人物的各种图像。这些专业设计的图像可以帮助您轻松地增强文档的效果。

图 3-73　文本框的使用

3.6.5 设置图片或图形对象的版式

Word 2003 中图片默认以"嵌入型"的版式插入到文档中,而图形对象默认是"浮于文字上方"的版式。这两种版式在排版的时候都有一定的局限性。为了达到更好的排版效果。在 Word 2003 中提供了多种文字图形环绕方式给用户选择。具体的设置方法如下:

双击需要设置版式的图片或图形对象("艺术字"需要右击,在弹出的菜单中单击"设置艺术字格式"),弹出"设置××格式"对话框。其中的"××格式"与用户所选择的图形对象的属性有关。如在图片上双击,弹出"设置图片格式"对话框,而在矩形上双击,则弹出"设置自选图形格式"对话框。虽然名称不同,但对话框的内容基本一致。从对话框中选择"版式"选项卡。如图 3-74 所示。

单击"高级"按钮,Word 2003 将打开"高级版式"对话框,用户可以对图片位置和环绕效果作进一步设置。在"高级版式"对话框中选择"文字环绕"选项卡,选择所需的环绕方式,然后还可以在"环绕文字"选项区对环绕文字的位置及与图形的距离进行设置。

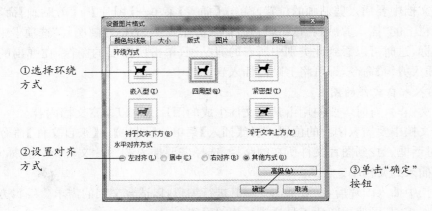

图 3-74 "设置图片格式"对话框"版式"选项卡

3.6.6 Word 实战演练 2

实验准备,启动 Word 2003,调入考生文件夹的 ED. doc 文件,参考样张按照下列要求操作:

(1)页面设置,纸张自定义大小,宽度 20 厘米,高度 27 厘米,上下页边距为 2.5 厘米,左右页边距为 3 厘米,每页可显示 40 行,每行 40 个字符。

(2)参考样张,在正文第一段前插入图片"周庄. jpg"。

(3)参照样张,将标题设置为艺术字,采用第 4 行第 3 列样式,字体为隶书,形状为桥形,线条颜色为金色,阴影样式 18,环绕方式为浮于文字上方,并移动到适当的位置。

(4)参照样张,设置正文首字下沉三行,首字颜色为蓝色。

(5)将正文其余各段落设置首行缩进 2 个字符,1.2 倍行距。

(6)将正文最后两段互换位置。

(7)参考样张,在正文第三段插入图片"水巷. jpg",高度 4 厘米,宽度 6 厘米,环绕方式为四周型。

（8）将正文第二段设置蓝色双波浪线边框，淡蓝底纹。

（9）将正文中所有的"周庄"设置为楷体，蓝色。

（10）在正文第 2 页插入竖排文本框，浅绿色底纹，无边框。将文件"梦江南.doc"内的诗词复制到文本框中。题目"梦江南"字体为方正舒体、小二、加粗、绿色、阴影，诗文为华文隶书、四号，居中显示。

（11）将正文的最后一段分成偏左两栏，栏间加分隔线。

（12）为第四段中的"拱桥"插入脚注，编号格式为"i, ii, iii…"，内容为"双桥、福安桥、太平桥等"。

（13）设置页眉和页脚距边界各为 1.75 厘米，奇数页页眉为"江南水乡"，偶数页页眉为"周庄漫游"。所有页的页脚为自动图文集"第 X 页，共 Y 页"，均居中显示。

（14）将编辑好的文件以文件名：DONE，文件类型：RTF 格式（＊.RTF）保存到考生文件夹。

图 3-75 样张

3.7 表格

Word 2003 中表格是文档的重要组成部分，表格具有分类清晰、方便宜用等优点。某些情况下，表格的特殊作用是文字、图片所不能取代的。在表格中可以输入文字、数据、图形等对象，并在表格和文本之间转换。

3.7.1 创建表格

（1）单击常用工具栏上的"插入表格"按钮▦，在弹出窗口中移动鼠标选定所需的表格行数和列数，然后单击鼠标左键即可快速创建一张表格，默认最大显示"4×5 表格"。如果用户需要创建一张大于 4×5 的表格，在弹出窗口中单击鼠标左键向右下方拖动，可选中更多数量的单元格，用户可根据窗口下方的"行数×列数"确定表格大小，此时释放鼠标左键即可创建表格。

（2）单击【表格】菜单→【插入】→【表格】命令，弹出如图 3－76 所示的对话框。

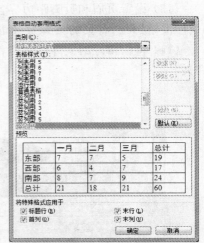

图 3－76　"插入表格"对话框　　　　**图 3－77　"表格自动套用格式"对话框**

Word 2003 中内置了多种不同风格的表格样式，可以很方便地在文档中应用这些表格样式。在"插入表格"对话框中单击"自动套用格式"按钮，弹出如图 3－77 所示的对话框，在"表格样式"列表中选择需要套用的表格格式，这时在下方的预览窗口中就可以看到所选表格格式的效果，根据需要在"将特殊格式"区域中选择需要在表格中应用的格式选项，单击"确定"按钮即可完成表格创建工作。

（3）自由绘制表格。

采用上述方法制作的都是规则表格，即行与行、列与列之间等距。但很多时候，我们需要制作一些不规则的表格，这时可以使用绘制表格的方法来完成此项工作。

单击文档中需要插入表格的位置，单击【表格】菜单→【绘制表格】命令，或者单击常用工具栏上的"表格和边框"按钮▱，这时光标指针就变成一支笔的形状，同时在编辑区中出现了如图 3－78 所示的浮动工具栏。

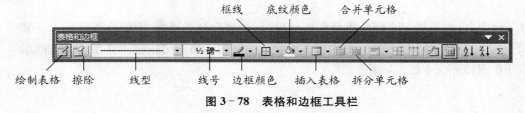

图 3－78　表格和边框工具栏

3.7.2 编辑表格内容

在表格中输入文本的方法与一般文本输入方法相同,只要将光标(插入点)定位到一个单元格中,即可输入文本。光标(插入点)可通过鼠标单击或键盘上【Tab】键或【方向】键快速定位到任意单元格。进行文本输入时,如果输入文本超过单元格宽度,将自动换行,单元格宽度不变,高度增加。

3.7.3 调整表格

1. 调整表格的行高、列宽

将鼠标指针指向要改变高度的行的边框上,当指针变为双箭头形状,拖动边框可以改变行的高度。用同样的方法改变列宽。

另外,还可以右击任意单元格,在弹出的快捷菜单中选择【表格属性】,或将光标置于表格中,单击【表格】菜单→【表格属性】命令,在弹出的对话框中单击"行"选项卡,如图 3-79 所示。切换到"列"选项卡即可设置列宽,方法与设置行高相同。

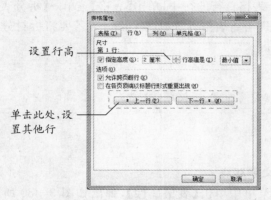

图 3-79 "表格属性"对话框"行"选项卡

如果需要多行或多列具有同样的高度或宽度,请选定这些行或列,然后单击【表格】菜单→【自动调整】→【平均分布各行】或【平均分布各列】命令。

2. 增加行或列

若要在某一行相邻位置插入新行,首先将光标置于此行中,然后单击【表格】→【插入】→【行(在上方)】或【行(在下方)】命令即可。增加列的方法与行相同。

> ▶ 提示:
>
> 在 Word 和 Excel 中重复的操作可以按 F4 键,如先用鼠标操作插入了一行,当你后面要再插入一行时,只要按 F4 键就可以了。

3. 删除单元格、行或列

选定需要删除的单元格、行或列,单击【表格】菜单→【删除】→【表格】、【行】、【列】或【单元格】命令即可。

4. 合并、拆分单元格

合并：选中两个以上的相邻单元格，右击弹出快捷菜单，单击【合并单元格】命令，或单击【表格】菜单→【合并单元格】命令即可将多个单元格合并为一个单元格。

拆分：右击某个单元格，在弹出的快捷菜单中单击【拆分单元格】命令，或将光标置于某个单元格中，单击【表格】菜单→【拆分单元格】命令，在弹出的对话框中输入要拆分的列数和行数，单击"确定"即可。

5. 改变表格大小

将鼠标移到表格的右下角，当鼠标指针变成斜向双线箭头时，单击鼠标左键拖动，即可改变表格的长度和宽度。

6. 表格自动调整

表格编辑完后，因为数据元素的长度不一致，往往需要进行调整，手动操作比较麻烦，而且精确度不高。Word 2003 提供了自动调整功能，选定表格，单击【表格】菜单→【自动调整】，用户根据需求在弹出的菜单中设定。

7. 拆分表格

将光标置于要成为第二个表格首行的行中，单击【表格】菜单→【拆分表格】命令，或使用【Ctrl＋Shift＋Enter】组合键，即可将表格拆分成两个部分。若要将拆封分的表格置于两页上，需使用【Ctrl＋Enter】组合键。

> ▶ 提示：
> 删除两个表格间的空白，即可合并两个表格。

3.7.4 格式化表格

1. 设置表格对齐方式和文字环绕

右击表格，在弹出的快捷菜单中单击【表格属性】，弹出如图 3 - 80 所示的对话框。在"对齐方式"和"文字环绕"区域分别设置即可。

图 3 - 80 "表格属性"对话框"表格"选项卡

2. 设置表格边框和底纹

选定需要设置边框和底纹的表格部分，单击【格式】菜单→【边框和底纹】命令，或在图

3-80 中单击"边框和底纹"按钮,打开"边框和底纹"对话框,单击"边框"选项卡,设定表格的边框类型、线型、颜色和线条宽度;然后单击"底纹"选项卡,在"底纹"对话框中设置所需的底纹效果。

此外对已有表格也可以通过"表格自动套用格式"对话框为表格添加边框和底纹。

3. 单元格对齐方式

右击单元格,在弹出的如图 3-81 所示的快捷菜单中选择【单元格对齐方式】,共 9 种。

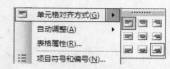

图 3-81 "单元格对齐方式"菜单

4. 在后续页上重复表格标题

如果表格的内容超过一页时,这时我们希望在后续表格自动重复该表格的标题行,以增强表格的可读性。选择需要在后续表格中作为标题重复出现的一行或多行,选定内容必须包括表格的第一行。然后单击【表格】菜单→【标题行重复】命令即可。

5. 防止表格跨页断行

为了保持表格的完整,防止表格被分割在两个不同的页面,可以采用下面的设置:单击表格,然后单击【表格】菜单→【表格属性】命令,打开"表格属性"对话框,单击"行"选项卡,如图 3-79 所示,取消选中的"允许跨页断行"复选框。

3.7.5 绘制斜线表头

在制作表格时,经常会使用到斜线表头。除了可以手动绘制外,Word 2003 中还可以自动绘制斜线表头,选定需要绘制表头的表格,单击【表格】菜单→【绘制斜线表头】命令,弹出如图 3-82 的对话框。

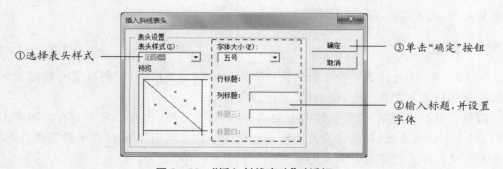

图 3-82 "插入斜线表头"对话框

3.7.6 表格与文本的转换

Word 2003 中允许文本与表格进行转换。从表格转成文本时,对表格没有特别的要求,而从文本转换成表格的时候,需要将文本进行格式化,要求每行使用段落标记分开,每列使用分隔符(例如制表位、逗号、空格等)分开。

(1)将表格转换成文本。选定要转换的表格或表格内的部分行,单击【表格】菜单→【转换】→【表格转换成文本】命令,弹出如图 3-83 所示的对话框。选择一种文字分隔符,替代表格边框,单击"确定"按钮。

（2）将文本转换成表格。按要求对文本进行格式化，然后选定要转换的文本，单击【表格】菜单→【转换】→【文本转换成表格】命令，弹出如图 3-84 所示的对话框。按要求设定表格的尺寸，在"文字分割位置"区域，选择文本格式化时所采用的分隔符，单击"确定"按钮。

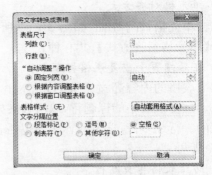

图 3-83 "表格转换成文本"对话框   图 3-84 "将文本转换成表格"对话框

3.8   邮件合并

"邮件合并"最早是在批量处理邮件文档时提出的。在邮件文档的固定内容中，合并一些与通信有关的数据，从而批量生成邮件文档。邮件合并不仅仅用于批量处理信函和信封等与邮件相关的文档。在办公自动化日趋成熟的今天，准考证、录取通知书、工资条、成绩单等文档的处理都会用到邮件合并的功能。Word 2003 提供的邮件合并功能可以帮助用户减少重复工作，大大提高了办公效率。

3.8.1   简介

Word 2003 中允许将一个文档的信息插入到另一个文档中，即将可变的数据源和一个内容固定的标准文档相结合，这就是"邮件合并"。

邮件合并的思想是，首先创建两个文档：一个是主文档，包含合并中共有的固定不变的内容；另一个是数据源，包括了合并中所有变化的信息。利用 Word 2003 的邮件合并功能，将数据源文档中的数据以合并域的形式插入到主文档中。

3.8.2   创建主文档

邮件合并可使用向导等方法实现，本节以使用邮件合并工具栏制作"成绩通知单"为例，介绍邮件合并在实际工作中的应用。

（1）单击【工具】菜单→【信函与邮件】→【显示邮件合并工具栏】命令，如图 3-85 所示。

图 3-85   邮件合并工具栏

（2）单击邮件合并工具栏的"设置文档类型"按钮，弹出如图 3-86 所示的对话框，主要包括信函、标签和信封等类型。本例中选择"信函"。

（3）在文档中输入主文档内容或打开一个主文档文件，如图 3-87 所示。

图 3-86　"主文档类型"对话框

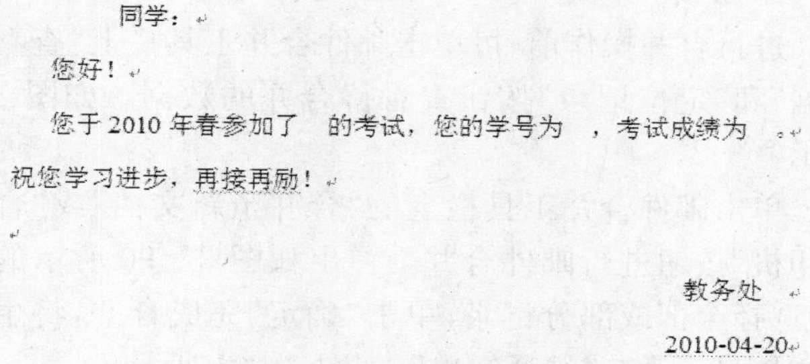

同学：

您好！

您于 2010 年春参加了　的考试，您的学号为　，考试成绩为　。

祝您学习进步，再接再励！

教务处

2010-04-20

图 3-87　主文档例图

（4）将当前文档保存为"成绩通知单主文档"，主文档创建完成。

3.8.3　获取数据

主文档创建完之后，还需要学生的姓名、学号、成绩等信息。在邮件合并中这些信息是以数据源的形式存在的。在邮件合并中可使用多种数据源，如 Microsoft Word 表格、Microsoft Excel 表格、Microsoft Outlook 联系人列表和 Microsoft Access 数据库和文本文件等。

当主文档创建好之后，单击邮件合并工具栏上的"打开数据源"按钮，弹出如图 3-88 所示的对话框。本例中使用已创建好的 Excel 表格作为数据源，选择"2010 年春一级 B 通过情况.xls"，单击"打开"按钮。

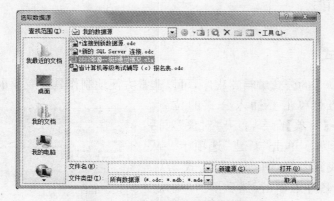

图 3-88　"打开数据源"对话框

3.8.4　合并数据源和主文档

创建了主文档和数据源之后，就可以进行邮件合并了。先在主文档中插入数据源中的域，然后将主文档合并到新文档或打印机。

1．插入合并域

将光标置于主文档中需要插入合并域的位置，单击邮件合并工具栏上"插入域"按钮，弹出如图 3－89 所示的对话框，选择相应的域，单击"插入"按钮，然后单击"关闭"按钮，移动插入点至下一个位置，依次插入域，直到所有的域插入完成。

2. 合并

进行合并操作前，可单击邮件合并工具栏上"查看合并数据"和"定位记录"按钮查看待合并的数据。如图 3－85 所示。

单击邮件合并工具栏上的"合并至新文档"或"合并到打印机"按钮进行邮件合并。弹出如图 3－90 所示的对话框，选择全部或部分记录，单击"确定"完成合并，将生成的新文档另存为"成绩通知单"，如图 3－91 所示。

图 3－89　"插入合并域"对话框

陈青玉 同学：

您好！

您于 2010 年春参加了江苏省一级 B 的考试，您的学号为 0934107，考试成绩为 合格 。

祝您学习进步，再接再励！

教务处

2010-04-20

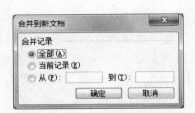

图 3－90　"合并到新文档"对话框　　　　**图 3－91　"成绩通知单"文档窗口**

3.9　高级功能

3.9.1　插入公式

利用 Word 2003 的公式编辑器程序，可以非常方便地制作具有专业水准的公式效果。

在 Word 文档中单击要插入公式的位置。选择【插入】菜单→【对象】命令，打开"对象"对话框，如图 3－92 所示。单击"新建"选项卡。从"对象类型"框中找到名为"Microsoft 公式 3.0"的选项，在此对象名称上单击，然后单击"确定"按钮。

Word 2003 切换到公式编辑状态，可以看到在文档插入点位置出现了公式编辑区，同时还弹出一个浮动的公式工具栏。如图 3－93 所示。

图 3－92　"对象"对话框

在公式工具栏的上面一行中提供了 150 多个数学符号；在下面一行中，则提供了包括分式、根式、积分和求和、矩阵等众多的公式样板或框架供用户选择。通过这些公式样板和符号，用户可以快速从公式工具栏上选择公式符号,然后在编辑栏中键入公式变量和数字,从而可以准确高效地构造公式。当公式制作完成后,单击 Word 文档可退出公式编辑状态返回到 Word。

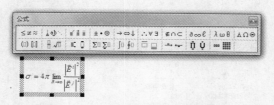

图 3-93　公式工具栏和公式编辑窗口

3.9.2　批注和修订

在编写论文或书籍过程中,当有文档需要交给其他人审阅,并且用户希望能够控制决定接受或拒绝哪些修改时,可以将该文档的副本分发给审阅人,以便在计算机上进行审阅并将修改标记出来。如果启用了修订功能,Word 2003 将使用修订标记来标记文档中所有的修订。查看修订后,用户可以接受或拒绝各项修订。

1. 插入批注

选定要批注的文本或项目。单击【视图】菜单→【工具栏】子菜单中的【审阅】命令,显示审阅工具栏,单击审阅工具栏中的“插入批注”按钮。在屏幕右侧的批注窗格中键入批注文字。

2. 删除批注

如果需要,可以删除批注。删除的方法是:选中要删除的批注,单击审阅工具栏中的“拒绝修订/删除批注”按钮。

3. 标注修订

打开要修订的文档,单击审阅工具栏上的“修订”按钮,插入、删除或移动文字或图形,进行所需更改。用户也可更改任何格式。

4. 接受或拒绝修订

当你接到审阅后的书籍文档后,可以查看审阅人对你的文档所做的修订,并决定是否接受或者拒绝这些修订。利用审阅工具栏上的“接受修订”或“拒绝修订”按钮对修订内容进行确认。

3.9.3　拼写与语法检查

在篇幅较长的文档中,由于输入的文档内容很多,不可避免地会出现一些输入错误,这时可以利用 Word 2003 提供的拼写和语法检查功能对文档内容进行检查,从而快速找到文档中错误的内容。

单击【工具】菜单→【拼写和语法】命令,启动“拼写和语法”检查功能。Word 2003 会自动检查文档,当发现可能的错误时,就会在“拼写和语法”对话框中将拼写和语法错误显示出来,并提出修改建议,提示用户进行更正。如图 3-94 所示。

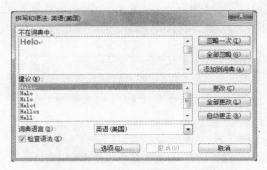

图 3-94 "拼写与语法"对话框

如果 Word 2003 指出的错误确属拼写或语法错误时,可以直接在文档中对拼写或语法错误进行编辑,键入更正内容,单击"更改"按钮进行更正。如果 Word 2003 指出的错误不是拼写或语法错误时,单击"忽略一次"或"全部忽略"按钮忽略此错误提示,继续进行文档其余内容的检查工作。

3.10 模拟练习

一、基本操作

调入考生文件夹的 ED. doc 文件,参考样张(如图 3-95)按照下列要求操作:

(1) 将文档页面的纸型设置为 16 开(18.4×26 厘米)、左右页边距各为 2.5 厘米,上下页边距各为 2 厘米。

(2) 参照样张,给文章添加标题"创新教育",将标题设置为艺术字,采用第 4 行第 3 列样式,字体为黑体,形状为山形,线条颜色为红色,居中对齐。

(3) 将文档正文的第一段,设置"首字下沉"效果,下沉行数为 2,距正文 0.1 厘米;设置字体为华文新魏,蓝色。

(4) 将正文其余各段首行缩进 2 个字符。

(5) 参照样张,将正文中的所有"创新"设置为红色,下划线为双波浪线。

(6) 将文档正文的第二段,分成等宽的两栏,栏宽为 17.8 字符,栏间加分隔线。

(7) 在文档中插入页眉,页眉内容为"Word 综合实验",对齐方式为居中对齐,在文档的页面底端(页脚)插入页码,对齐方式为右侧,并将初始页码设置为 3。

(8) 参照样张,将正文"苏霍姆林斯基……"段落设置 1.5 磅,绿色阴影边框,底纹为灰色 20%。

(9) 参考样张,在正文最后一段输入"爆炸形 2"的自选图形,版式为紧密型环绕,并添加文字"创新",设置字体为楷体、三号、倾斜,文字效果为礼花绽放。

(10) 将正文中后 7 行文字转换成一个 7 行 5 列的表,表格居中,表中的内容设置为小五号宋体。

(11) 设置表格的列宽为 2.5 厘米,表格外框线为 1.5 磅蓝色双窄线,内部框线为 0.75磅红色单实线,第 1 行和第 2 行之间的表格线为 1.5 磅红色单实线。表格第 1 行和第 1 列的文字水平居中,其余各行文字右对齐。

（12）将上述表格（不含标题）以另一份 Word 文档保存到考生文件夹中,文件名：TABLE,文件类型：DOC。

（13）将编辑好的文件以文件名：DONE,文件类型：RTF 格式（＊.RTF）保存到考生文件夹。

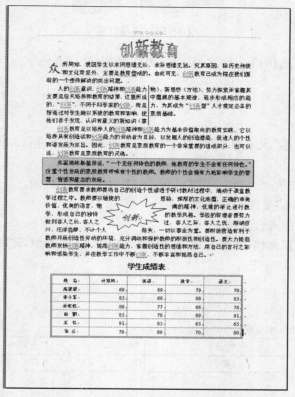

图 3-95　样张

二、综合操作

新建一个 Word 文档,按照要求完成以下操作：

（1）结合 Word 表格操作,在文档中制作一张如图 3-96 所示的"学生课程表"。

课程表

星期\节次	一	二	三	四	五	六
1	英语	历史	英语	地理	美术	自学
2	英语	历史	英语	美术	物理	自学
3	计算机	化学	计算机	体育	物理	自学
4	计算机	化学	计算机	体育	物理	自学
5	高等数学	自学	音乐	雕刻	班会	自学
6	高等数学	体育	生物	雕刻	班会	自学
7	营养学		生物	自习		自学
8	营养学		地理	自习		自学

图 3-96　学生课程表

（2）结合 Word 图形操作，在文档中制作一面如图 3-97 所示的"五星红旗"。

图 3-97 五星红旗

（3）将制作好的文档以文件名：图表，文件类型：RTF 格式（＊.RTF）保存到考生文件夹。

三、高级操作

调入考生文件夹的"成绩通知单.doc"文件，按照下列要求进行邮件合并操作，结果如图 3-98 所示：

（1）将"成绩通知单.doc"文件作为主文档，类型为：套用信函。

（2）将"Table.doc"文件作为数据源。

（3）在主文档中插入合并域。

（4）合并结果至新文档，将新文档以文件名：Print，文件类型：RTF（＊.RTF）格式保存到考生文件夹中。

成绩通知单

高蒙蒙同学：

您 2008-2009 学年第一学期的期末成绩如下：

计算机	英语	数学	语文
69	89	79	70

教务处
2008-7-5

图 3-98 成绩通知单

第4章
电子表格管理——Excel 2003

学习目标

　　Excel 2003 是 Microsoft Office 重要成员之一,它是目前世界上最好的电子表格系统。它是用来处理由若干行和若干列所组成的表格,表格中每个单元可以存放数值、文字、公式等,从而可以很方便地进行表格编辑、数值计算,甚至可以利用电子表格软件提供的公式及内部函数对数据进行分析、汇总等运算。

本章知识点

1. Excel 2003 的基本操作

（1）Excel 2003 的启动和退出

（2）窗口的组成与操作

（3）工作簿基本操作

2. 工作簿与工作表的操作

（1）新建、打开、保存、关闭工作簿

（2）工作表基本操作（插入、删除、复制、移动、重命名）

（3）文本文件或数据库文件转换为 Excel 文件

（4）输入数据（有规则的一串数据）

（5）单元格的操作（插入单元格、行、列、调整行高、列宽、行列隐藏）

3. 数据运算

（1）公式的输入、编辑

（2）函数的使用（绝对引用、相对引用、混合引用）

4. 工作表的格式化

（1）格式复制和删除

（2）设置单元格格式

（3）设置单元格区域

5. 数据图表化

（1）图表类型

（2）图表的组成

（3）创建图表

（4）图表的修改

（5）图表的编辑和格式化（移动、复制、缩放、删除、图例、网格线）

6. 数据管理和分析

（1）数据排序

（2）数据筛选

（3）分类汇总

（4）数据透视表

7. 页面设置和打印

（1）视图

（2）页面设置

（3）打印

4.1 电子表格的概述及管理

4.1.1 Excel 2003 的启动

启动 Excel 2003 有很多方式，主要有三种方法，分别为使用【开始】菜单、桌面快捷图标和利用已有的 Excel 文档等方式。

（1）使用【开始】菜单启动 Excel 2003 的步骤如下："开始"→【所有程序】→【Microsoft Office 2003】→【Microsoft Office Excel 2003】命令，如图 4-1所示。

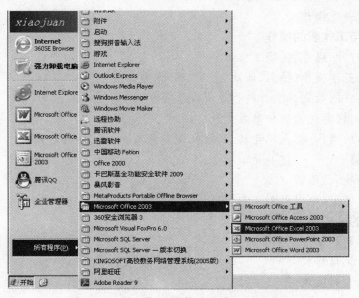

图 4-1 使用【开始】菜单启动 Excel 2003

（2）使用桌面快捷菜单图标：双击快捷图标可以启动 Excel 2003，如图 4-2 所示。

（3）利用已有的 Excel 文档：双击磁盘中存在的 Excel 文档可在打开该文档的同时可以启动 Excel 2003。

图 4-2　快捷图标

4.1.2　Excel 2003 窗口组成

打开后的 Excel 2003 窗口如图 4-3 所示。

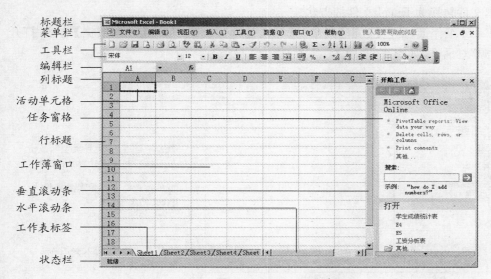

图 4-3　Excel 2003 窗口

该图显示了 Excel 2003 启动后的工作界面，由该图可以看到，Excel 2003 的窗口中主要包含了标题栏、菜单栏、工具栏、编辑栏、工作簿窗口和状态栏等。

工作簿窗口位于 Excel 2003 窗口的中央区域，它由若干个工作表构成，当启动 Excel 2003 时，系统将自动打开一个名为 Book1 的工作簿窗口。默认情况下，工作簿窗口处于最大化状态，与 Excel 2003 窗口重合。

4.1.3　Excel 2003 的退出

完成 Excel 2003 的编辑后，可使用以下四种方法退出 Excel 2003：

（1）单击【文件】菜单→【退出】选项。

（2）单击 Excel 2003 窗口右上角的 ⊠ 。

（3）双击 Excel 2003 标题栏左上角的 ⊠ 。

（4）使用系统提供的【Alt＋F4】组合键。

在退出 Excel 2003 时，如果用户编辑的文档没有保存，那么系统将会弹出一个提示保存对话框，如图 4-4 所示。在弹出的界面中，如果单击"是"按钮将保存更改的内容，如果单击"否"按钮

图 4-4　提示保存对话框

将不保存更改的内容，如果单击"取消"按钮将退出提示保存对话框，返回到 Excel 2003 窗口界面。用户根据实际情况进行相关的选择。

4.1.4 其他格式文件转换成 Excel 文件

在"其他格式文件"中用户常会遇到的有 4 种文件：Word 表格、网页表格、文本文件和数据库文件。其中 Word 表格和网页表格转换为 Excel 文件时方法比较简单，只需把表格复制后粘贴到 Excel 中就可以；文本文件和数据库文件转换为 Excel 文件方法类似，下面主要介绍文本文件转换为 Excel 文件的方法。

打开 Excel 工作簿，单击【数据】菜单→【导入外部数据】选项→【导入数据】选项，打开"选取数据源"对话框，如图 4-5 所示。

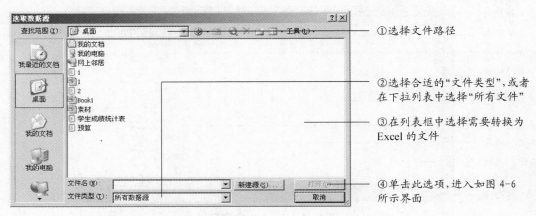

图 4-5 "打开"对话框

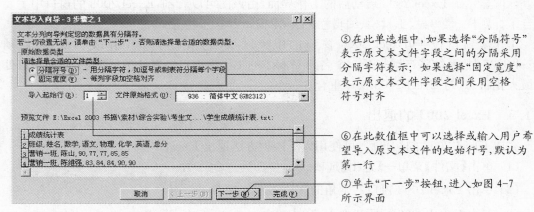

图 4-6 "文本导入向导-3 步骤之 1"对话框

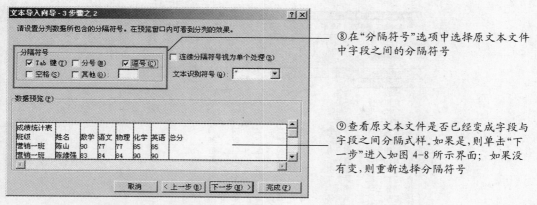

⑧ 在"分隔符号"选项中选择原文本文件中字段之间的分隔符号

⑨ 查看原文本文件是否已经变成字段与字段之间分隔式样。如果是,则单击"下一步"进入如图 4-8 所示界面;如果没有变,则重新选择分隔符号

图 4-7　"文本导入向导-3 步骤之 2"对话框

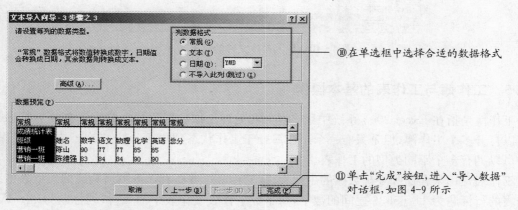

⑩ 在单选框中选择合适的数据格式

⑪ 单击"完成"按钮,进入"导入数据"对话框,如图 4-9 所示

图 4-8　"文本导入向导-3 步骤之 3"对话框

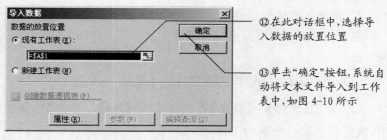

⑫ 在此对话框中,选择导入数据的放置位置

⑬ 单击"确定"按钮,系统自动将文本文件导入到工作表中,如图 4-10 所示

图 4-9　"导入数据"对话框

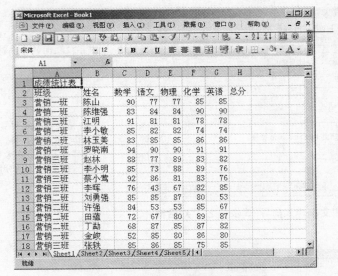

⑭单击工具栏上的"保存"按钮，将数据保存起来

图 4-10　导入文本文件的结果

4.1.5　工作簿与工作表的基本操作

工作簿是指在 Excel 2003 系统中用来存储和处理工作数据的基本单位。在一个 Excel 中可以打开多个工作簿，但是只有一个工作簿处于工作状态，即"活动工作簿"。在一个工作簿中可以拥有多个不同类型的工作表。

工作表是用来存储和处理数据的主要文档，它由 65536 行和 256 列所构成的二维表格。工作表的行标题为 1～65536 之间的数字，每个数字代表工作表中的一行；列标题为 A～IV 之间的字母，每个字母代表工作表中 256 列中的一列；行标题和列标题的坐标所组成的矩形框为"活动单元格"。

1. 新建工作簿

启动 Excel 2003 后，系统自动产生一个名为 Book1 的工作簿，创建一个新工作簿有两种方法：

（1）利用工具栏中的"新建"按钮 ，打开一个新工作簿。

（2）单击【文件】→【新建】菜单项，打开【新建工作簿】任务窗格，单击 空白工作簿 选项，就可以创建一个新的工作簿。

当用户新建一个工作簿后，就可以在此工作簿的工作表中输入数据。

2. 保存工作簿

当数据处理完成后，需要将工作簿的内容保存起来，保存工作簿的步骤如下：单击【文件】→【另存为】，弹出"另存为"对话框，如图 4-11 所示。

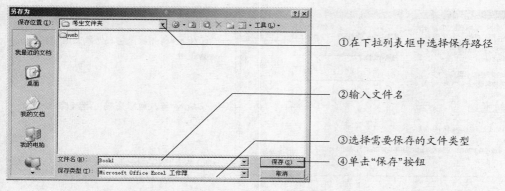

①在下拉列表框中选择保存路径

②输入文件名

③选择需要保存的文件类型
④单击"保存"按钮

图 4 – 11　"另存为"对话框

▶ **提示：**

也可以单击"保存"按钮 💾 ，或使用组合键【Ctrl＋S】保存工作簿。

3. 自动保存工作簿

Excel 2003 增加了自动保存工作簿的功能，降低在非法操作或电脑断电时造成的损失。设置自动保存工作簿的方法如下：单击【工具】菜单→【选项】命令，打开"选项"对话框，选择"保存"选项卡，如图 4 – 12 所示。

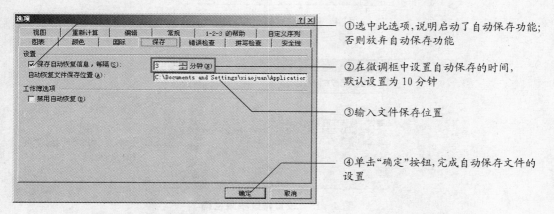

①选中此选项，说明启动了自动保存功能；否则放弃自动保存功能

②在微调框中设置自动保存的时间，默认设置为 10 分钟

③输入文件保存位置

④单击"确定"按钮，完成自动保存文件的设置

图 4 – 12　"保存"选项卡

4. 设置工作簿密码

设置工作簿密码，可以增加文档的安全性，防止工作簿被其他人查看和更改。设置工作簿密码的步骤如下：单击【工具】菜单→【选项】命令，打开"选项"对话框，选择"安全性"选项卡，如图 4 – 13、4 – 14、4 – 15 所示。

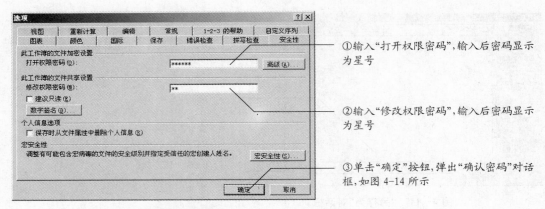

①输入"打开权限密码",输入后密码显示为星号

②输入"修改权限密码",输入后密码显示为星号

③单击"确定"按钮,弹出"确认密码"对话框,如图4-14所示

图4-13 "安全性"选项卡

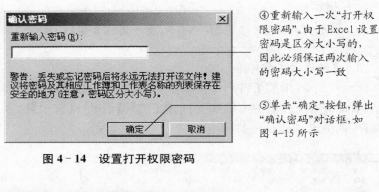

④重新输入一次"打开权限密码"。由于Excel设置密码是区分大小写的,因此必须保证两次输入的密码大小写一致

⑤单击"确定"按钮,弹出"确认密码"对话框,如图4-15所示

图4-14 设置打开权限密码

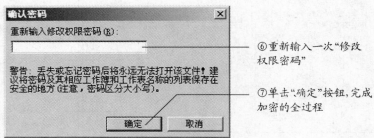

⑥重新输入一次"修改权限密码"

⑦单击"确定"按钮,完成加密的全过程

图4-15 设置修改权限密码

这样,就为工作簿文件设置了一个打开权限密码和一个修改权限密码。

如果某个工作簿设置了打开权限密码,那么当用户打开该工作簿时,将出现"密码"对话框,如图4-16所示。在此对话框中只有输入密码是正确的,才能打开该工作簿。

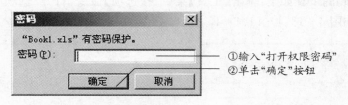

①输入"打开权限密码"

②单击"确定"按钮

图4-16 "密码"对话框

5. 保护工作簿

保护工作簿可以锁定工作簿的结构,不仅可以禁止用户添加、删除、显示隐藏的工作表,而且可以禁止用户更改工作表窗口的大小或位置。保护工作簿的操作步骤如下:打开需要保护的工作簿,然后单击【工具】菜单→【保护】命令→【保护工作簿】菜单项,打开"保护工作簿"对话框,如图 4-17 所示。

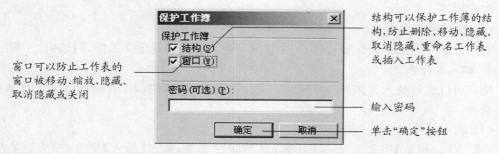

图 4-17　"保护工作簿"对话框

6. 设置工作表数量

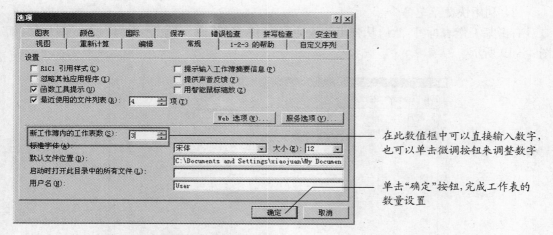

图 4-18　设置工作表的数量

在 Excel 中,一个工作簿可以包含多个工作表。默认情况下,新建工作簿有 3 个工作表,Sheet1、Sheet2 和 Sheet3,用户也可以根据处理数据的需要更改工作簿中工作表的数量,其具体的操作步骤如下:单击【工具】菜单→【选项】命令,打开"选项"对话框,选择"常规"选项卡,如图 4-18 所示。当再次启动 Excel 时,工作簿中的工作表数量就由 3 个改为设置的数量。

7. 选择工作表

选择工作表是工作表最基本的操作,用户可以根据操作内容的不同,选择工作表的方法也不同。

(1) 选择单个工作表。

Excel 工作表标签中显示当前工作簿中包含的工作表,单击某个工作表标签,如 Sheet2 标签,也就是选中该工作表,\Sheet 1\Sheet 2/Sheet 3/　Sheet2 为当前工作表,呈白底突出显示。

(2) 选择连续工作表。

单击第一个工作表标签,按下【Shift】键不放,同时单击最后一个工作表标签。

(3) 选择不连续工作表。

单击需要选择的任意一个工作表标签,按下【Ctrl】键不放,然后逐一单击所需选定的其他工作表标签。

(4) 选择所有工作表。

右击任意一个工作表标签,弹出一个快捷菜单,选择【选定全部工作表】选项。

8. 插入工作表

用户可以通过插入工作表的方法增加工作表的数量,在当前工作簿中插入工作表的方法有两种。

(1) 利用菜单命令。

在【工作表标签】中选择某一工作表,如 Sheet2 标签,单击【插入】菜单中的【工作表】命令,╲Sheet1╱╲Sheet4╲╱Sheet2╱╲Sheet3╱ 当前选择的工作表的前面将出现一个新的工作表。

(2) 利用快捷菜单命令。

右击某工作表标签,然后从弹出的快捷菜单中,选择【插入】命令,打开"插入"对话框,如图 4-19 所示。

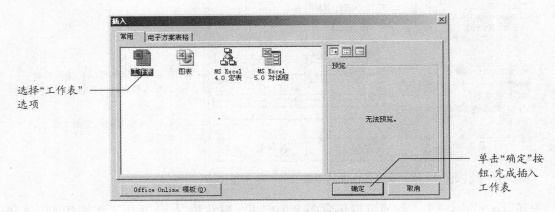

选择"工作表"选项

单击"确定"按钮,完成插入工作表

图 4-19 "插入"对话框

9. 重命名工作表

在 Excel 中,默认的工作表名通常是 Sheet1,Sheet2,Sheet3 等,为了便于区分与记忆,可以重命名工作表,重命名工作表的方法有三种:

(1) 利用菜单命令。

单击所需命名的工作表标签,选择【格式】菜单→【工作表】命令→【重命名】选项,输入工作表的新名字,然后按下【Enter】键或单击任意处。

(2) 利用快捷菜单选项。

右击所需重命名的工作表标签,然后从弹出的快捷菜单中,选择"重命名"命令,输入工作表的新名字,然后按下【Enter】键或单击任意处。

（3）利用鼠标操作。

双击所需命名的工作表标签，输入工作表的新名字，然后按下【Enter】键或单击任意处。

10. 移动或复制工作表

在 Excel 2003 中，可以根据实际需要移动或复制工作表，移动或复制工作表的方法有两种：

（1）利用菜单命令。

选中需要移动或复制的工作表，单击【编辑】菜单→【移动或复制工作表】选项，打开"移动或复制工作表"对话框，如图 4-20 所示。

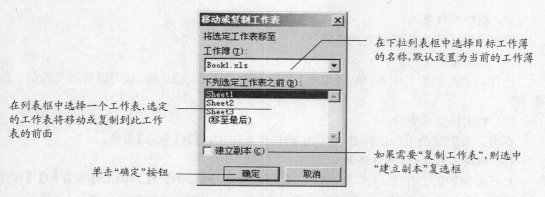

图 4-20　"移动或复制工作表"对话框

（2）利用鼠标操作。

移动或复制工作表最常用的方法是使用鼠标拖放操作。在工作表标签中，如果选中需要【移动工作表】，则按住鼠标左键，沿着标签栏拖动到目的位置并释放鼠标即可；如果需要【复制工作表】，则按住鼠标左键，同时按住【Ctrl】键，沿着标签栏拖动到目的位置并释放鼠标，则可以复制工作表。

11. 保护工作表

保护工作表可以防止他人修改工作表。单击需要被保护的工作表标签，然后选择【工具】菜单→【保护】选项→【保护工作表】命令，打开"保护工作表"对话框，如图 4-21 所示。

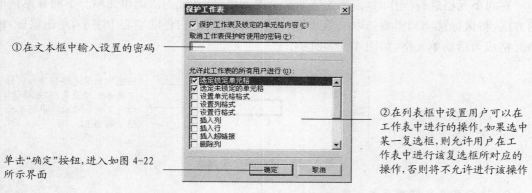

图 4-21　"保护工作表"对话框

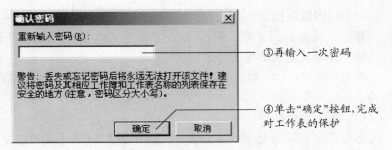

③再输入一次密码

④单击"确定"按钮，完成对工作表的保护

图 4 - 22 "确定密码"对话框

12. 删除工作表

将多余的工作表删除的方法有两种：

（1）利用菜单命令。

选择需要删除的工作表，单击【编辑】菜单→【删除工作表】选项，就可以将所选择的工作表删除。

（2）利用快捷菜单命令。

右击需要删除的工作表标签，在弹出的快捷菜单中，选择【删除】命令。

13. 撤消工作表/工作簿保护

打开被保护的工作表/工作簿后，单击【工具】菜单→【保护】→【撤消工作表保护】/【撤消工作簿保护】选项，输入保护工作簿时设置的密码后，就可以重新编辑工作表/工作簿了。

4.2 工作表的编辑与格式

使用 Excel 2003 进行表格处理，最重要的是在工作表中输入和编辑数据，而单元格是工作表的基本组成部分，输入工作表数据实际上是在单元格中输入数据。因此，先介绍有关单元格的基本知识。

4.2.1 单元格的操作

1. 选定单个单元格

在对单元格进行操作时，需要先选取某个单元格，使其成为活动单元格。下面介绍选取的方法：将鼠标移动到需要选取的单元格上，鼠标指针变成白色的空心十字形，单击鼠标，该单元格成为活动单元格，如图 4 - 23 所示。

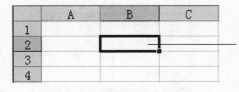

被选中的单元格行号和列标都显示为暗蓝色，单元格边框为黑色，称被选中的单元格名称为 B2

图 4 - 23 选定单个单元格

2. 选定多个连续单元格

多个连续单元格又称为单元格区域。操作方法如下：移动鼠标指针到需要选定单元格区域的左上角,单击选取第一个单元格,然后按住【Shift】键,单击单元格区域的最后一个单元格,松开鼠标,连续单元格区域就被选中,如图 4 - 24 所示。

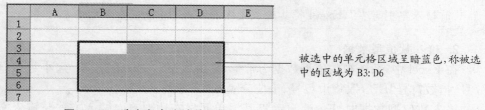

被选中的单元格区域呈暗蓝色,称被选中的区域为 B3: D6

图 4 - 24　选定多个连续单元格

3. 选定多个不连续单元格

操作方法为移动鼠标到第一个需要选取的单元格上,单击选择第一个单元格,然后按住【Ctrl】键不放,逐一单击需要选定的其他单元格。选好后,松开按键,如图 4 - 25 所示。

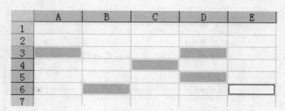

图 4 - 25　选定多个不连续单元格

4.2.2　数据的输入

在工作表中,选定某单元格后,就可以在该单元格内输入任何类型的数据。几种常见的输入数据的类型有:文本、数值型数据、日期和时间等。

1. 输入文本

在 Excel 中,文本包括任何字母、数字和键盘符号的组合,每个单元格最多可包含 32000 个字符。对于输入的文本,系统默认的对齐方式为左对齐。输入方法如下:选取需要输入文本的单元格,单击编辑栏,在编辑栏中会出现提示光标,输入需要的文本信息,如图 4 - 26 所示,输入完毕后,按【Enter】键或单击其他单元格。

在"编辑栏"中输入文本

身份证号、学号等,输入时应在数据前输入单引号"'"

图 4 - 26　输入文本

> **▶ 提示：**
>
> 如果输入的文本全部由数字组成,例如:身份证号、学号等,输入时应在数据前输入单引号"'",Excel 将其看成是字符型数据,将它沿单元格左对齐。

2. 输入数值型数据

在 Excel 中,系统视数值型数据为常量,它由数字 0～9、正号、负号、小数点、分数号、百分号、指数符号"E""e"、货币负号、千位分隔号","等组成。

输入数值型数据时,Excel 自动将其沿单元格右边对齐。输入方法与输入文本的方法一样。但 Excel 对输入的数值有一些限制,输入单元格中的默认显示为 11 个字符,也就是说,只显示 11 位数值,如果输入的数值多于 11 位,则使用科学计数法来显示该数值。如图 4-27 所示。另外,单元格中的数值有效位限制在 15 位,第 15 位以后的数字被转换为零。如图 4-28 所示。

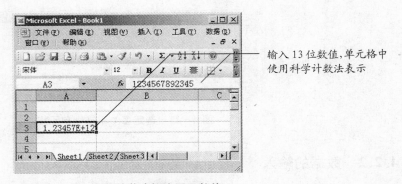

输入 13 位数值,单元格中使用科学计数法表示

图 4-27 使用科学计数法显示数值

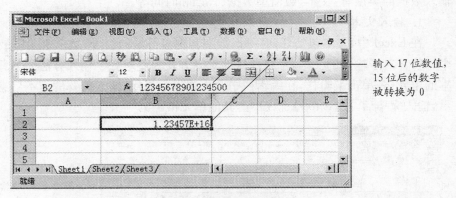

输入 17 位数值,15 位后的数字被转换为 0

图 4-28 第 15 位后的数字被转换为 0

3. 输入日期和时间

在 Excel 中,系统预先设置了一些日期型数据,当用户输入数据的格式与预先设置的格式相同时,系统就认定其为日期型数据,对于日期和时间,系统默认的对齐方式为右对齐。

日期的格式比较特殊,通常需要使用斜线或连字符分开,例如,2010-7-9 表示 2010 年 7 月 9 日。Excel 的日期有多种格式类型,用户可以根据需要选择一种格式。选择日期格式的操作方法如下：在单元格中输入日期后，选择该单元格，单击【格式】菜单→【单元格】选项，打开"单元格格式"对话框，选择"数字"选项卡，如图 4-29 所示。

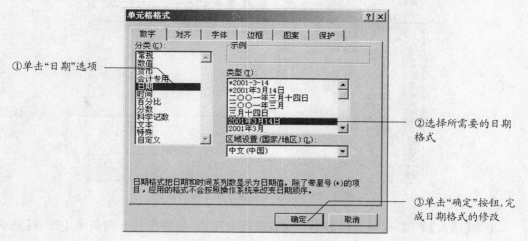

图 4-29　选择日期格式

与日期格式类似，时间通常需要使用冒号分开，例如，12:50:20 表示 12 点 50 分 20 秒。Excel 的时间也有多种格式类型，用户可以根据需要选择一种格式。选择时间格式的操作方法如下：在单元格中输入时间后，选择该单元格，单击【格式】菜单→【单元格】选项，打开"单元格格式"对话框，选择"数字"选项卡，如图 4-30 所示。

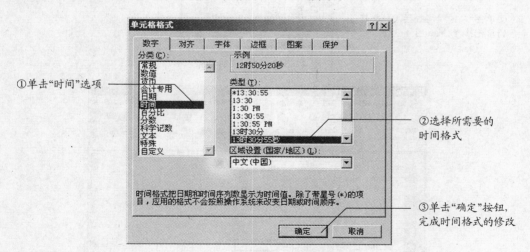

图 4-30　选择时间格式

4. 插入单元格、行或列

在 Excel 工作表中插入单元格、行或列的方法相同，这里以介绍插入单元格为例进行说明。插入单元格的操作方法如下：选取需要插入单元格的位置，例如，要在 D8 单元格的位置插入一个单元格，如图 4-31 所示。

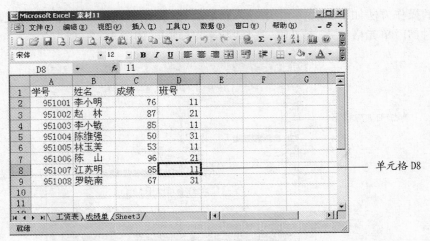

图4-31 选择需要插入单元格的设置

单击【插入】菜单→【单元格】选项，或右击该单元格，在弹出的下列菜单中选择【插入】，打开"插入"对话框，如图4-32所示。

①根据需要选择某一按钮，这里选择"活动单元格下移"单选按钮

②单击"确定"按钮，插入一个新的单元格，结果如图4-33所示

图4-32 "插入"对话框

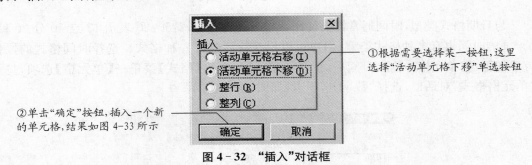

图4-33 插入单元格后的结果图

5. 删除单元格、行或列

在 Excel 中删除单元格、行或列的操作方法相同，下面以删除单元格为例介绍删除单元格、行或列的过程。在表格中执行删除单元格操作时，不但删除了单元格，同时也删除了单

元格中的数据。其操作步骤如下：选择需要删除的单元格，例如 D8 单元格，如图 4 - 31 所示。单击【编辑】菜单→【删除】选项，或右击此单元格，在弹出的下列菜单中选择【删除】，打开"删除"对话框，如图 4 - 34 所示。

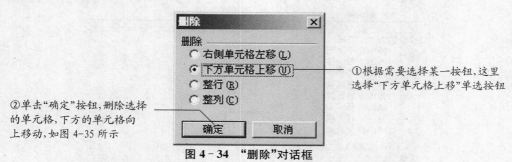

①根据需要选择某一按钮，这里选择"下方单元格上移"单选按钮

②单击"确定"按钮，删除选择的单元格，下方的单元格向上移动，如图 4-35 所示

图 4 - 34　"删除"对话框

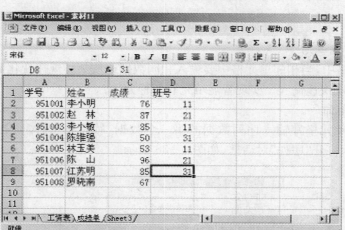

图 4 - 35　删除单元格后的结果图

6. 清除单元格

清除单元格与删除单元格有所不同，清除单元格只删除单元格中的数据，而不删除单元格。清除单元格的方法如下：选择需要清除的单元格，例如 D8 单元格，如图 4 - 31 所示。单击【编辑】菜单→【清除】选项，打开【清除】子菜单，如图 4 - 36 所示。

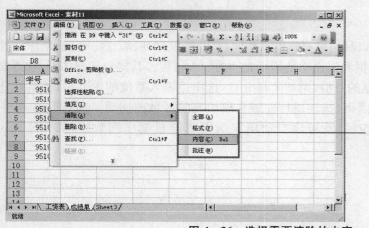

根据清除的内容，选择 4 个选项中的 1 个，本例中选择"内容"选项，完成后的效果如图 4-37 所示

图 4 - 36　选择需要清除的内容

	A	B	C	D
1	学号	姓名	成绩	班号
2	951001	李小明	76	11
3	951002	赵　林	87	21
4	951003	李小敏	85	11
5	951004	陈维强	50	31
6	951005	林玉美	53	11
7	951006	陈　山	96	21
8	951007	江苏明	85	
9	951008	罗晓南	67	31

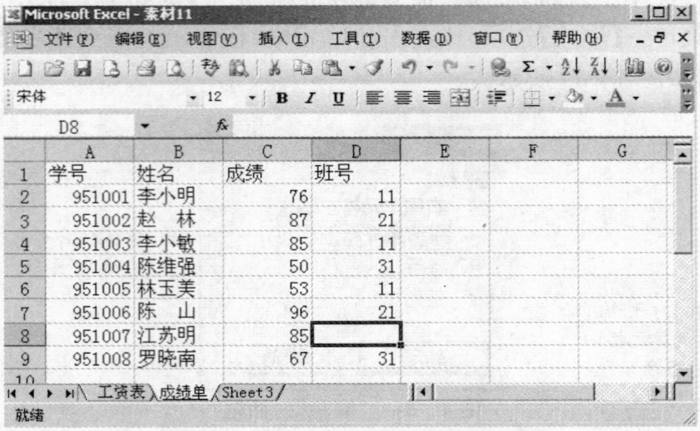

图 4-37　清除单元格的结果图

7. 数据的智能填充

在 Excel 表格中，当相邻单元格中要输入相同数据或按某种规律变化数据时，可以使用智能填充功能实现快速输入。实现智能填充有两种方法：

（1）利用菜单命令。

选取第一个单元格并输入序列数据的第一个数据，然后单击【编辑】菜单→【填充】选项→【序列】命令，打开“序列”对话框，如图 4-38 所示。

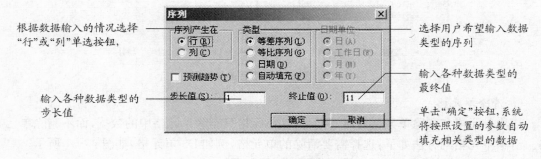

图 4-38　“序列”对话框

（2）填充柄的使用。

在 Excel 表格处理中，可以利用填充柄输入相同数值、等差序列、等比序列、日期序列等数据，下面以输入日期序列数据为例说明使用填充柄的输入过程。其操作步骤如下：在需要输入的单元格中输入日期类型的数值，例如 7 月 9 日，选中已输入数值的单元格，此时在选定区域外围出现一个较粗的黑框，按住鼠标左键在要填充的区域内拖动黑框右下角，如图 4-39 所示。然后松开鼠标左键，就可以自动填充所需要的日期序列数据，如图 4-40 所示。

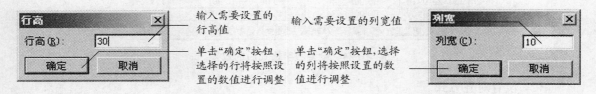

图4-39　拖动填充柄　　　　　　　　　图4-40　自动填充的日期序列数据

说明：利用填充柄填充相关序列的方法参照表4-1所示。

表4-1　利用填充柄可输入的数据类型

类型	输入值	示例	示例的填充结果
填充相同数值	在单元格中输入中文、英文或数字	馨媛	馨媛　馨媛　馨媛……
填充等差序列	在第一个单元格中输入等差序列的第一个数据，在第二个单元格中输入等差序列的第二个数据	1　3	1　3　5　7　9　……
填充等比序列	在第一个单元格中输入等比序列的第一个数据，在第二个单元格中输入等比序列的第二个数据	1　3	1　3　9　27　81……
填充日期序列	在单元格中输入表示时间和日期的数值	星期一	星期一　星期二　星期三……

4.2.3　工作表格式化

1. 设置行高和列宽

设置行高和列宽的方法有两种，使用鼠标改变行高和列宽与使用菜单改变行高和列宽，由于使用鼠标改变行高和列宽比较简单，这里就不做介绍。下面主要介绍使用菜单来改变行高和列宽的方法：使用鼠标单击需要改变【行高】或【列宽】的行或列的任意一个单元格，单击【格式】菜单→【行】选项→【行高】命令或【格式】菜单→【列】选项→【列宽】命令，打开"行高"或"列宽"对话框，如图4-41和4-42所示。

图4-41　"行高"对话框　　　　　　　　　图4-42　"列宽"对话框

2. 行、列的隐藏与取消

操作方法如下：

（1）鼠标右击需要隐藏的行或列的【行号】或【列标】，打开快捷下拉菜单。

（2）在快捷下拉菜单中选中【隐藏】或【取消隐藏】选项。

（3）行、列的隐藏或取消隐藏设置完成。

3. 单元格格式设置

（1）设置数字格式。

在 Excel 中，可以设置单元格中的数字格式，包括货币格式、数值格式、百分比格式、自定义格式等，下面介绍设置数字格式的基本操作步骤：先选择要设置数字格式的单元格或单元格区域，单击【格式】菜单→【单元格】选项，打开“单元格格式”对话框，选择“数字”选项卡，如图 4－43 所示。

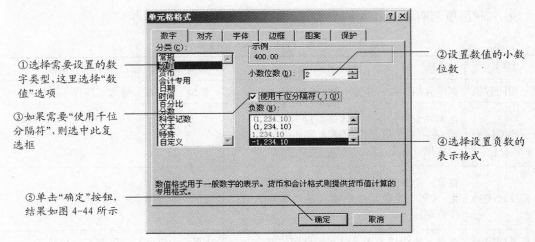

图 4－43 “数字”选项卡

	A	B	C	D	E	F
1	工号	基本工资	职务工资	奖金	扣除	实发工资
2	ZJ-1118	400.00	445.00	45.00	43.10	
3	ZJ-1112	400.00	466.00	66.00	21.00	
4	ZJ-1109	400.00	466.00	66.00	12.00	
5	ZJ-1108	320.00	386.00	66.00	21.80	
6	ZJ-1107	400.00	466.00	66.00	23.90	
7	ZJ-1104	210.50	276.50	66.00	25.70	
8	ZJ-1103	300.50	366.50	66.00	23.00	
9	ZJ-1102	400.00	466.00	66.00	34.60	
10	ZJ-0910	400.00	465.00	65.00	16.90	
11	ZJ-0907	300.00	345.50	45.50	18.90	

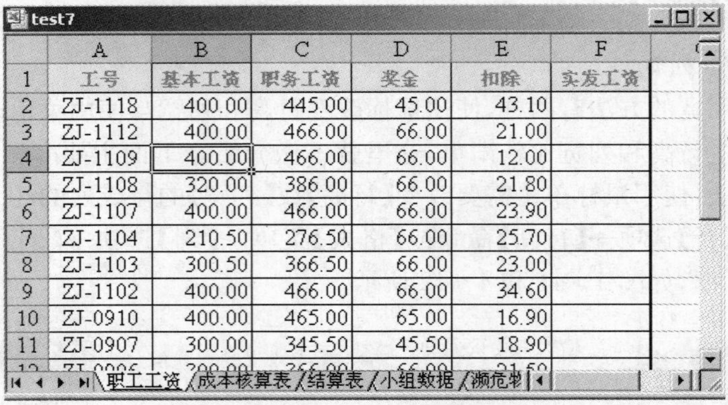

图 4－44 设置数字格式后的效果

（2）设置对齐方式。

为了使工作表有一个更专业的外观，可根据需要更改单元格数据的对齐方式。设置对齐方式的操作方法如下：选中需要设置格式的单元格或单元格区域，单击【格式】菜单→【单元格】选项，打开“单元格格式”对话框，选择“对齐”选项卡，如图 4－45 所示。

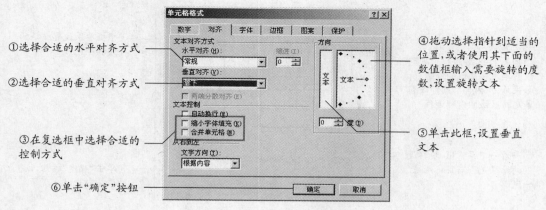

图 4‑45 "对齐"选项卡

（3）设置字体格式。

在 Excel 中，除了可以在单元格中输入文本和数字外，还可以为文本和数字设置不同的格式。通过 Excel 提供的工具改变单元格中的文本格式，这些格式包括所有的字体、字号和字体颜色等。设置字体的操作方法如下：选中需要设置格式的单元格或单元格区域，单击【格式】菜单→【单元格】选项，打开"单元格格式"对话框，选择"字体"选项卡，如图 4‑46 所示。

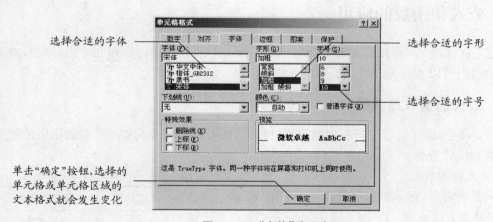

图 4‑46 "字体"选项卡

（4）设置边框。

为表格增加边框，可以更加清晰地区分工作表中的各个区域并美化工作表的外观。设置边框的方法如下：选择要设置边框的单元格区域，单击【格式】菜单→【单元格】选项，打开"单元格格式"对话框，选择"边框"选项卡，如图 4‑47 所示。

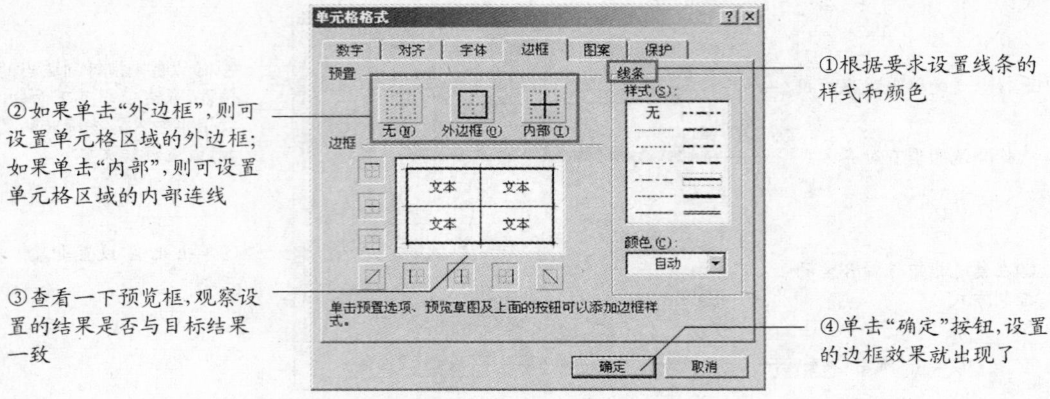
单元格格式
数字
对齐
字体
边框
图案
保护
预置
线条
样式(S):
无
无(N)
外边框(O)
内部(I)
边框
文本
文本
文本
文本
颜色(C):
自动
单击预置选项、预览草图及上面的按钮可以添加边框样式。
确定
取消
①根据要求设置线条的样式和颜色
②如果单击“外边框”,则可设置单元格区域的外边框;如果单击“内部”,则可设置单元格区域的内部连线
③查看一下预览框,观察设置的结果是否与目标结果一致
④单击“确定”按钮,设置的边框效果就出现了

图 4-47 “边框”选项卡

(5) 设置单元格底纹。

在 Excel 中,可以通过设置单元格的图案来强调单元格的重要性。设置单元格的图案的操作方法是:选择要设置边框的单元格区域,单击【格式】菜单→【单元格】选项,打开“单元格格式”对话框,选择“图案”选项卡,在“颜色”区中选择某一颜色后,单击“确定”按钮。这样,选取的单元格或单元格区域的背景就会变成所选择的颜色。

4.3 公式和函数的应用

在 Excel 2003 中,使用公式和函数可以对工作表中的数据进行处理和分析,例如,对工作表中的数据可以求和、求平均数、求最大值等。

4.3.1 公式的输入与编辑

在 Excel 中,除了可以进行一般的表格处理外,还可以运用公式和函数对表格中的数据进行计算和统计分析。

1. 公式的组成

公式是由等号、运算符和运算数三部分组成

(1) 等号。

等号“=”是公式的标志。在输入公式时,必须以“=”开始,否则系统将认为是文字型数据。

(2) 运算符。

日常用到的运算符如表 4-2 所示:

表 4-2 运算符

运算符	运算符操作类型
+	加法求和
-	减法求差
*	乘法求积
/	除法求商
^	乘方
%	求百分数
( )	求平均数

(3) 运算数。

运算数指的是参与运算的元素,包括:引用单元格、常量、函数等。

2. 输入公式

输入公式有两种方法,使用键盘输入公式和使用鼠标输入公式。下面介绍这两种输入公式的方法。

输入公式最简单的方法是使用键盘直接输入,其操作步骤如下:选中要输入公式的单元格,如图 4 - 48 所示。

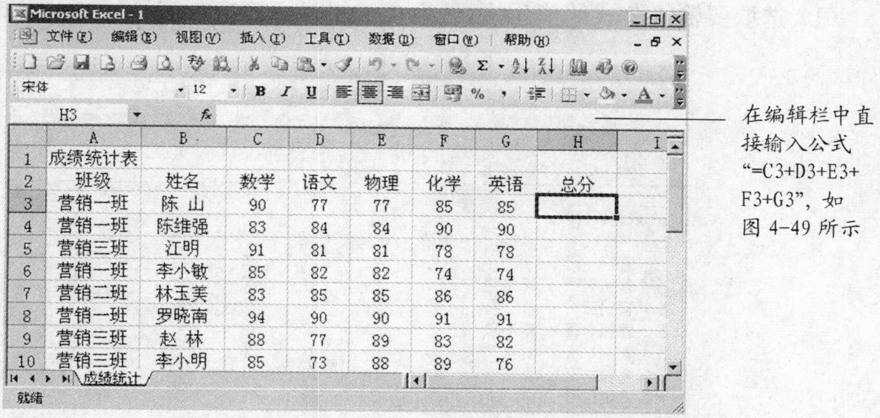

右侧注释：在编辑栏中直接输入公式"=C3+D3+E3+F3+G3",如图 4-49 所示

图 4 - 48　在编辑栏中输入公式

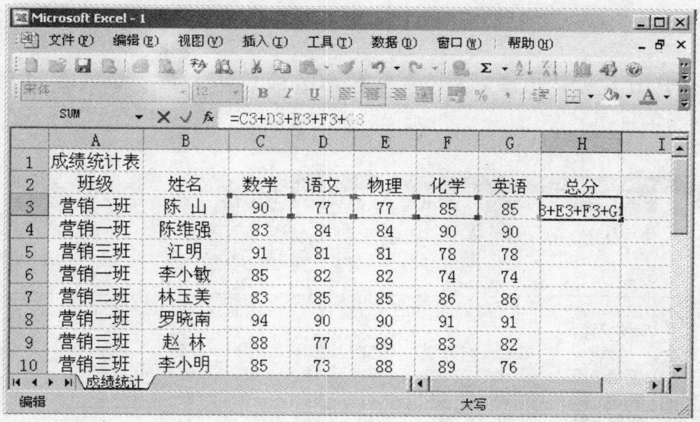

图 4 - 49　输入公式

　　输入公式后,单击编辑栏左侧的"输入"按钮 或直接按【Enter】键,即可完成公式的输入。公式输入完成后,在选取的单元格中将显示计算的结果,如图 4 - 50 所示。

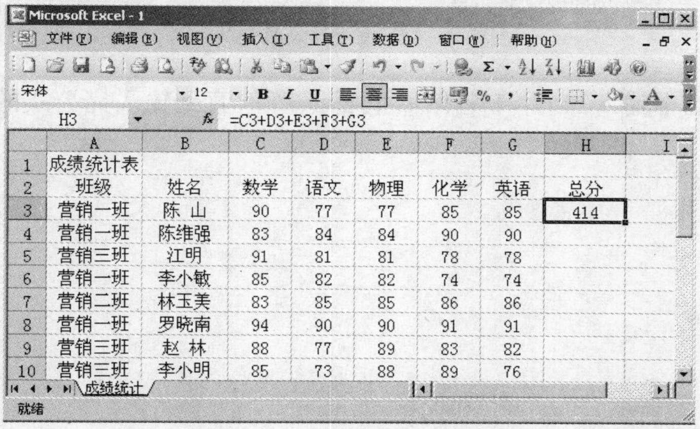

图 4 - 50　显示计算结果

如果公式中包含单元格或单元格区域的引用,那么也可以使用鼠标来辅助输入公式,其操作步骤如下:

（1）选取要输入公式的单元格,然后在编辑栏中输入"="号,如图4-51所示。

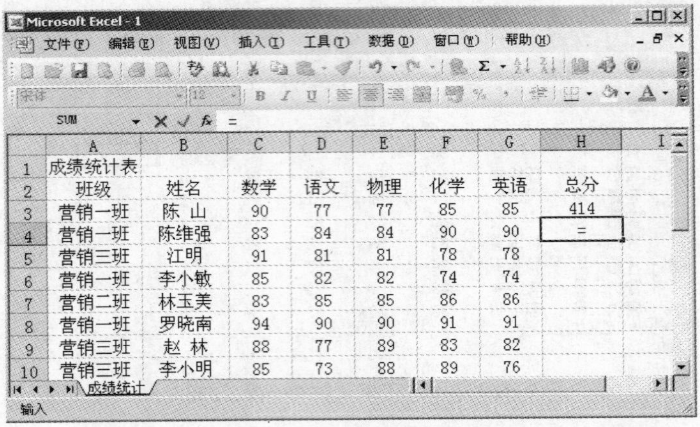

图4-51　输入等号

（2）使用鼠标单击C4单元格,这时C4单元格被选取,在等号后面将自动添加C4,如图4-52所示。

图4-52　单击C4单元格

（3）在编辑栏中输入加号"+",然后重复步骤2,直到输入完公式的全部内容,如图4-53所示。

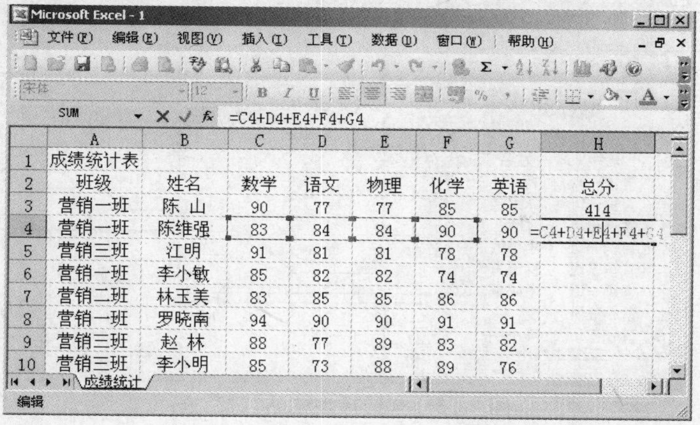

图 4 - 53　输入完整公式

（4）单击编辑栏左侧的"输入"按钮 或直接按【Enter】键，在选取的单元格中将显示计算的结果，如图 4 - 54 所示。

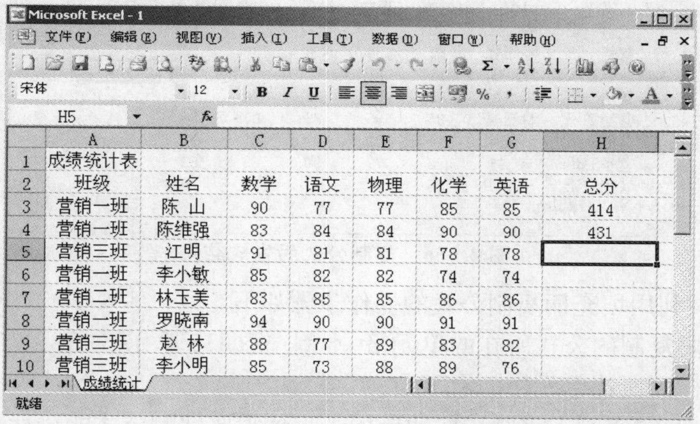

图 4 - 54　显示计算结果

3. 修改公式

公式输入完成后，可以根据需要对公式进行修改。修改公式的操作方法如下：

（1）双击需要修改公式的单元格。

（2）选中的单元格进入公式编辑状态，并且将单元格以不同的颜色标识出来。

（3）在单元格中输入修改后的公式，然后按【Enter】键，获得最终的计算结果。

4. 复制公式

在 Excel 中，复制公式有两种方法，使用菜单复制公式和利用填充柄复制公式。

第一种方法：使用菜单复制公式的操作步骤如下。

（1）选中需要复制的公式所在的单元格，本例选取 H4 单元格。

（2）单击【编辑】菜单→【复制】选项，H4 单元格外围出现虚线框。

（3）选中需要粘贴公式的单元格，如 H5 单元格，单击【编辑】菜单→【选择性粘贴】选项，打开"选择性粘贴"对话框，如图 4 - 55 所示。

选中"公式"
单选按钮

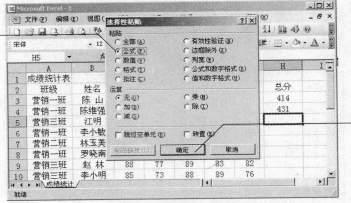

单击"确定"
按钮，完成公
式的复制如
图4-56所示

图4-55 "选择性粘贴"对话框

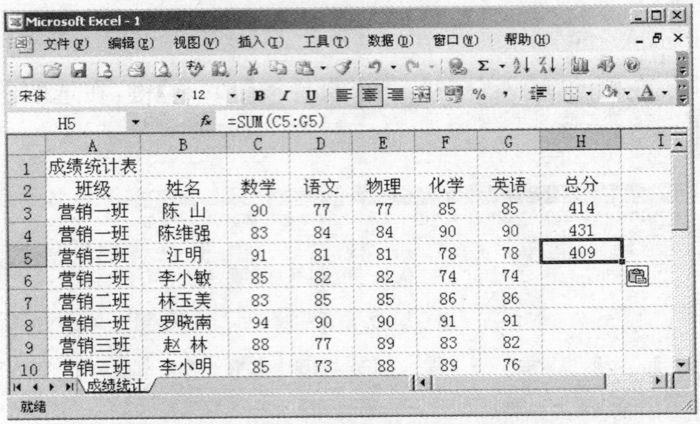

图4-56 复制公式后生成结果

第二种方法：利用填充柄复制公式的操作步骤如下。

（1）选中需要复制的公式所在的单元格，本例选取 H5 单元格。

（2）移动鼠标到所选单元格的右下角。

（3）当鼠标变成"实心十字"时，拖动鼠标一直到需要粘贴公式的最后一个单元格，松开鼠标，生成结果，如图4-57所示。

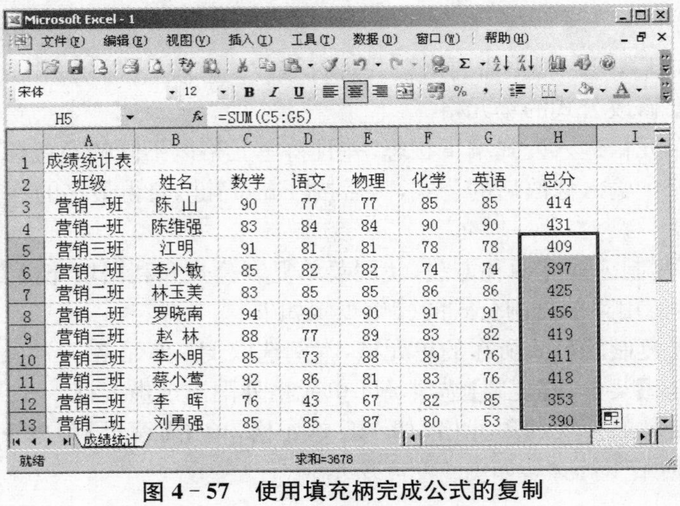

图4-57 使用填充柄完成公式的复制

4.3.2　单元格地址

单元格的地址有 3 种表示形式，分别是“相对地址”、“绝对地址”、“混合地址”。在公式中引用单元格地址的概念，给计算和修改单元格中的数据带来了极大的方便。

1. 相对地址

相对地址用列标加行标表示，例如 C2、D3 等。

相对地址的特点是：当将引用了相对地址的公式复制到其他单元格时，其地址会随位置的改变而改变。例如，在前面的“成绩统计”工作表中，计算 H4 单元格的数值使用了公式“＝C4＋D4＋E4＋F4＋G4”，当将此公式复制到 H5 单元格时，其单元格公式就变成了“＝C5＋D5＋E5＋F5＋G5”，如图 4－58 所示。

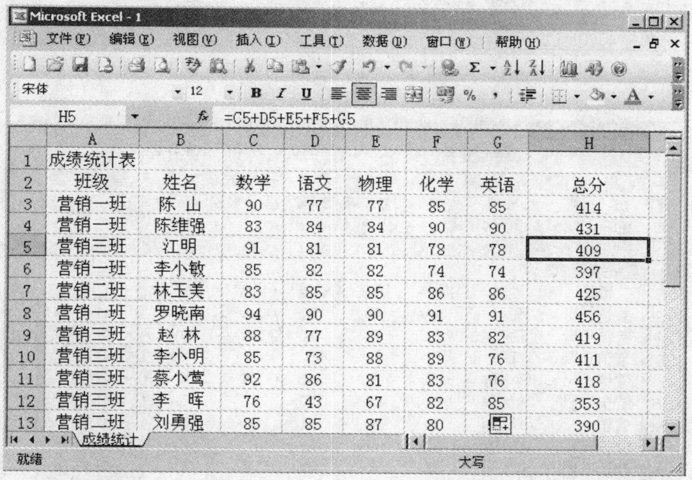

	A	B	C	D	E	F	G	H
1	成绩统计表							
2	班级	姓名	数学	语文	物理	化学	英语	总分
3	营销一班	陈 山	90	77	77	85	85	414
4	营销一班	陈维强	83	84	84	90	90	431
5	营销三班	江明	91	81	81	78	78	409
6	营销一班	李小敏	85	82	82	74	74	397
7	营销二班	林玉美	83	85	85	86	86	425
8	营销一班	罗晓南	94	90	90	91	91	456
9	营销三班	赵 林	88	77	89	83	82	419
10	营销三班	李小明	85	73	88	89	76	411
11	营销三班	蔡小莺	92	86	81	83	76	418
12	营销三班	李 晖	76	43	67	82	85	353
13	营销二班	刘勇强	85	85	87	80		390

图 4－58　相对地址

2. 绝对地址

绝对地址在列标和行标前均加一个“＄”来表示，例如“＄A＄3”、“＄B＄5”等。

绝对地址的特点是：当将引用了绝对地址的公式复制到其他单元格时，其地址不发生变化。例如，在“成绩统计”工作表中，如果计算 H3 单元格的数值使用了公式“＝＄C＄3＋＄D＄3＋＄E＄3＋＄F＄3＋＄G＄3”，如图 4－59 所示。

那么当使用填充柄计算其他单元格的数值时，其填充的数值都为 414，如图 4－60 所示。

我们单击单元格区域 H3：H13 的任一单元格时，都可以看到单元格的引用没有发生变化。如图 4－61 所示。

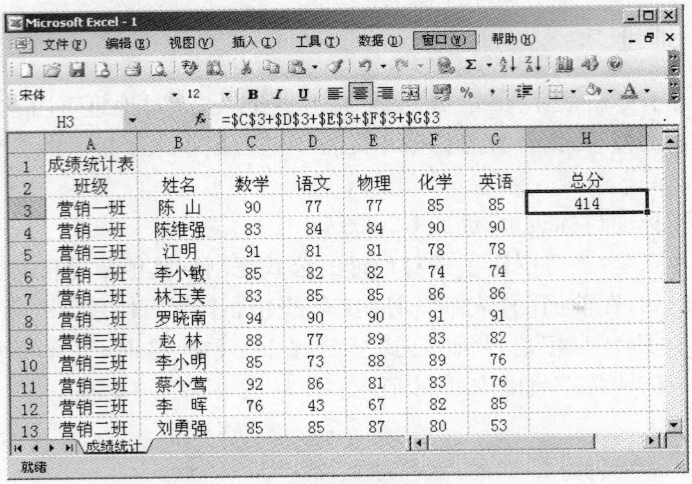

	A	B	C	D	E	F	G	H
1	成绩统计表							
2	班级	姓名	数学	语文	物理	化学	英语	总分
3	营销一班	陈 山	90	77	77	85	85	414
4	营销一班	陈维强	83	84	84	90	90	
5	营销三班	江明	91	81	81	78	78	
6	营销一班	李小敏	85	82	82	74	74	
7	营销二班	林玉美	83	85	85	86	86	
8	营销一班	罗晓南	94	90	90	91	91	
9	营销三班	赵 林	88	77	89	83	82	
10	营销三班	李小明	85	73	88	89	76	
11	营销三班	蔡小莺	92	86	81	83	76	
12	营销三班	李 晖	76	43	67	82	85	
13	营销二班	刘勇强	85	85	87	80	53	

图 4－59　绝对地址

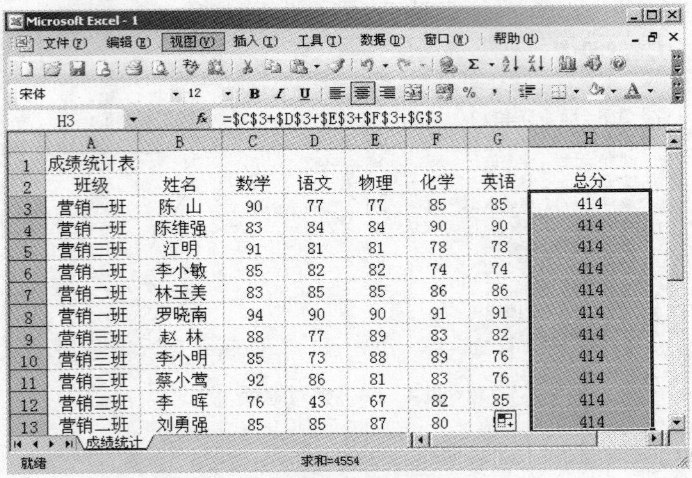

	A	B	C	D	E	F	G	H
1	成绩统计表							
2	班级	姓名	数学	语文	物理	化学	英语	总分
3	营销一班	陈 山	90	77	77	85	85	414
4	营销一班	陈维强	83	84	84	90	90	414
5	营销三班	江明	91	81	81	78	78	414
6	营销一班	李小敏	85	82	82	74	74	414
7	营销二班	林玉美	83	85	85	86	86	414
8	营销一班	罗晓南	94	90	90	91	91	414
9	营销三班	赵 林	88	77	89	83	82	414
10	营销三班	李小明	85	73	88	89	76	414
11	营销三班	蔡小莺	92	86	81	83	76	414
12	营销三班	李 晖	76	43	67	82	85	414
13	营销二班	刘勇强	85	85	87	80		414

图 4－60　填充的数据没有变化

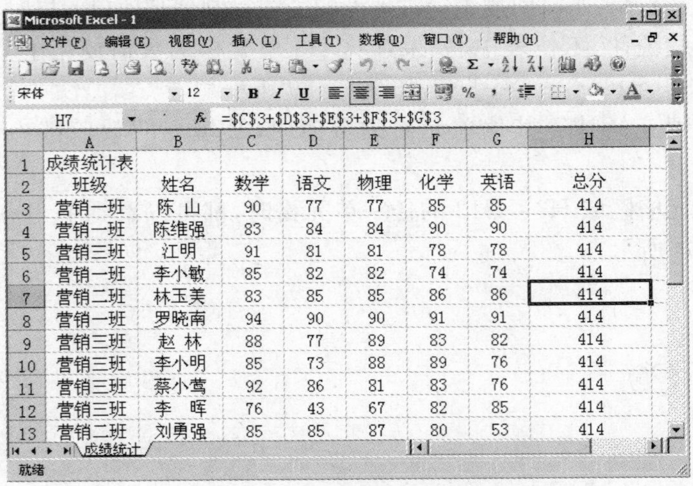

	A	B	C	D	E	F	G	H
1	成绩统计表							
2	班级	姓名	数学	语文	物理	化学	英语	总分
3	营销一班	陈 山	90	77	77	85	85	414
4	营销一班	陈维强	83	84	84	90	90	414
5	营销三班	江明	91	81	81	78	78	414
6	营销一班	李小敏	85	82	82	74	74	414
7	营销二班	林玉美	83	85	85	86	86	414
8	营销一班	罗晓南	94	90	90	91	91	414
9	营销三班	赵 林	88	77	89	83	82	414
10	营销三班	李小明	85	73	88	89	76	414
11	营销三班	蔡小莺	92	86	81	83	76	414
12	营销三班	李 晖	76	43	67	82	85	414
13	营销二班	刘勇强	85	85	87	80	53	414

图 4－61　引用没有发生变化

3. 混合地址

混合地址指的是列标和行标中,一个使用相对地址,一个使用绝对地址,例如:"F＄6"、"G＄7"等。

混合地址的特点是:当将引用了混合地址的公式复制到其他单元格时,若行为绝对地址,则行地址不变,列地址发生相应的改变;若列设为绝对地址,则列地址不变,行地址发生相应的改变。

4. 引用其他工作表中的数据

在公式中,除了可以引用同一个工作表中的数据外,还可以引用同一个工作簿中其他工作表的数据,甚至还可以引用不同工作簿中的数据。

引用同一个工作簿中其他工作表的数据方法为:在编辑栏中输入"＝工作表名称! 单元格地址",如"＝Sheet1! D3",表示引用 Sheet1 工作表中的 D3 单元格的数值。

引用不同工作簿中的数据方法为:在编辑栏中输入"＝［工作簿名称. xls］工作表名称!单元格绝对地址",如"＝［Book1. xls］Sheet1! ＄D＄3",表示引用 Book1 工作簿中 Sheet1 工作表中的 D3 单元格的数值。

4.3.3　常用函数的使用

在 Excel 中,函数是根据各种需要预先设计好的运算公式。

1. 函数的组成

所有 Excel 函数都是由函数名以及用一对圆括号括起来的一系列参数组成,并且各参数之间用逗号分隔。函数的格式如下:

函数名(参数 1,参数 2,参数 3,…,参数 n)。

2. 常用函数

在 Excel 2003 中提供了大量的内置函数,在使用公式时调用内置函数,可以提高工作效率。(参见表 4-3)

表 4-3　常用函数

函　数	格　式	功　能
SUM	＝SUM(number1,number2,…)	返回单元格区域中所有数字的和
AVERAGE	＝AVERAGE(number1,number2,…)	计算所有参数的算术平均值
COUNT	＝COUNT(value1,value2,…)	计算参数中的数字的个数
MAX	＝MAX(number1,number2,…)	返回参数的最大值
MIN	＝MIN(number1,number2,…)	返回参数的最小值
IF	＝IF(logical_test,value_if_true,value_if_false)	返回逻辑测试真假值的结果

3. 输入函数

在 Excel 公式中,输入函数一般有两种方法:使用"插入函数"对话框输入函数和使用编辑栏输入函数。

第一种方法:使用"插入函数"对话框输入函数,操作步骤如下:

(1) 选中需要输入函数的单元格。

（2）单击编辑栏左侧的"插入函数"按钮 fx，系统在单元格和编辑栏中自动填写等号"＝"，并打开"插入函数"对话框，如图4－62所示。

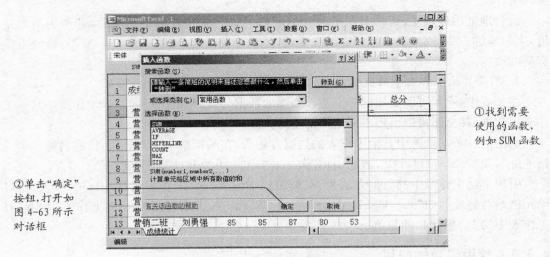

①找到需要使用的函数，例如SUM函数

②单击"确定"按钮，打开如图4-63所示对话框

图4－62　"插入函数"对话框

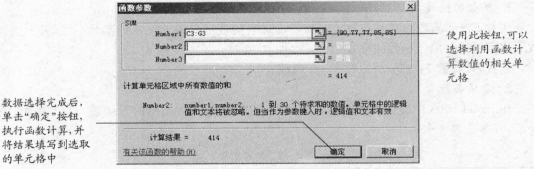

使用此按钮，可以选择利用函数计算数值的相关单元格

数据选择完成后，单击"确定"按钮，执行函数计算，并将结果填写到选取的单元格中

图4－63　"函数参数"对话框

第二种方法：使用编辑栏输入函数，操作步骤如下：

（1）选中需要输入函数的单元格。

（2）单击编辑栏中输入"＝"，并输入函数名，例如"＝SUM（ ）"。

（3）将光标插入到公式的括号里，在括号中输入函数参数，例如"＝SUM（C3：G3）"，单击编辑栏左侧的"输入"按钮 或直接按【Enter】键，执行函数，并将结果自动填写到选取的单元格中。如图4－64所示。

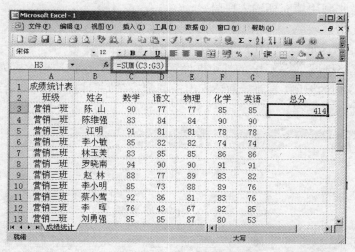

图4－64 输入函数参数

4.3.4 Excel 实战演练 1

1. 基本操作

启动 Excel 2003，调入考生文件夹中的"预算.txt"，参考样张，如图4－65(a)所示，按照下列要求操作：

(1) 设置新工作簿的默认工作表有8个，自动保存的时间为3分钟。

(2) 将"预算.txt"转换为有8个工作表的 Excel，数据从 A1 单元格开始存放。工作表命名为"预算"，工作簿名称为"E1"，保存在考生文件夹中。

(3) 复制"预算"工作表到新工作表中，新工作表位于 Sheet2 之前，且命名为"会计账目"。

(4) 保护"会计账目"工作表，允许此工作表的所有用户进行"选定锁定单元格"、"插入行"、"删除列"、"排序"等功能。

(5) 设置打开和修改 E1 工作簿的密码，密码自设。

(6) 删除 Sheet2—Sheet6 工作表。

(7) 保护"E1"工作簿的结构和窗口，密码自设。

(8) 在"预算"工作表的标题行下方插入两行，设置第2行行高为7.5。

(9) 将 212 行移至 211 行的下方。

(10) 删除 113 行下方的空行。

(11) 调整 F 列的列宽为15。

(12) 在 A 列前插入一列，并在 A4 单元格位置上输入"序号"。

(13) 将单元格区域 A1：G1 合并及水平垂直居中，并设置字体为华文行楷、字号为20、加粗、字体颜色为蓝-灰。

(14) 在 D3 单元格位置上输入"2008 年"，在 E3 单元格位置上输入"2009 年"，在 B12 单元格上输入"合计"。

(15) 将单元格区域 D5：G12 应用货币符号"￥"，负数格式为"－1234.10"红色，保留小数后2位。将单元格区域 A3：C3、E3：G3、B12：C12 合并及水平垂直居中。

（16）参考样张利用填充柄输入序号。

（17）将单元格区域 A3：G12 对齐方式设为水平居中，将单元格区域 A3：C12 设置为茶色底纹，将单元格区域 D3：G12 设置为青绿色底纹。

（18）将单元格区域 A3：G12 的外边框设置为红色双实线，内边框设置为黑色单实线。

（19）计算 G 列的差额（差额＝预计支出－调配拨款）并计算 12 行的合计。

（20）以原文件名保存。

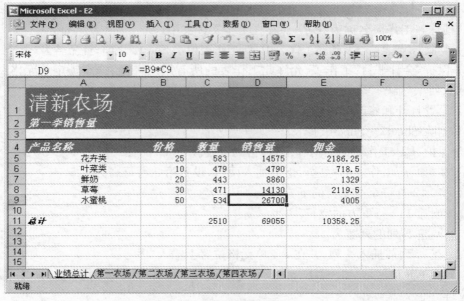

（a）"预算"样张

（b）"清新农场"样张

图 4－65

2. 高级操作

调入考生文件夹中的"清新农场. xls"文件，参考样张，如图 4－65（b），按照下列要求操作：

（1）在"业绩统计"工作表中统计出所有农场"花卉类"、"叶菜类"、"鲜奶"、"草莓"、"水蜜桃"五类产品中的数量（提示：利用公式跨工作表求和）。

（2）一次性计算出所有工作表的销售量、佣金（其中：销售量＝价格＊数量、佣金＝销售量＊0.15）。

（3）一次性计算出所有工作表中 C11、D11、E11 单元格的值，即分别求出所有产品的数量之和、销售之和、佣金之和。

（4）将编辑好的工作簿以"E2.xls"保存。

4.4　图表的应用

在 Excel 中，使用图表可以将工作表中的数据以图表的形式直观、形象、生动地显示出来。通过观看图表，用户可以很方便的了解数据之间的关系。而且当工作表中的数据发生改变时，图表也会随之发生相应的改变。

4.4.1　图表的类型

在 Excel 中可以创建多种类型的图表，其中最常用的类型有以下几种：

（1）柱形图表：用于比较各项在同一指定时间点上的不同。

（2）条形图表：用于比较各指定时间点的数值大小。

（3）折线形图表：用于显示数值随时间变化而变化的趋势。

（4）饼形图表：可以充分显示整体对象各部分之间的关系。

几种常用图表的示意图，如图 4－66 所示。

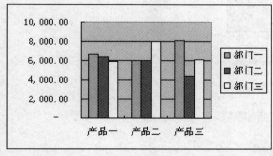

（a）柱形图

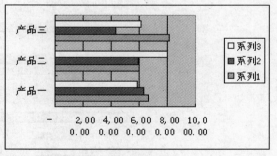

（b）条形图

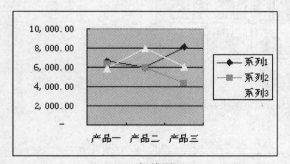

（c）折线图

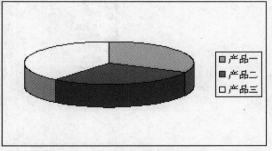

（d）饼图

图 4－66　常用图表

4.4.2　创建图表

Excel系统中可以创建两种图表格式：一种是嵌入式图表，是将图表嵌入在当前工作表中；另一种为独立式图表，是将图表创建到空白工作表中。不论是哪种图表格式，其依据都是来源于工作表中的数据源，当工作表中的数据源发生改变时，图表也将做相应的变化。

下面通过实例说明建立图表的整个步骤，图4-67所示的是"某商场2009年彩电销售状况表"，现在此工作表中根据彩电品牌的各个季度销售情况建立一个产生在"行"上的"簇状柱形图"，图表标题为"彩电销售情况表"，分类(x)轴的标题为"季度"，不显示图例，数据标志为显示"值"。

名称	一季度	二季度	三季度	四季度	总计
康佳	1100	1000	1260	1050	4410
熊猫	1050	850	900	950	3750
长虹	900	600	1350	1300	4150
乐华	800	700	850	900	3250
总计	3850	3150	4360	4200	15560

图4-67　某商场2009年彩电销售状况表

操作步骤如图4-68所示。

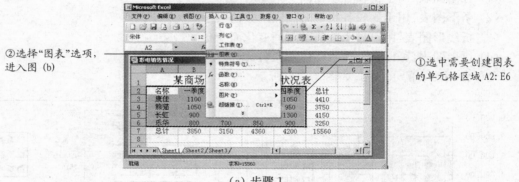

（a）步骤1

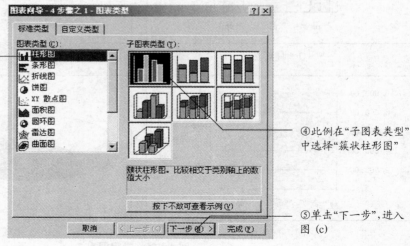

（b）步骤2

"系列"选项卡中的内容主
要用于修改数据系列的名
称、数值以及分类（x）轴
的标志

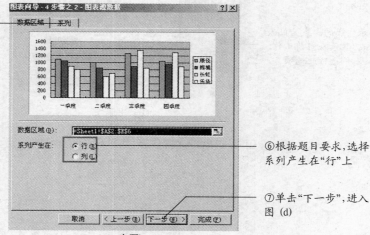

⑥根据题目要求，选择
系列产生在"行"上

⑦单击"下一步"，进入
图（d）

（c）步骤 3

⑧在文本框中输入
图表的标题"彩电销
售情况表"

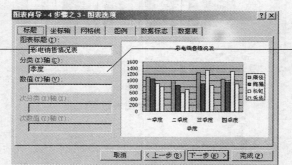

⑨此例在文本框中输入
标题"季度"，鼠标单击
"图例"选项卡，弹出
图（e）

（d）步骤 4

⑩如果想显示图例，则
选中此复选框，如果想
隐藏图例，则取消选中
此复选框。例题中要求
不显示图例，所以取消
选中复选框。鼠标单击
"数据标志"选项卡，弹
出图（f）

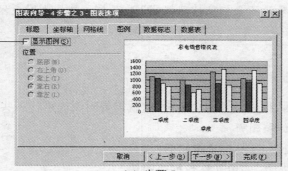

（e）步骤 5

⑪选择符合题目要求
的数据标志。本例选中
"值"复选框，表示在图
表中显示各个品牌的
销售

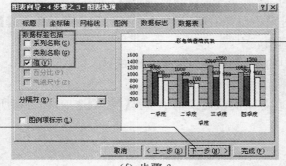

⑫单击"下一步"，
打开图（g）

（f）步骤 6

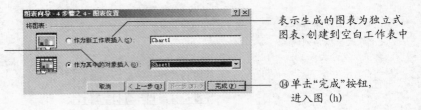

⑬表示生成的图表为嵌入式图表,显示在当前工作表中,本例选择此选项

表示生成的图表为独立式图表,创建到空白工作表中

⑭单击"完成"按钮,进入图 (h)

(g) 步骤 7

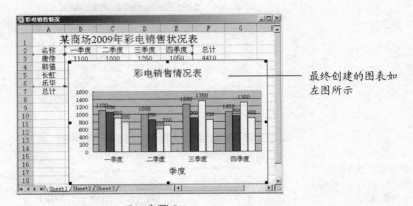

最终创建的图表如左图所示

(h) 步骤 8

图 4-68　创建图表过程

> ▶ 提示:
> 　　在图 4-68(c)中列单选按钮的含义是把横坐标与纵坐标对换;"坐标轴"选项卡主要是为图表设置坐标轴;"网格线"选项卡主要是为图表增加网格线;"数据表"选项卡主要是设置是否在工作表中显示数据表。

4.4.3　图表的修改

在图表创建完成后,很难做到十全十美,这就需要对图表进行一些必要的修改。

1. 图表数据的添加和删除

(1) 向图表中添加数据,操作步骤如下:

● 将需要添加到图表中的单元格数据选中。

● 单击工具栏中的"复制"按钮,复制所选数据。

● 在图表的空白处单击鼠标右键,然后在显示的快捷菜单中选择【粘贴】选项,即可将所选数据源粘贴到图表中。

(2) 删除工作表中的某一组数据,操作步骤如下:

● 选中图表上要删除的某一组数据。

● 单击鼠标右键,在显示的快捷菜单中选择【清除】选项,即可将所选数据系列从图表中删除

2. 更改图表

(1) 更改图表的图表类型。

操作步骤如下：

- 选中要更改图表类型的图表。
- 单击【图表】菜单→【图表类型】选项，或在图表的空白处单击鼠标右键，然后选择快捷菜单中的【图表类型】选项，此时显示图 4 - 68(b)中的对话框，在其中选择合适的图表类型后，单击"确定"按钮就可以更改图表类型。

（2）更改图表的位置。

这里所说的更改图表位置，是把图表从一个工作表移到另一个工作表中。通过这种图表位置的更改，可以对"嵌入式图表"和"独立式图表"进行相互转换。操作步骤如下：

- 选中需要更改位置的图表。
- 选择【图表】菜单→【位置】选项，弹出图 4 - 68(g)中的对话框，或在图表的空白处单击鼠标右键，然后选择快捷菜单中的【位置】选项，弹出"图表位置"对话框，在其中选择合适的图表位置。
- 单击"确定"按钮，即可将图表插入到重新设置的位置。

（3）更改图表的数据源。

操作步骤如下：

- 选中需要更改数据源的图表。
- 在图表的空白处单击鼠标右键，然后选择快捷菜单中的【源数据】选项，弹出图 4 - 68(c)中的对话框，重新在"数据区域"选项卡中选择合适的数据。

（4）设置图表区文字的格式。

操作步骤如下：

- 选中图表区的需要修改格式的文字。
- 在格式工具栏上重新设置相关的内容。

4.4.4　Excel 实战演练 2

调入考生文件夹中的"图表. xls"，参考样张，如图 4 - 69 所示，按照下列要求操作：

（1）在"年消费情况"工作表中，设置所有单元格文字水平居中，垂直居中；

（2）在"年消费情况"工作表的 C2 单元格中输入"所占比例"，并利用公式在该列计算所占比例（所占比例＝人数/总计），要求以百分数显示，小数位数 2 位，分母必须采用绝对地址；

（3）根据"年消费情况"工作表中"年消费"和"所占比例"两列数据（不含总计行）创建图表，要求图表类型为"分离型三维饼图"，图表标题为"大学生人均年消费比例图"，数据标志中显示"百分比"，不显示图例，标题字体为楷体_GB2312、36 号、加粗，数据标志字体为宋体、26 号、加粗，并作为新工作表"人数统计"插入；

（4）在工作表"案卷处置"的 A7 单元格输入"总计"，并在 B7：D7 中用函数求各区域"立案"、"应结案"及"实际结案"之和；

（5）在工作表"案卷处置"中，在 E3：E7 单元格中分别利用公式计算案件处结率，结果用百分数表示，显示 1 位小数（案卷处结率＝实际结案数/应结案数）；

（6）由工作表"案卷处置"的 A2：D6 区域数据生成一张"三维簇状柱形图"，嵌入工作表"案卷处置"中，要求其系列产生在列上，图表标题为"IT 企业经济案件处结率"；

（7）将编辑好的工作簿以"E3. xls"保存。

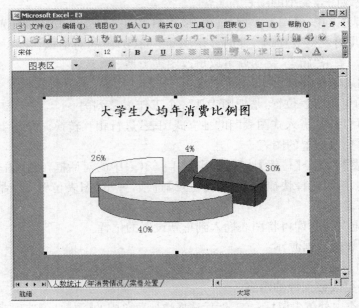

（a）"人数统计"样张

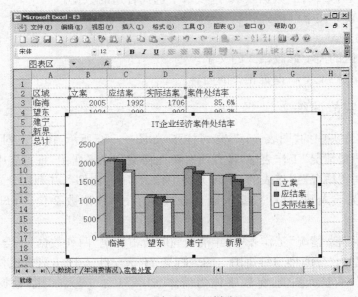

（b）"案卷处置"样张

图 4－69　图表样张

4.5　数据列表的处理

Excel 2003 为用户提供了具有强大数据处理功能的数据列表，可以对存放的数据进行排序、筛选、分类汇总、数据透视表等。

4.5.1　数据列表的编辑

在 Excel 中，可以通过创建一个数据清单来管理数据。数据清单是包含相关数据的一系列数据行，它与数据库之间的差异不大，只是范围更广。例如图 4-70 为一个简单的数据清单。

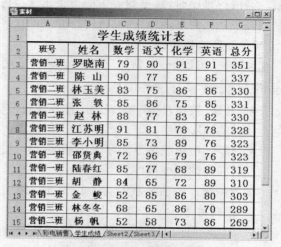

图 4-70　数据清单

1. 建立数据清单的准则

在工作表建立数据清单时，应注意下述事项：

- 每个数据清单相当于一个二维表。
- 一个数据清单最好单独占据一个工作表。如果要在一个工作表中存放多个数据清单，则各个数据清单之间要有空白行和空白列分隔。
- 避免将关键数据放在数据清单的左右两侧，防止在筛选数据清单时这些数据可能被隐藏。
- 避免在数据清单中放置空白行和空白列。
- 数据清单中的每一列作为一个字段，存放相同类型的数据。
- 数据清单中的每一行作为一个记录，存放相关的一组数据。
- 在数据清单中的第一行里创建列标志，即字段名。
- 不要使用空白行将列标志和第一行数据分开。
- 列标志使用的字体、对齐方式、格式、图案、边框或大小写样式，应当与数据清单中的其他数据的格式相区别。

2. 数据清单的编辑

在 Excel 中，对数据的插入、删除、修改是以记录为单位进行的。使用记录单的基本操作有：添加记录、删除记录、修改记录、搜索记录等。使用记录单的具体方法如下：

（1）选中要输入数据清单的任一单元格。

（2）单击【数据】菜单→【记录单】选项，打开"记录单"对话框，如图 4-71 所示。

（3）若要添加记录，则单击"新建"按钮。

（4）若要删除记录，则单击"删除"按钮。

（5）若要修改记录，则单击"上一条"按钮或"下一条"按钮。

（6）若要搜索记录，则单击"条件"按钮。

（7）记录完成后，则单击"关闭"按钮，完成操作。

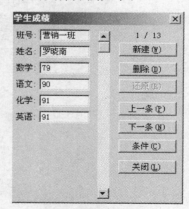

图 4-71　"记录单"对话框

4.5.2 数据排序

Excel 提供了许多排序的方法。排序是指按照字母的升(降)序以及数值顺序来组织数据。当按行排序时,数据列表中的行将重新排序,列保持原来的次序不变;当按列排序时,数据列表中的列将重新排序,而行保持原来的次序不变。

1. 排序工具按钮

Microsoft Excel 在常用工具栏中提供了两个与排序相关的工具按钮,它们分别为"升序"按钮 ↓ 和"降序"按钮 ↓。

● "升序"按钮是按字母表顺序排序或按照数据由小到大的顺序排序或按照日期由前到后的顺序排序。

● "降序"按钮是按反向字母表顺序排序或按照数据由大到小的顺序排序或按照日期由后向前的顺序排序。

如果所排序的数据是中文,则排序是依据中文的内码(拼音或笔画)来确定。

2. 按列排序

以实例说明按列排序的操作方法。例如:根据图 4－70 数据清单中的相关数据按照"总分"由高到低进行排序,在"总分"相等的情况下,按照"语文"成绩由高到低排序。操作步骤如图 4－72 所示。

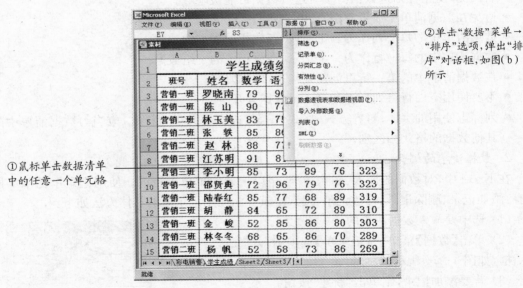

(a) 步骤 1

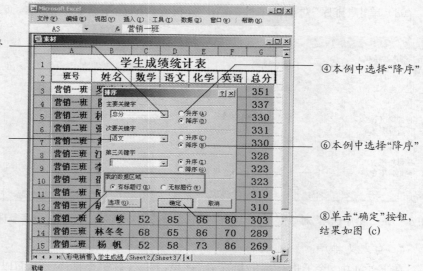

①选择进行数据排序的列名。本例中选择"总分"

④本例中选择"降序"

⑤如果需要按照多个列进行排序，则在"次要关键字"下拉列表框中选择进行数据排序的第二个列名。本例中选择"语文"

⑥本例中选择"降序"

⑦如果选择的数据源有标题，则选中"有标题行"，否则选择"无标题行"。本例中选择"有标题行"

⑧单击"确定"按钮，结果如图 (c)

(b) 步骤 2

学生成绩统计表						
班号	姓名	数学	语文	化学	英语	总分
营销一班	罗晓南	79	90	91	91	351
营销一班	陈 山	90	77	85	85	337
营销二班	张 铁	85	86	75	85	331
营销二班	赵 林	88	77	83	82	330
营销二班	林玉美	83	75	86	86	330
营销三班	江苏明	91	81	78	78	328
营销一班	邵贤典	72	96	79	76	323
营销三班	李小明	85	73	89	76	323
营销一班	陆春红	85	77	68	89	319
营销三班	胡 静	84	65	72	89	310
营销一班	金 峻	52	85	86	80	303
营销三班	林冬冬	68	65	86	70	289
营销二班	杨 帆	52	58	73	86	269

(c) 步骤 3

图 4-72 按列排序

▶ **提示：**

如果想快速地根据某一列数据进行排序时，可以把鼠标放置在某一列上的任意单元格上，然后单击常用工具栏上的"升序"或"降序"按钮就可以完成单列排序。

3. 按行排序

对数据列表中的数据进行按行排序的操作步骤如下：

（1）鼠标单击数据清单中的任意一个单元格。

（2）单击【数据】菜单→【排序】选项，打开"排序"对话框，参见图 4-72(b)所示。

（3）单击"排序"对话框中的"选项"按钮，打开"排序选项"对话框，如图4-73所示。

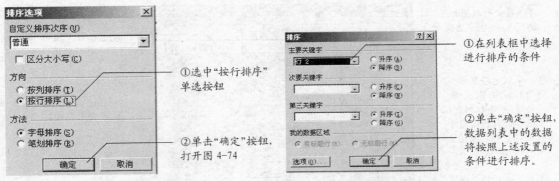

图4-73 "排序选项"对话框 　　　　　图4-74 设置按行排序条件

4. 自定义排序

在Excel中，除了进行标准排序外，还可以进行自定义排序。下面以实例说明自定义排序的方法。例如：根据图4-70数据清单中的相关数据按照"班号"进行排序。操作步骤如图4-75所示。

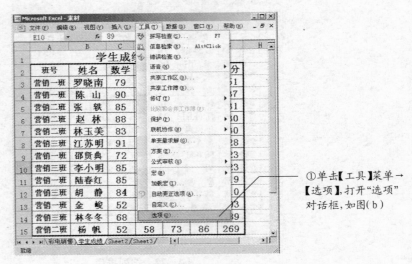

（a）步骤1

③在"自定义序列"列表框中选择"新序列"选项

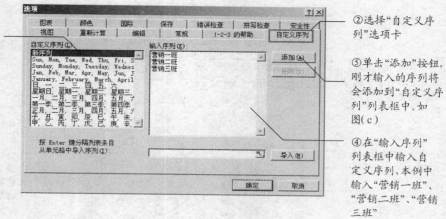

②选择"自定义序列"选项卡

⑤单击"添加"按钮，刚才输入的序列将会添加到"自定义序列"列表框中。如图(c)

④在"输入序列"列表框中输入自定义序列，本例中输入"营销一班"、"营销二班"、"营销三班"

（b）步骤 2

刚才输入的序列已经添加到"自定义序列"中

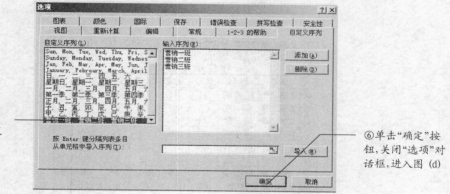

⑥单击"确定"按钮，关闭"选项"对话框，进入图 (d)

（c）步骤 3

⑦单击【数据】菜单→【排序】选项，打开"排序"对话框。如图 (e)

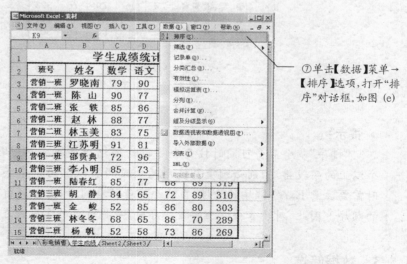

（d）步骤 4

151

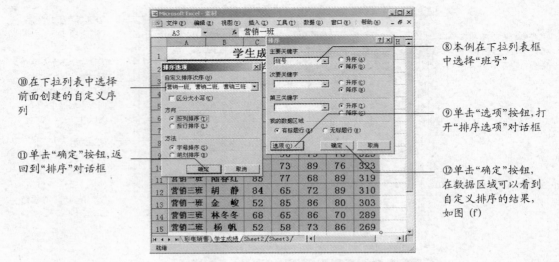

⑧本例在下拉列表框中选择"班号"

⑩在下拉列表中选择前面创建的自定义序列

⑨单击"选项"按钮,打开"排序选项"对话框

⑪单击"确定"按钮,返回到"排序"对话框

⑫单击"确定"按钮,在数据区域可以看到自定义排序的结果,如图(f)

(e) 步骤 5

班号	姓名	数学	语文	化学	英语	总分
营销三班	江苏明	91	81	78	78	328
营销三班	李小明	85	73	89	76	323
营销三班	胡 静	84	65	72	89	310
营销三班	林冬冬	68	65	86	70	289
营销二班	张 轶	85	86	75	85	331
营销二班	赵 林	88	77	83	82	330
营销二班	林玉美	83	75	86	86	330
营销二班	杨 帆	52	58	73	86	269
营销一班	罗晓南	79	90	91	91	351
营销一班	陈 山	90	77	85	85	337
营销一班	邵贤典	72	96	79	76	323
营销一班	陆春红	85	77	68	89	319
营销一班	金 峻	52	85	86	80	303

（学生成绩统计表）

(f) 步骤 6

图 4-75 自定义排序

> **提示:**
> "排序"命令最多可同时按 3 个字段的递增或递减顺序进行排序,若按照 3 个以上的字段排序,则必须重复使用两次或两次以上的排序操作才能完成。这时需要注意 Excel 排序的特性,当两个字段值相同时,它会保留原来或上次排序的顺序。因此,对于 3 个以上字段排序时,应将重要的字段放在后面处理。

4.5.3 数据筛选

查找数据列表中满足条件的记录可使用数据筛选的方法来完成。筛选是查找和处理数据清单中数据子集的快捷方法。Excel 提供了两种数据筛选方法:一种是自动筛选,包括按选定内容筛选,适合于简单条件;另一种是高级筛选,适合于复杂条件。这两种方法就可以将符合条件的记录显示在工作表中,而将其他不满足条件的记录隐藏起来。

1. 自动筛选

以图 4－75(f)作为数据清单,筛选出"班号"为"营销一班"的学生记录,操作步骤如图 4－76 所示。

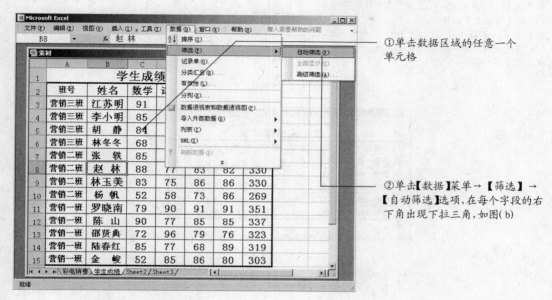

（a）步骤 1

（b）步骤 2

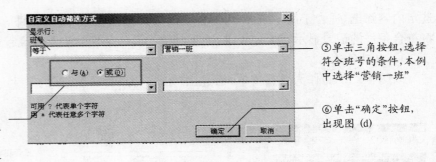

④选择符合班号的运算条件,本例中选择"等于"

⑤单击三角按钮,选择符合班号的条件,本例中选择"营销一班"

如果选择"与"单选选项,必须保证上下条件同时满足;如果选择"或"单选选项,上下条件只需符合一条

⑥单击"确定"按钮,出现图(d)

(c)步骤3

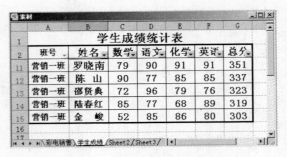

(d)步骤4

图4-76 自动筛选

2. 高级筛选

既然称为"高级筛选",很显然,选用这个命令可以进行条件比较复杂的筛选。事实上,自动筛选用来查找符合一般条件的记录已经足够,既方便又快速,但唯一的不足是查找条件不能太复杂,这时使用"高级筛选"就显得尤为重要。高级筛选是采用复合条件来筛选记录,并允许把满足条件的记录复制到另外的区域,以生成一个新的数据清单。

在使用"高级筛选"之前,先建立条件区域,条件区域的第一行为条件字段标题,第二行开始是条件行。

下面举例说明如何使用高级筛选。例如以图4-75(f)作为数据清单,筛选出"营销二班"和"营销三班"英语成绩得分大于85分的同学的记录,并将筛选结果复制到I7开始的单元格区域中,操作步骤如图4-77所示。

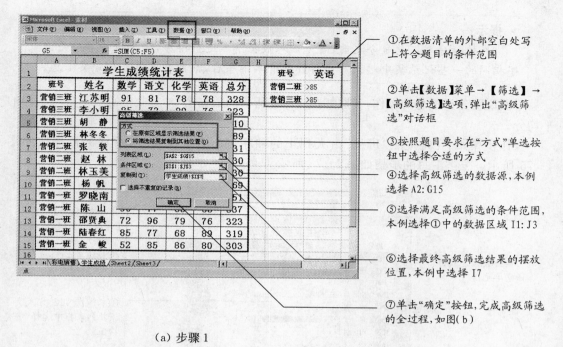

（a）步骤 1

（b）步骤 2

图 4-77 高级筛选

4.5.4 数据分类汇总

　　对于一个数据清单而言，如果能够在适当的位置加上统计数据，将使清单内容更加清晰易懂，Excel 提供的分类汇总功能将帮助用户解决这个问题。使用"分类汇总"命令，不需要创建公式，Excel 将自动创建公式，并对数据清单的某个字段提供诸如"求和"和"均值"之类的汇总函数，实现对分类汇总值的计算，而且将计算机结果分级显示出来。

> **提示：**
>
> 　在执行分类汇总命令之前，首先应对数据清单进行排序，将数据清单中关键字相同的一些记录集中起来。当对数据清单排序后，就可对记录进行分类汇总。

举例说明分类汇总的操作，参照如图 4-70 所示的数据清单，分类汇总各班各门功课的平均分。

操作步骤如下：先按照"班号"由大到小的顺序进行自定义排序，排序的操作按照图 4-75 所示。分类汇总的步骤如图 4-78 所示。

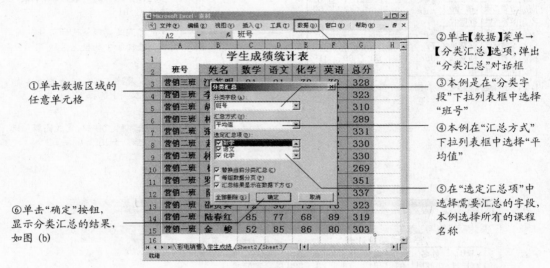

（a）步骤 1

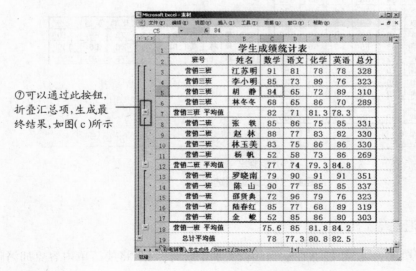

（b）步骤 2

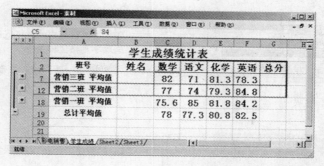

（c）步骤 3

图 4-78 分类汇总

4.5.5 数据透视表

数据透视表是一种对大量数据快速汇总和建立交叉列表的动态工作表。它不仅具有转换行和列以查看源数据的不同汇总结果、显示不同页面以筛选数据、根据需要显示区域中的细节数据、设置报告格式等功能，还具有链接图表的功能。数据透视图是一个动态的图表，它是将创建的数据透视表以图表形式显示出来。

举例说明数据透视表的建立，参照如图 4-79 所示的数据清单，用户可以根据需要从不同的角度制作不同的数据透视图，数据透视图的创建步骤如图 4-80所示。

图 4-79 数据清单

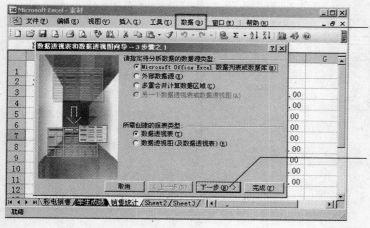

①单击【数据】菜单→【数据透视表和数据透视图】选项，打开"数据透视表和数据透视图向导-3 步骤之 1"对话框

②单击"下一步"按钮，打开如图（b）所示界面

（a）步骤 1

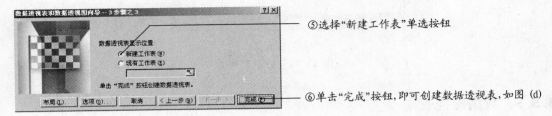

③单击对话框中的数据范围按钮,在工作表中
选取单元格区域

④单击"下一步"按钮,打开图(c)

(b) 步骤2

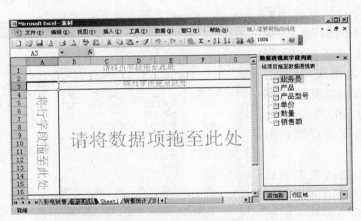

⑤选择"新建工作表"单选按钮

⑥单击"完成"按钮,即可创建数据透视表,如图(d)

(c) 步骤3

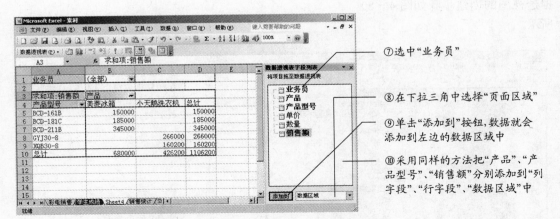

(d) 步骤4

⑦选中"业务员"

⑧在下拉三角中选择"页面区域"

⑨单击"添加到"按钮,数据就会
添加到左边的数据区域中

⑩采用同样的方法把"产品"、"产
品型号"、"销售额"分别添加到"列
字段"、"行字段"、"数据区域"中

(e) 步骤5

⑪单击产品右边的下拉三角按钮，在弹出的列表框中选定"小天鹅洗衣机"项，就可以得到关于选定项"小天鹅洗衣机"的数据透视表

(f) 步骤6

图4-80 数据透视表的创建

从图4-80(d)可以看到数据透视表由4个区域构成，它们分别是页字段区域、行字段区域、列字段区域和数据项区域。"数据透视表"工具栏的下边提供了源清单所包含的字段名按钮，用户可根据需要点击字段名按钮，并将其拖放到相应的区域中。比如现在要求生成各种产品销售额的透视图，如图4-80(e)。透视图形成后用户如果想要看"小天鹅洗衣机"的销售额，参见图4-80(f)所示。

4.5.6 Excel 实战演练3

调入考生文件夹中的"数据管理.xls"，参考样张，如图4-81，按照下列要求操作：

(1) 在"MP3调查"工作表中，将各品牌的MP3播放器按市场占有率降序排列。

(2) 在"初一年级"工作表中，按照班级分类汇总出各班各门功课的平均分。

(3) 折叠分类汇总项，要求只显示各班的各门功课的平均分。

(4) 在"筛选"工作表中，筛选出5和8泳道成绩得分大于70分的记录，并将筛选结果复制到A35开始的单元格区域中。

(5) 在同一工作簿中，使用数据透视表生成各名员工2月份的销售额，工作表命名为"数据透视结果图"。

(6) 将编辑好的工作簿以"E4.xls"保存。

品牌	三星	苹果	索尼	爱国者	纽曼	联想	艾利和
占有率	15.30%	12.30%	10.80%	9.00%	8.30%	3.30%	2.50%

(a) "排序"样张

（b）"分类汇总"样张

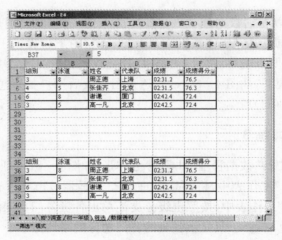

（c）"筛选"样张

（d）"数据透视表"样张

图 4-81 "数据管理"样张

4.6 页面设置和打印

在使用 Excel 2003 进行表格处理时，经常需要将工作表的内容打印出来。打印工作表之前，可以根据要求对需要打印的工作表做一些必要的设置。

4.6.1 页面设置

1. 设置"页面"选项卡

单击【文件】菜单→【页面设置】选项，选择"页面"选项卡，如图 4-82 所示。其中包含方向、缩放、纸张大小、打印质量以及起始页码等选项。通过对这些选项的选择，可以完成纸张大小、打印方向以及起始页码等设置工作。

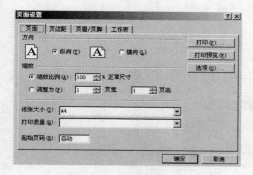

图 4-82 "页面"选项卡

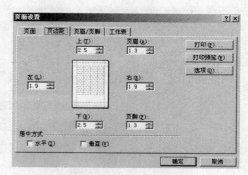

图 4-83 "页边距"选项卡

2. 设置"页边距"选项卡

在"页面设置"对话框中，选择"页边距"选项卡，将出现图 4-83 所示的对话框。页边距是指在纸张上开始打印内容的边界与纸张边沿的距离，页边距通常用厘米来表示。

3. 设置"页眉/页脚"选项卡

在"页面设置"对话框中，选择"页眉/页脚"选项卡，将出现如图 4-84 所示的对话框。页眉和页脚分别位于打印页的顶端和底端，用来打印页码、表格名称、作者名称或时间等。

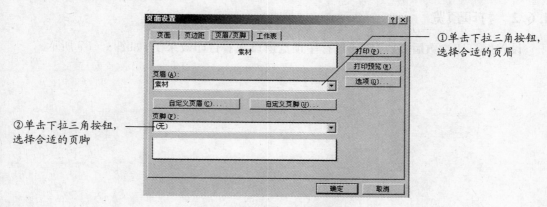

图 4-84 "页眉/页脚"选项卡

该对话框中包括"页眉"框、"页脚"框、"自定义页眉"按钮以及"自定义页脚"按钮等选项。选择其中的相关选项,可以直接使用 Excel 内置的页眉或页脚,如图 4-84 所示。同时也可以自定义页眉或页脚,自定义页眉设置参见图 4-85 所示,自定义页脚的设置与自定义页眉相同。

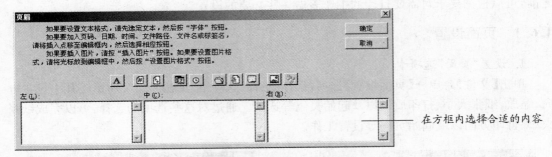

图 4-85 "自定义页眉"选项卡

4. 设置"工作表"选项卡

在"页面设置"对话框中,选择"工作表"选项卡,将出现如图 4-86 所示的对话框。

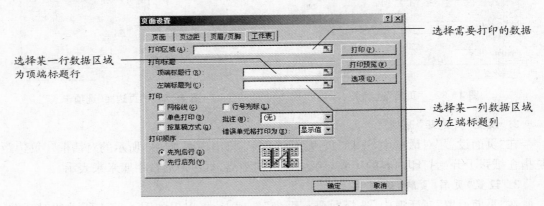

图 4-86 "工作表"选项卡

4.6.2 打印预览

设置好打印参数后,就可以通过打印预览窗口观看打印效果了,如图 4-87 所示。

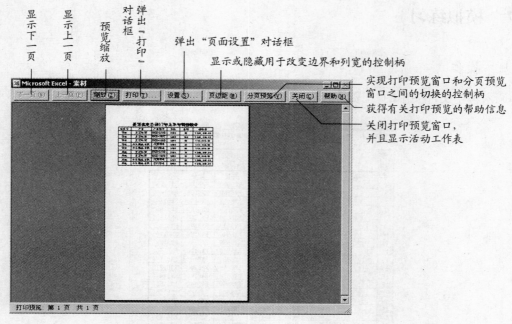

图 4-87　"打印预览"视图

4.6.3　打印

如果用户对在打印预览窗口中所看到的效果非常满意,就可以开始进行打印输出了。操作步骤如下:

(1) 单击【文件】菜单→【打印】选项,弹出图 4-88 所示的"打印内容"对话框。

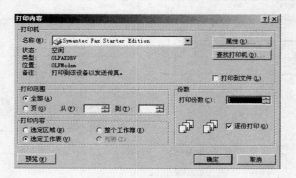

图 4-88　"打印内容"对话框

(2) 在"打印内容"对话框中,根据需要完成相关的设置。

(3) 单击"确定"按钮。这时,系统将按照所设置的内容控制工作表的打印。

4.7 模拟练习

一、基本操作

调入考生文件夹中的"工资分析表.xls",参考样张,如图4-89,按照下列要求操作:

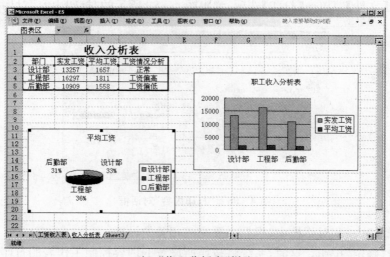

(a)"工资收入表"样张

(b)"收入分析表"样张

图4-89 "工资分析表"样张

(1)打开工作簿"工资分析表.xls",单击单元格A2,输入"序号"并回车,以同样的方法在末尾B26:F26区域增加一条记录,内容为:陆云,工程部,968,700,150。

（2）将 designer 改为"设计部"。

（3）利用填充柄自动输入序号。

（4）在第二行上插入一行，设置行高为 9，并把这一行隐藏。将单元格区域 A1：G1 合并及居中，设置字体为黑体、加粗、字号为 18，颜色为绿色。将单元格区域 A3：G3 对齐方式设置为水平居中，设置黄色底纹。将单元格区域 A4：C27 对齐方式设置为水平居中，设置鲜绿色底纹。将单元格区域 D4：G27 对齐方式设置为水平居中，设置浅青绿色底纹。

（5）设置单元格区域 A3：G27 的外边框为粗实线，内边框为细实线。

（6）设置 D4：G27 区域中的数值自定义为"RMB"格式，即在各个数值前加上英文字母"RMB"。

（7）计算职工的"实发工资"（实发工资＝基本工资＋奖金＋津贴）。

（8）Sheet2 工作表重新命名为"收入分析表"。

（9）参照图 4-87(b)，设置格式，在 A1 单元格输入"收入分析表"，在 A2：D2 单元格分别输入"部门"、"实发工资"、"平均工资"、"工资情况分析"，在 A3：A5 单元格分别输入"设计部"、"工程部"、"后勤部"。

（10）根据"工资收入表"，计算"收入分析表"中各个部门总的"实发工资"、"平均工资"、"工资情况分析"，其中工资情况分析的求法：以 1600 为基数，凡是平均工资在 1600 元以下的部门，工资情况分析为"工资偏低"，凡是平均工资在 1800 元以上的部门，工资情况分析为"工资偏高"，其他情况为"正常"。

（11）根据"部门"、"实发工资"、"平均工资"，制作"簇状柱形图"，图表标题"职工收入分析表"，并利用"部门"、"平均工资"制作三维饼图。

（12）将编辑好的工作簿以"E5.xls"保存。

二、高级操作

调入考生文件夹中的"学生成绩统计表.txt"，参考样张，如图 4-90，按照下列要求操作：

（1）将实验文件"学生成绩统计表.txt"转换为 Excel 格式文件，保存为"学生成绩统计表.xls"。

（2）参考样张设置"学生成绩统计表"的格式并计算"总分"。

（3）复制"学生成绩统计表"工作表，分别生成"成绩分析表"、"成绩筛选表"。

（4）选择工作表"成绩分析表"，分类汇总各班各门功课的平均分，并折叠汇总项。

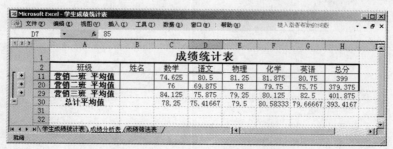

（a）"成绩分析表"样张

165

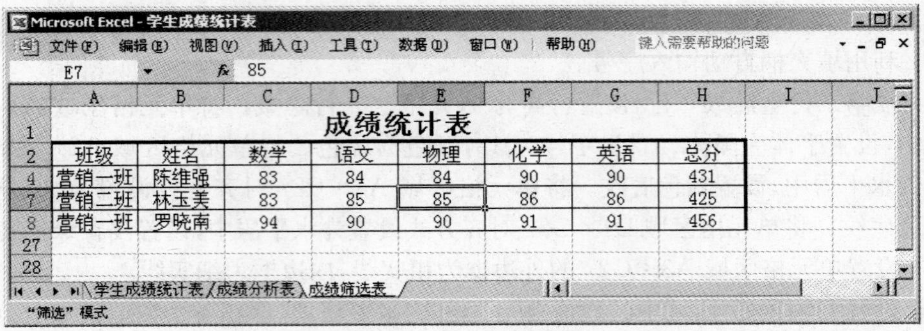
Microsoft Excel - 学生成绩统计表
文件(F) 编辑(E) 视图(V) 插入(I) 工具(T) 数据(D) 窗口(W) 帮助(H)
键入需要帮助的问题
E7
85
成绩统计表
班级 姓名 数学 语文 物理 化学 英语 总分
营销一班 陈维强 83 84 84 90 90 431
营销二班 林玉美 83 85 85 86 86 425
营销一班 罗晓南 94 90 90 91 91 456
学生成绩统计表 成绩分析表 成绩筛选表
"筛选"模式

(b)“成绩筛选表”样张

图 4－90 “E6”样张

(5) 选择工作表“成绩筛选表”,筛选出各科成绩均大于等于 80 分同学的记录。

(6) 将编辑好的工作簿以“E6. xls”保存。

第 **5** 章

PowerPoint 2003 精美演示文稿制作

学习目标

　　PowerPoint 2003 是最为常用的演示文稿制作工具，PowerPoint 2003 可以制作个人简历、学术报告、产品发表报告、贺卡、年历等作品。使用 PowerPoint 2003 可以完成这些生活和工作中实用的作品。

本章知识点

1. 新建演示文稿

（1）新建空演示文稿

（2）利用设计模板创建演示文稿

（3）根据内容提示向导新建演示文稿

（4）根据现有演示文稿新建演示文稿

（5）使用网站上的模板

2. 保存演示文稿

（1）保存为演示文稿（＊.ppt）

（2）保存为网页（＊.htm，＊.html）

（3）保存为演示文稿设计模板（＊.pot）

（4）保存为 PowerPoint 放映（＊.pps）

（5）保存为图片格式（＊.bmp，＊.gif，＊.jpg，＊.tif，＊.wmf，＊.emf 等格式）

3. 编辑幻灯片

（1）插入幻灯片（新幻灯片、从文件插入、从大纲插入）

（2）选择幻灯片

（3）复制幻灯片

（4）移动幻灯片

（5）删除幻灯片

4. 编辑幻灯片中的文本

(1) 添加文本

(2) 添加备注

(3) 设置文本格式

(4) 设置段落格式

(5) 设置项目符号和编号

5. 丰富幻灯片页面效果

(1) 插入图片(设置图片格式、组合图片)

(2) 插入艺术字

(3) 插入图示

(4) 插入表格

(5) 插入文本框

(6) 插入自选图形

(7) 插入声音和影片

(8) 插入图表

(9) 插入公式等对象

6. 幻灯片设计

(1) 设计模板

(2) 应用和个性化配色方案

(3) 设置动画方案

(4) 更改幻灯片版式

(5) 设置幻灯片背景

(6) 设置超链接

(7) 添加动作按钮

(8) 设置页眉和页脚(时间和日期、幻灯片编号、页脚、标题幻灯片不显示)

(9) 编辑幻灯片母版

(10) 设置动画效果(对象动画效果设置、幻灯片切换动画效果、动作设置)

7. 幻灯片的放映

(1) 录制旁白

(2) 排练计时

(3) 幻灯片隐藏

(4) 设置自定义放映

(5) 页面设置(幻灯片大小、幻灯片编号起始值)

(6) 设置放映方式

(7) 设置放映类型

(8) 放映过程控制

(9) 幻灯片打包和输出

(10) 打印演示文稿

(11) 发送至 Word 大纲

5.1　演示文稿的概述和基本应用

5.1.1　演示文稿的概述

　　PowerPoint 2003 与 Word 2003、Excel 2003 等应用软件一样，都是 Microsoft（微软）公司 Office 2003 办公套件组件之一，它可以帮助你非常专业、快速地组织文稿，清晰地表达你的思路；可以方便地插入图表、公式、组织结构图等，协助你说明；可以通过添加图像、音频等多媒体信息使得演示文稿更加生动形象。演示文稿可以直接在电脑或投影仪上播放，也可以制作成 35mm 胶片，也可发布在 Internet 上直接浏览。PowerPoint 2003 在现代教学、商业培训、产品展示、演讲等领域有着广泛应用。

5.1.2　演示文稿的创建

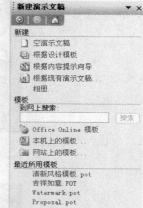

　　新建演示文稿的方式有五种：根据"内容提示向导"创建、根据"设计模板"创建、新建"空演示文稿"、根据"已有的演示文稿"创建、根据"网站上的模板"创建。

　　单击"开始"→【程序】→……→【Microsoft PowerPoint】命令，第一次启动 PowerPoint 2003，将弹出一个空演示文稿，单击【文件】→【新建（N）…】命令，在窗口的右侧出现了"新建演示文稿"的任务窗格，如图 5-1 所示。

　　1. 利用"内容提示向导"创建

　　选择"根据内容提示向导"，单击"确定"按钮，用户可根据内容提示向导进行创建，如图 5-2 所示。内容提示向导是建立新演示文稿的快捷方式，在制作一个演示文稿时，根据向导

**图 5-1　"新建演示文稿"
任务窗格**

的指引，可以快速建立一个半成品的演示文稿。演示文稿中已有部分内容并已设定格式；PowerPoint 提供多种常用的演示文稿类型供用户选择，配合向导的指引，可以快速制作实用的演示文稿。

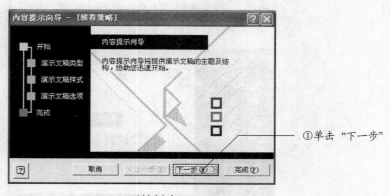

（a）开始创建

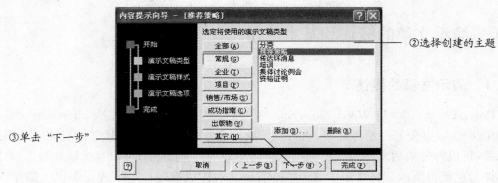

（b）演示文稿类型的选择

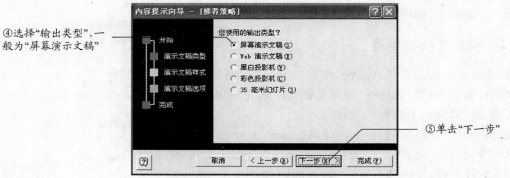

（c）演示文稿的输出类型

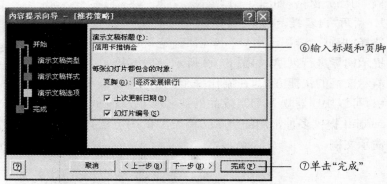

（d）添加演示文稿的页脚选项

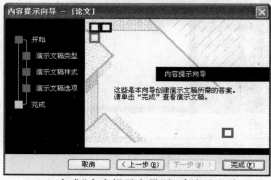

（e）完成"内容提示向导"新建演示文稿

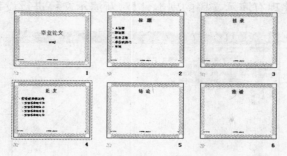

（f）在幻灯片浏览视图中查看

图 5-2　根据"内容提示向导"创建演示文稿

2. 利用"设计模板"创建

　　若选择"根据设计模板"命令，在任务窗格中显示"幻灯片设计"选项。根据需求选择相应的模板类型。在已经具备设计概念、字体和颜色方案的 PowerPoint 模板的基础上创建演示文稿。除了使用 PowerPoint 提供的模板外，还可使用自己创建的模板。

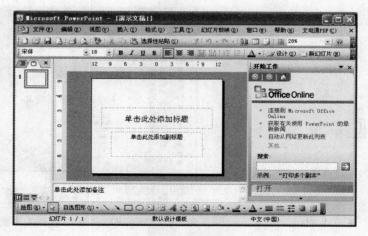

图 5-3　根据"幻灯片设计"
**　　　创建演示文稿**

图 5-4　空演示文稿

3. 利用"空演示文稿"创建

　　若选择【空演示文稿】，单击"确定"按钮后，将弹出版式为"标题幻灯片"空白演示文稿，其实打开 PowerPoint 2003 应用程序，默认就是空演示文稿，如图 5-4 所示。

4. 根据现有演示文稿新建

　　单击图 5-1 中的【根据现有演示文稿新建】，将弹出"根据现有演示文稿新建"对话框，如图 5-5 所示。按下图操作顺序创建。在已经书写和设计过的演示文稿基础上创建演示文稿。使用此命令创建现有演示文稿的副本，以对新演示文稿进行设计或内容更改。

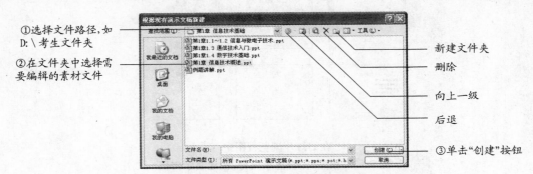

图 5-5 "根据现有演示文稿新建"对话框

5.1.3　PowerPoint 2003 主界面

启动 PowerPoint 2003 后，将进入 PowerPoint 2003 主窗口，如图 5-6 所示。与其他 Office 2003 应用程序窗口一样，PowerPoint 2003 的主窗口主要有：标题栏、菜单栏、工具栏（常用工具栏、格式工具栏和绘图工具栏）、状态栏和视图区（普通视图、幻灯片浏览视图、放映视图）。

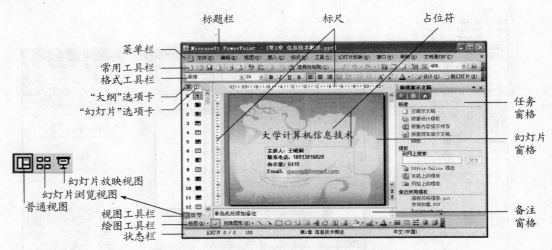

图 5-6 PowerPoint 2003 操作主界面

5.1.4　演示文稿的视图切换

在 PowerPoint 2003 中，主界面中默认显示的是普通视图，用户可以通过单击 ⊞ 品 豆 其中任意一个按钮进行视图间的切换，也可以单击【视图】菜单进行切换，常见的视图有 3 个，如图 5-7 所示：

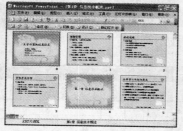

（a）　普通视图　　　　　　（b）　幻灯片浏览视图　　　　（c）　幻灯片放映视图

图 5-7　PowerPoint 2003 的 3 种视图

1. 普通视图

普通视图是主要的编辑视图，可用于撰写或设计演示文稿。该视图有三个工作区域：左侧为可在幻灯片文本大纲（"大纲"选项卡）和幻灯片缩略图（"幻灯片"选项卡）之间切换的选项卡；右侧为幻灯片窗格，以大视图显示当前幻灯片，对象以占位符的形式填充；底部为备注窗格，一般在普通视图中键入幻灯片备注的窗格。可将这些备注打印为备注页或在将演示文稿保存为网页时显示它们。当窗格变窄时，"大纲"和"幻灯片"选项卡变为显示图标。如果仅希望在编辑窗口中观看当前幻灯片，可以用右上角的"关闭"框关闭选项卡。若要恢复，可拖动幻灯片窗格使其变窄，也可以通过拖动窗格边框调整不同窗格的大小。

> ▶ **提示：**
>
> 占位符包括标题、文本、图片、图表、组织结构图和表格等，其大小和位置一般由幻灯片版式确定，用户也可以修改，文本占位符包括标题、图标题、普通文本，文本占位符与文本框类似，均可以在其中添加文本，但是只有文本占位符的内容在大纲视图显示。

2. 幻灯片浏览视图

幻灯片浏览视图是以缩略图形式显示幻灯片的视图。结束创建或编辑演示文稿后，幻灯片浏览视图显示演示文稿的整个图片，在幻灯片浏览视图中，方便用户重新排列、插入或删除幻灯片以及预览切换和动画效果都变得很容易。

图 5-8　幻灯片浏览工具栏

3. 放映视图

幻灯片放映视图占据整个计算机屏幕，可以看到图形、时间、影片、动画（动画：给文本或对象添加特殊的视觉或声音效果。例如，使文本项目符号点以菱形方式出现，或在显示图片时播放音乐。）元素以及将在实际放映中看到的切换效果。

此外,在普通视图中,选择"大纲"选项卡进行编辑时,单击【视图】→【工具栏】→【大纲】,显示大纲工具栏,如图5-9所示。可以自由地折叠和展开文本,大纲格式有助于编辑演示文稿的内容和移动项目符号点或幻灯片。

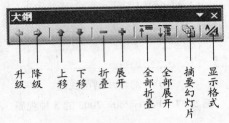

升级　降级　上移　下移　折叠　展开　全部折叠　全部展开　摘要幻灯片　显示格式

图5-9　大纲工具栏

5.1.5　保存与退出演示文稿

1. 保存演示文稿

PowerPoint 2003提供了4种保存方法:【保存】、【另存为】、【另存为Web页】和【打包】。单击【文件】菜单,然后根据要求进行选择,新建的演示文稿在第一次保存时,会弹出"另存为"对话框,用户需要输入:文件保存位置、文件名和文件类型。如图5-10所示。

图5-10　"另存为"对话框

表5-1　演示文稿的保存类型

保存类型	扩展名	主要用于
演示文稿	.ppt	保存为典型的 Microsoft PowerPoint 演示文稿
大纲/RTF	.rtf	将演示文稿大纲保存为大纲文档
设计模板	.pot	作为模板的演示文稿,可用于对将来的演示文稿进行格式设置。
PowerPoint 放映	.pps	保存为总是以幻灯片放映演示文稿方式打开的演示文稿
网页	.htm；.html	作为文件夹的网页,其中包含一个 .htm 文件和所有支持文件,例如图像、声音文件、级联样式表、脚本和更多内容。适合发布到网站上或者使用 FrontPage 或其他 HTML 编辑器进行编辑。

（续表）

保存类型	扩展名	主要用于
Windows 图元文件	.wmf	作为 16 位图形的幻灯片
GIF（图形交换格式）	.gif	作为用于网页的图形的幻灯片。GIF 文件格式最多支持 256 色，因此更适合扫描图像（如插图）而不是彩色照片。GIF 也适用于直线图形、黑白图像以及只有几个像素高的小文本。GIF 支持动画。
JPEG（文件交换格式）	.jpg	用作图形的幻灯片（在网页上使用）。JPEG 文件格式支持 1600 万种颜色，最适于照片和复杂图像。
PNG（可移植网络图形格式）	.png	用作图形的幻灯片（在网页上使用）。

2. 退出演示文稿

用户在确认保存后可选择退出 PowerPoint 2003 应用程序，退出的方法有 5 种：

(1) 单击【文件】→【退出】命令；

(2) 单击标题栏 PowerPoint 图标，在下拉菜单中单击【关闭】；

(3) 右击标题栏，在下拉菜单中单击【关闭】；

(4) 直接单击标题栏右上角的 按钮；

(5) 将 PowerPoint 窗口切换为当前的活动窗口，直接按组合键【Alt＋F4】。

> ▶ **提示：**
>
> 1. 关闭与退出不一样，关闭是关闭当前的 PowerPoint 文档，但没有退出演示文稿应用程序，而退出则是关闭文档的同时退出应用程序；
>
> 2. 设置自动保存的方法：单击【工具】→【选项】命令后，在"保存"选项卡中输入自动保存时间；
>
> 3. 若演示文稿是在 Microsoft PowerPoint 95、PowerPoint 97 或 Power-Point 2002 中创建的，仍可以在 Microsoft Office PowerPoint 2003 内将其打开。保存演示文稿时，会将其保存为创建时使用的版本格式。若要将早期版本中创建的演示文稿保存为 PowerPoint 2003 演示文稿，保存时输入新的名称或将其保存在其他位置上。如果在早期版本的 PowerPoint 中保存 PowerPoint 2003 演示文稿，将丢失某些在 PowerPoint 2003 中可用的功能。

5.2　演示文稿的编辑

如何制作一个演示文稿，了解了 PowerPoint 2003 的基本功能和创建文档的整个过程之后，接下来将介绍编辑幻灯片的基本操作。

5.2.1　幻灯片的版式

在演示文稿中的幻灯片都有特定的版式，其中包括了文本内容及排列方式，幻灯片的版式使得其中的内容清晰,给观众一目了然的感觉。

1. 新幻灯片版式的选择

在演示文稿执行【插入】→【新幻灯片】,新插入的幻灯片版式默认为"标题和文本"版式。若要修改其版式,执行【格式】→【幻灯片版式】,在任务窗格显示出所有版式,其中版式分为:文字版式、内容版式、文字和内容版式、其他版式四类。如图5-11。

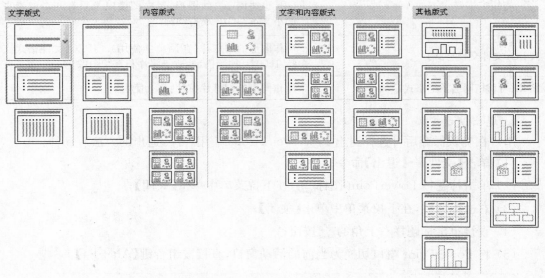

图5-11 幻灯片版式

2. 修改已有幻灯片版式

选择需要修改版式的幻灯片,单击【格式】→【幻灯片版式】命令,在任务窗格同样弹出图5-11中的所有版式,单击新版式右边的边框,选择相应的选项即可,如图5-12所示。也可从"幻灯片版式"任务窗格插入一个新幻灯片:指向版式,再单击箭头,然后单击【插入新幻灯片】。

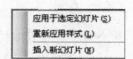

图5-12 新幻灯片版式的选择

5.2.2 幻灯片的插入、复制、移动、删除和隐藏

1. 幻灯片的插入

幻灯片的插入分为3种情况:

(1)插入新幻灯片:新插入的幻灯片一定在当前幻灯片之后,新幻灯片的默认版式为"标题和文本",用户可以修改其版式。

(2)插入幻灯片(从文件):单击【插入】→【幻灯片(从文件)】命令,单击"浏览"查找文件,在"浏览"对话框中选择文件,再单击"打开"。如果希望幻灯片保持当前的格式,在"幻灯片搜索器"对话框中选中"保留源格式"复选框。一旦清除此复选框,复制的幻灯片将采用将其插入时前一张幻灯片使用的格式。如图5-13所示。

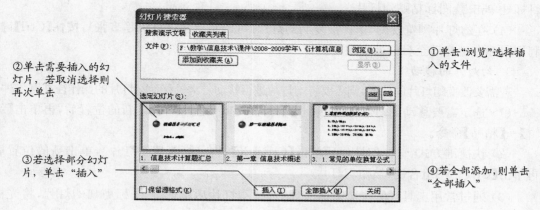

②单击需要插入的幻灯片，若取消选择则再次单击

①单击"浏览"选择插入的文件

③若选择部分幻灯片，单击"插入"

④若全部添加，则单击"全部插入"

图 5-13　从文件插入幻灯片

> ▶ **提示：**
>
> 　　为便于查找常用的文件，在选择文件之后单击"文件"框下面的"添加到收藏夹"。若要显示这些文件中的某个文件的幻灯片，单击"收藏夹列表"选项卡，再单击该文件，然后单击"显示"。若要删除该文件，单击"删除"。

（3）插入幻灯片（从大纲）：主要是插入文本文件，如 Word 文档，单击【插入】→【幻灯片（从大纲）】命令，弹出如图 5-14 所示对话框。

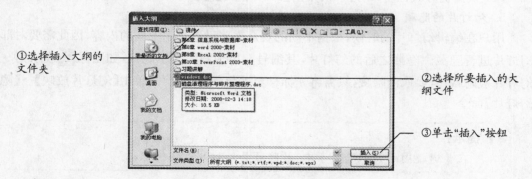

①选择插入大纲的文件夹

②选择所要插入的大纲文件

③单击"插入"按钮

图 5-14　从大纲插入幻灯片

2. 幻灯片的复制

在实际使用过程中，往往同样的幻灯片不只出现一次，这时只需要将相同的幻灯片复制。常见复制幻灯片的操作有 4 种：

（1）一般需要切换至幻灯片浏览视图（其实除了幻灯片放映视图的其他视图均可实现），选择需要复制的对象，单击【编辑】→【复制】命令，单击粘贴处，再单击【编辑】→【粘贴】命令即可实现复制。

（2）快捷键方式：选择幻灯片后单击【Ctrl＋C】组合键（复制幻灯片），单击新的位置后再单击【Ctrl＋V】组合键（粘贴幻灯片）。

（3）通过常用工具栏的快捷图标：选择幻灯片后单击 图标复制幻灯片，将光标移至

目标处单击 图标粘贴幻灯片。

（4）在幻灯片浏览视图，选择被复制幻灯片（可以是单张也可以是多张），按住【Ctrl】键，利用鼠标左键拖动至目标处实现复制。

3. 幻灯片的移动

若需要改变幻灯片的位置，则需要将幻灯片进行移动。常见移动幻灯片的操作往往有 4 种：

（1）选定需要移动的幻灯片后，单击【编辑】→【剪切】命令，确定新的位置后，再单击【编辑】→【粘贴】命令。

（2）快捷键方式：选择幻灯片后单击【Ctrl+X】组合键（剪切幻灯片），单击新的位置后再单击【Ctrl+V】组合键（粘贴幻灯片）。

（3）通过常用工具栏的快捷图标实现：选择幻灯片后单击 图标剪切幻灯片，将光标移至目标处单击 图标粘贴幻灯片。

（4）选定需要移动的幻灯片后，直接用鼠标左键拖动至新位置即可。

4. 幻灯片的删除

当演示文稿的内容进行更新时，往往需要删除部分幻灯片。常见删除幻灯片的操作往往有 4 种：

（1）选定需要删除的幻灯片后，单击【编辑】→【删除幻灯片】命令。

（2）快捷键方式：选择幻灯片后单击【Ctrl+X】组合键（剪切幻灯片）。

（3）快捷键方式：选择幻灯片后单击【Delete】键。

（4）快捷键方式：选择幻灯片后单击【Backspace】键。

5. 幻灯片的隐藏

用户在编辑幻灯片的时候，根据不同的观众需要设置显示不同的内容，因此需要对部分幻灯片进行隐藏。隐藏之后的幻灯片，其编号上出现斜线表示隐藏，如图标 表示第 9 张幻灯片被隐藏；若要取消隐藏，只需将光标移至被隐藏的幻灯片，单击【幻灯片放映】→【隐藏幻灯片】命令。

> ▶ **提示：**
>
> 在普通视图的大纲选项卡中，被隐藏的幻灯片无任何标记。

6. 总结

幻灯片的插入、复制、移动、删除和隐藏等操作一般可在普通视图中的幻灯片选项卡或幻灯片浏览视图进行，下面总结 3 种操作方法：

（1）选择需要操作的对象，单击相关菜单（如【插入】、【编辑】菜单）中的命令。

（2）通过常用工具栏进行操作，如图 5-15 所示。

图 5-15　部分常用工具栏

（3）选择对象后通过快捷键完成相关操作。

● 插入新幻灯片：【Ctrl＋M】组合键。

● 复制幻灯片：选择幻灯片，单击【Ctrl】＋拖动（或【Ctrl＋C】、【Ctrl＋V】组合键）。

● 移动幻灯片：直接拖动幻灯片至目标位置。

● 删除幻灯片：选择幻灯片，单击【Delete】键、【Backspace】键、【Ctrl＋X】组合键。

▶ 提示：

　　1. 选择连续的多张幻灯片：单击第一张幻灯片后，按住【Shift】键，再单击最后一张幻灯片即可，单击此操作除了在幻灯片放映视图外的其他视图均可。

　　2. 选择不连续的多张幻灯片：必须在幻灯片浏览视图中，单击第一张幻灯片后，按住【Ctrl】键，不断地单击其他需要选择的幻灯片即可。

5.2.3　向幻灯片中添加文本

在普通视图中可以添加多种文本信息。在这些视图中可以直接看到文本在幻灯片中的布局，而且便于调整文本的位置，使整个幻灯片看起来清晰明了。用户可以编辑文本的字体、字号、字型、字的颜色和效果等。下面介绍 2 种常见添加文本的方式：

1. 向占位符中添加文本

幻灯片的文本一般在占位符中输入，在"单击此处添加标题（或文本）"提示处输入文本即可，也可以直接在大纲视图中输入所需的文本。如图 5 - 6PowerPoint 2003 主界面所示。

2. 通过插入文本框添加文本

单击【插入】→【文本框】→【水平】或【垂直】命令，然后在幻灯片的某个位置按住左键拖动至大小合适时松开，光标直接置于文本框内，用户即可输入文本。文本框中的文本可以像 Word 中的文本一样设置字体格式和段落格式，也可以对文本单击添加、复制、移动、删除等操作。直接单击"绘图"工具栏中的快捷图标也可实现添加文本框的操作。绘图工具栏如图 5 - 16 所示。

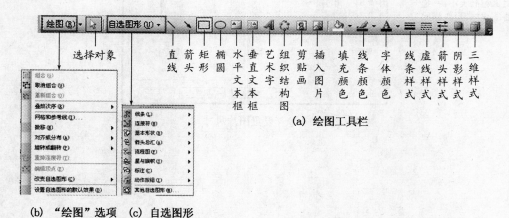

图 5 - 16　绘图工具栏

3. 文本框(或占位符、自选图形)的格式设置

右击文本框(或占位符、自选图形),在弹出的快捷菜单中选择【设置文本框格式】(或【设置占位符格式】、【设置自选图形格式】);也可以选择文本框(或占位符、自选图形)后,单击【格式】→【文本框】(或【占位符】、【自选图形】)命令,将弹出如图 5-17 所示的对话框。

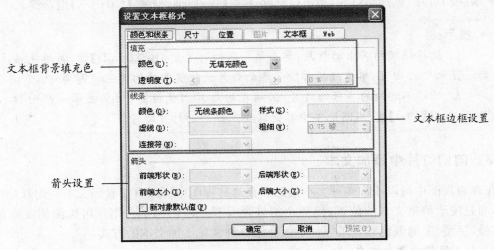

（a） 设置颜色和线条样式

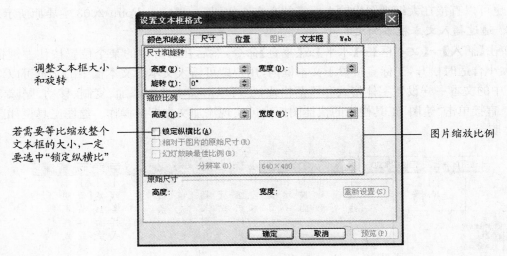

（b） 设置图片尺寸

精确设置文本框相对幻灯片的位置,若无精确调整数据,可直接拖动文本框至合适的位置即可

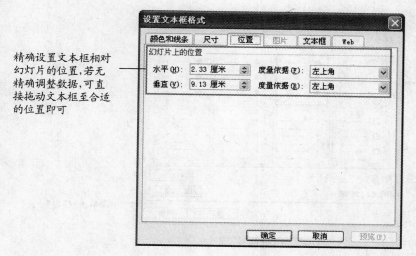

（c）　设置图片在幻灯片上的位置

文本相对文本框的位置

精确调整文本相对文本框的位置

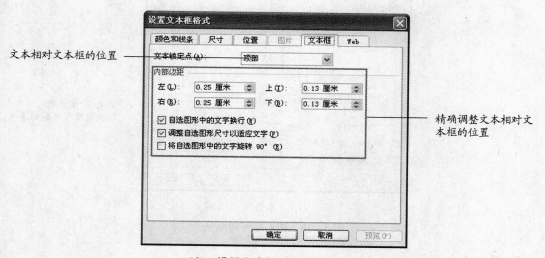

（d）　设置文本相对文本框的位置

图 5 - 17　"设置文本框格式"对话框

4. 项目符号和编号

改变文本的字体、字号、字型等格式与 Word 2003 中字体格式设置相同,在此不再作详细介绍。PowerPoint 2003 提供了非常丰富的项目符号和编号的各种形式,在幻灯片的默认情况下,系统自定义了一系列的项目符号和编号,用户可根据自己的需求更改。更改方式有两种:

（1）单击需要添加或更改项目符号的段落,单击【格式】→【项目符号和编号】,将弹出如图 5 - 18 的对话框。

（2）右击需要添加或更改项目符号的段落,在快捷菜单中选择【项目符号和编号】,同样弹出如图 5 - 18 的对话框。

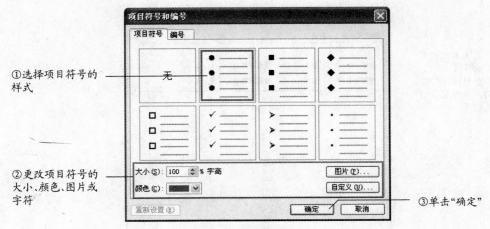

（a） "项目符号"项

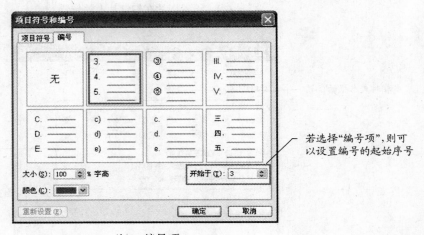

（b） 编号项

图 5-18　项目符号和编号

5．改变文本格式

文本的格式包括文本的缩进、对齐、行间距和文字方向。对文本格式的设置能够使演示文稿条例清晰、美观大方。

（1）改变文本的缩进。

改变文本的缩进大小和文本与项目符号间的距离可以利用"标尺"工具进行调整。如果演示文稿中没有显示"标尺"工具，可单击【视图】→【标尺】命令显示标尺。用鼠标单击文本的任意位置，标尺将出现如图 5-19 所示的各个滑块。

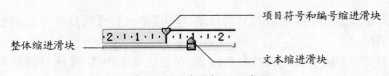

图 5-19　水平标尺示意图

（2）改变文本对齐方式。

在格式工具栏中的对齐图标  中，从左向右依次是"左对齐"、"居中"、"右对齐"、"分散对齐"，除此之外，单击【格式】→【对齐方式】命令，在下一级子菜单中还有"两端对齐"，对齐方式决定了文本在水平方向的位置。

改变文本对齐方式有两种常用的方法：一种是单击文本任意位置，单击【格式】→【对齐方式】→【左对齐】（或其他四种对齐方式中的一种）命令；另一种是利用格式工具栏中的快捷图标直接设置，但是"两端对齐"方式必须在菜单中进行设置。

（3）改变行距和段落间距。

行距是指同一段落内部各行之间的距离，段落间距是指段与段的距离。若改变行距或段落间距，单击需要改变行距或段落间距的文本，单击【格式】→【行距】命令，弹出如图5-20所示对话框。

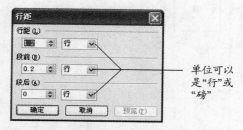

图 5-20　设置"行距"对话框

图 5-21　"更改大小写"对话框

（4）改变文本大小写。

根据用户的需求，往往需要对文本中的英文字体进行统一的规范，如更改所有英文单词的大小写，显然不能用查找或替换来完成。PowerPoint 2003 提供了一种对英文单词进行统一更改的功能，选择需要更改大小写的文本，单击【格式】→【更改大小写】命令，将弹出如图5-21所示的对话框。

5.2.4　插入图片

在普通视图下可以插入剪贴画、来自文件的图片、自选图形、组织结构图、艺术字、来自扫描仪或相机的图片、图表等图片。编辑这些图片使得幻灯片更加生动、形象，富有感染力和说服力。

1. 插入剪贴画

插入剪贴画的方式有3种：

（1）单击【插入】→【图片】→【剪贴画】命令，如图5-22所示。

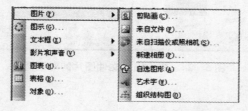

图 5-22　插入图片的菜单选择

（2）通过如图 5-16 所示的绘图工具栏的快捷图标 插入剪贴画，在右侧任务窗格中显示插入"剪贴画"列表，如图 5-23 所示。在所有媒体文件类型中提供了剪贴画、照片、影片、声音四种剪贴素材。用户可以像访问 Web 页一样轻松地进行选择。

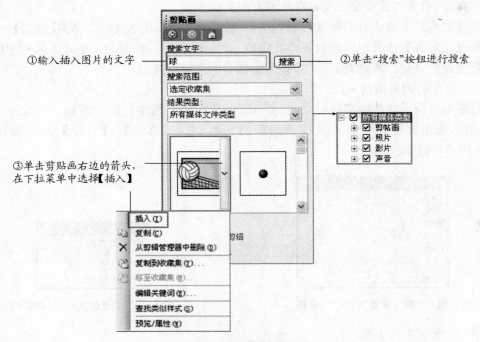

图 5-23　插入剪贴画窗口

（3）直接插入"剪贴画与文本"版式的幻灯片，然后在"双击此处添加剪贴画"占位符中插入。

2. 插入来自文件的图片

用户除了可以添加 PowerPoint 2003 应用程序自带的图片外，还可以插入自己收集的图片，具体的操作如图 5-24 所示。

图 5-24　插入来自文件图片的对话框

3. 插入自选图形

自选图形是 PowerPoint 2003 预定义的另一个图形库，与剪贴画所不同的是，自选图形保留的都是矢量图,可以任意更改图形。向幻灯片中插入自选图形的方式与插入剪贴画的方式相似。

(1) 单击幻灯片,单击【插入】→【图片】→【自选图形】命令,选择一个满足要求的图形,在幻灯片中按住鼠标左键拖动至合适的位置即可。

(2) 单击绘图工具栏中的"自选图形"按钮。用户可以随心所欲插入各种图形,常用的自选图形如图 5 - 25 所示。

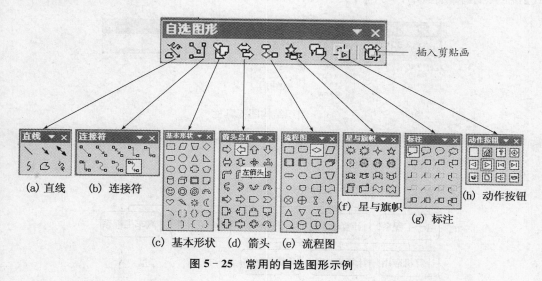

图 5 - 25　常用的自选图形示例

> ▶ 提示:
>
> 　　1. 用户可以通过绘图工具栏中的"绘图"选项中的命令,对幻灯片中的对象进行组合、取消组合、叠放次序、对齐或分布等设置,如图 5 - 16 所示。
>
> 　　2. 若需要向幻灯片中插入正圆、正方形、正三角形等对象,可选择椭圆(或矩形、三角形)图标,按住【Shift】键的同时在幻灯片上拖动至合适的位置再松开鼠标左键即可(一定要先松开左键再松开【Shift】键)。

4. 插入组织结构图

组织结构图在 PowerPoint 2003 中应用较多,它可以一目了然地展示各个级别的关系,如图 5 - 26 所示。在幻灯片中插入组织结构图的方式有两种:第一种方式是在演示文稿中插入一个带组织结构图占位符的幻灯片,另一种方法是在已有的幻灯片上插入一个组织结构图。

添加或更改组织结构图时,组织结构图周围显示有绘图空间,其外围还有非打印边框和尺寸控点。可以使用调整大小命令调整组织结构图,将绘图区域扩大以便得到更多的工作空间,或通过使边框离图示更近来去掉额外空间。

(1) 若要向一个形状中添加文字,用鼠标右键单击该形状,单击"编辑文字"并键入文字。无法向组织结构图中的线段或连接符添加文字。

(2) 若要添加形状,选择要在其下方或旁边添加新形状的形状,单击"组织结构图"工具栏上"插入形状"按钮上的箭头,再单击下列一个或多个选项:

"同事"——将形状放置在所选形状的旁边并连接到同一个上级(上级形状：该形状在组织结构图中处于上层，并与职员(下属或合作者形状)或助理形状等任一其他形状相连)形状上。

"下属"——将新的形状放置在下一层并将其连接到所选形状上。

"助手"——使用肘形连接符将新的形状放置在所选形状之下。

(3) 若要添加预设的设计方案，单击组织结构图工具栏上的 (图标)【自动套用格式】，再从"组织结构图样式库"中选择一种样式。如图 5-26 所示。

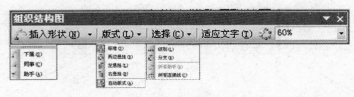

(a) 组织结构图工具栏

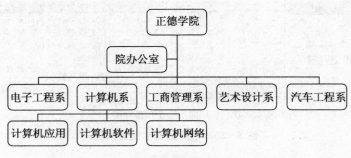

(b) "组织结构图"示例图

图 5-26　组织结构图

5. 艺术字

PowerPoint 2003 除了能绘制各式各样的图形外，还提供了加工字体的工具——艺术字，艺术字的添加在 Word 2003 中已经详细介绍，在 PowerPoint 2003 中的操作方法与 Word 2003 相同。

6. 插入来自扫描仪或相机的图像

PowerPoint 2003 除了能够处理已经制成的图像内容外，还允许用户直接获取来自扫描仪或相机的图像，操作方法相对简单，在此不再作详细介绍。

5.2.5　插入表格

在 PowerPoint 2003 中往往需要用表格来表示数据，在幻灯片中插入表格的方式有 4 种：

1. 利用常用工具栏插入表格

选择幻灯片，单击常用工具栏中的 图标，将展开一个表格选择框，用户可按住鼠标左键拖动选择表格的行和列，通过此种方法最少插入 1 行 1 列的表格，最多可插入 4 行 5 列的表格。如图 5-27 所示。

图 5-27　通过常用工具栏插入表格

2. 通过菜单插入普通表格

单击【插入】→【表格】命令,弹出如图 5 - 28(a)所示对话框,默认插入表格的列数和行数都是 2,最少可插入 1 行 1 列,最多可插入 25 行 25 列。单击确定后,将出现如图 5 - 28(b)所示。单击表格中的任意一个单元格后,PowerPoint 将自动出现表格和边框工具栏,如图 5 - 28(c)所示。

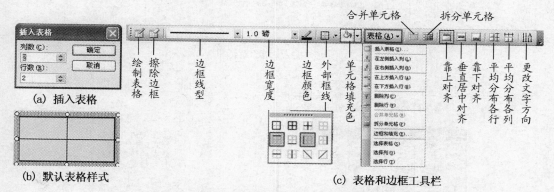

图 5 - 28　"插入表格"对话框及表格和边框工具栏

3. 插入表格幻灯片

插入新的幻灯片,单击【格式】→【幻灯片版式】命令,在任务窗格中应用"表格"版式。如图 5 - 29 所示。

图 5 - 29　"表格"版式幻灯片

5.2.6　在幻灯片中插入其他对象

1. 插入公式

操作步骤如下:

(1) 将光标置于幻灯片上相应的位置。

(2) 单击【插入】→【对象】命令,在弹出的对话框中选择"Microsoft 公式 3.0",如图 5 - 30 所示。然后单击"确定"按钮,即可打开公式编辑器。将弹出"公式编辑器"对话框。

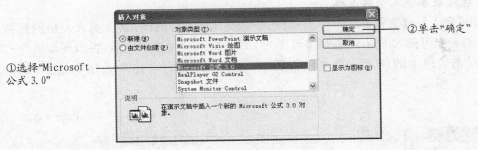

（a） "插入对象"对话框

（b） "公式编辑器"窗口　　　　（c） 编辑成功的公式

图5-30　插入公式对象对话框

2. 插入图表

插入图表的方式有3种，操作步骤如下：

（1）将光标置于幻灯片上相应的位置，单击【插入】→【图表】命令。

（2）直接单击常用工具栏中的 图标插入图表。

（3）单击【插入】→【对象】命令，在如图5-30（a）所示对话框中，选择"Microsoft Excel 图表"选项，单击确定，弹出如图5-31所示对话框，在对话框中既可以选择"新建"图表也可以"由文件创建"已有的图表。

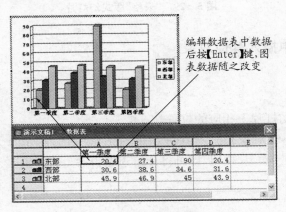

图5-31　插入图表

3. 插入声音

单击【插入】→【影片和声音】→【文件中的声音】（或【剪辑库管理器中的声音】）命令，然后根据要求选择声音文件后，将弹出如图 5-32 提示对话框。若单击"自动"，则幻灯片放映时自动播放声音，若单击"在单击时"，幻灯片放映后，需要单击 图标后才播放。影片、CD乐器等多媒体插入方式与插入声音相似。

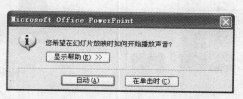

图 5-32　设置声音放映方式对话框

5.2.7　添加幻灯片备注

在普通视图中可添加备注信息，只需单击演示文稿右下角的"单击此处添加备注"视图区即可添加备注信息。用户可以单击【视图】→【备注页】命令，将视图切换至"备注页视图"，在【格式】菜单中设置备注版式和备注背景。

1. 设置备注版式

在备注页视图中，单击【格式】→【备注版式】命令，弹出如图5-33所示对话框。若选择"幻灯片图像"复选框时，则在备注页视图中显示幻灯片缩像，可以对幻灯片进行编辑。若选择"正文"，则在备注页视图中显示备注文本框，用户可以在其中输入和编辑文本。若选择"重新应用母版"，则重新把备注页母版应用到备注页视图中，即恢复到以前的设置。

图 5-33　幻灯片备注版式

2. 设置备注背景

在备注页视图中，用户可以根据需求修改备注页的背景，所修改的背景仅在备注页视图中可见，单击【格式】→【备注背景】命令，弹出如图 5-34 所示对话框。

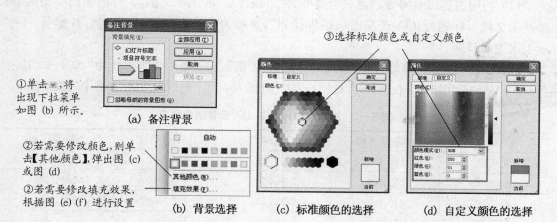

①单击 ，将出现下拉菜单如图 (b) 所示。

②若需要修改颜色，则单击【其他颜色】，弹出图 (c) 或图 (d)

②若需要修改填充效果，根据图 (e) (f) 进行设置

③选择标准颜色或自定义颜色

(a) 备注背景　(b) 背景选择　(c) 标准颜色的选择　(d) 自定义颜色的选择

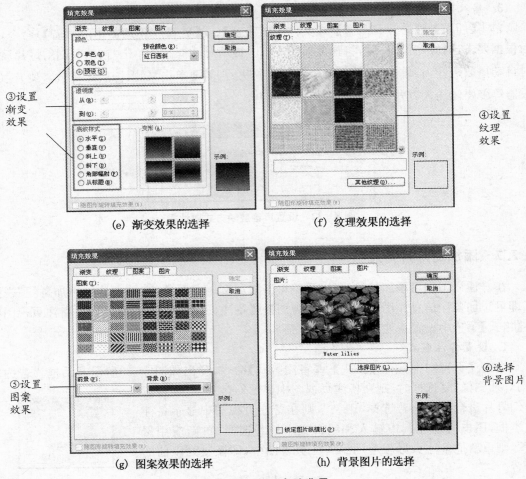

（e）渐变效果的选择　　　　　　　　（f）纹理效果的选择

③设置渐变效果

④设置纹理效果

⑤设置图案效果

⑥选择背景图片

（g）图案效果的选择　　　　　　　　（h）背景图片的选择

图 5‐34　修改备注背景

5.2.8　PowerPoint 实战演练 1

（1）利用内容提示向导创建一个类型为"市场计划"的演示文稿，文件的输出类型为"屏幕演示文稿"，标题为"OA 产品市场销售计划"，页脚为"宏图三胞"，显示幻灯片编号，不显示上次更新日期。

（2）在最后插入一张幻灯片，版式为"标题和表格"，在表格中添加标题为"2009～2010 年各 OA 产品的销售情况"，在"双击此处添加表格"处插入 5 行 5 列的表格，在表格中的数据如下。

表 5‐2　2009～2010 年各 OA 设备销售情况

	戴尔计算机	HP 打印机	佳能扫描仪	三星复印机
北京市	170,000	195,000	205,000	150,000
上海市	202,000	218,000	198,000	185,000
浙江省	210,000	215,000	185,000	200,000
江苏省	155,000	169,000	180,000	175,000

（3）设置标题字体为黑体，字号为 36，设置表格中的中文字体为楷体_GB2312，西文字体为 Arial，字号为 20。

（4）将表格外边框设置为 3 磅、红色、粗实线（第一个样式），内边框设置为 1.5 磅蓝色虚线边框（第二个样式）。

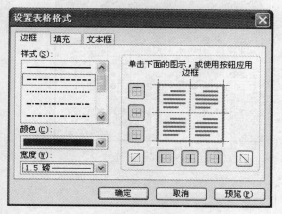

（a）设置表格格式

（b）表格

图 5－35　PowerPoint 样张一

（5）在"表格"幻灯片之后再插入一张"只有标题"版式幻灯片，在标题栏添加"2009～2010 年 OA 设备销售图表"，在标题下方插入图表，图表中的数据见"2009～2010 年各 OA 产品的销售情况"表格中的数据。

（6）设置 x 轴和 z 轴的字号均为 10，添加 x 轴和 z 轴标题分别为"地区"和"销售量"，字号也为 10，参考图 5－36。

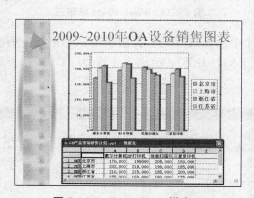

图 5－36　PowerPoint 样张二

（7）将第 11 张幻灯片移至第 15 张幻灯片之后，删除第 17 张幻灯片，并隐藏第 15 张幻灯片。

（8）删除第 3 张幻灯片中的"描述经营的产品/服务"文本，修改其项目符号和编号为 ❖ 图表，符号大小为文字大小的 80%，颜色以红色显示。

（9）在第 3 张幻灯片的文本占位符中添加 4 段文本，"如何开发让消费者非买不可的畅销产品"、"寻找产品的畅销理由、明确产品的价值定位、设计科学的开发流程"、"中国大陆首个'新产品定义'培训课程"、"最先向中国企业披露跨国公司在新产品研发与市场推广领域的成熟经验"。

（10）修改新添加的 4 段文本的行距为 1.2 行，段后 0.2 行。

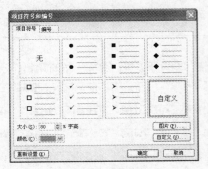

（a）项目符号和编号

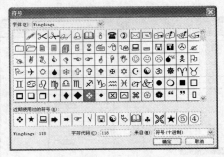

（b）"Wingdings"符号

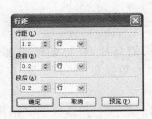

（c）行距

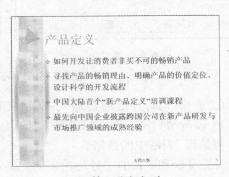

（d）第 3 张幻灯片

图 5－37　PowerPoint 样张三

（11）在第一张幻灯片中插入"计算机"类别中第一列第三个剪贴画，调整剪贴画的缩放比例为 50%，将剪贴画置于幻灯片水平距离左上角为 18cm，垂直距离左上角为 3cm 的位置。参考图 5－38。

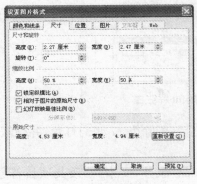

（a）"尺寸"选项卡

（b）"位置"选项卡

（c）第 1 张幻灯片样张

图 5-38　PowerPoint 样张四

（12）将编辑完的演示文稿以文件名为"OA 设备市场销售计划. ppt"，保存类型为"演示文稿"保存在"学号文件夹"中。

5.3　演示文稿的外观布局

演示文稿除了在幻灯片中添加文字、图片、表格等对象外，还可以对幻灯片的背景图案、配色方案、字体样式等进行更改。同样的演示文稿，由于演示文稿的外观布局进行了效果修饰，会给人们带来视觉上的享受，往往还会有事半功倍的效果。下面将介绍如何创建一个清晰、美观的演示文稿。

5.3.1　应用设计模板样式

在 PowerPoint 2003 中提供了多种模板，模板中定义了幻灯片的版式、配色方案、背景和母版格式等，演示文稿在应用模板后，相当于定制了演示文稿中的样式。用户也可以修改已有的模板，以获得最佳效果。

单击任意一张幻灯片，单击【格式】→【幻灯片设计】命令，在任务窗格中出现了"幻灯片设计"任务，如图 5-39 所示。

（1）若要将模板应用于单个幻灯片，选择"幻灯片"选项卡上的缩略图，在任务窗格中，指向模板并单击箭头，再单击【应用于选定幻灯片】。

（2）若要将模板应用于多个选中的幻灯片，在"幻灯片"选项卡上选择缩略图，并在任务窗格中单击模板。

（3）若要将模板应用于演示文稿中的所有幻灯片，选择"幻灯片"选项卡上的缩略图，在任务窗格中，指向模板并单击箭头，再单击【应用于所有幻灯片】。

（4）若要将新模板应用于当前使用其他模板的一组幻灯片，在"幻灯片"选项卡上选择一个幻灯片；在任务窗格中，指向模板并单击箭头，再单击【应用于母版】。

图 5-39　"应用设计模板"对话框

▶ **提示：**

1. 在 PowerPoint 2003 中，一个演示文稿文件可以应用多个"设计模板"。

2. 在某些对话框中"应用"与"全部应用"并不相同，"应用"仅对当前选择的某一张或多张幻灯片做修改，"全部应用"是对当前演示文稿中的所有幻灯片做修改。

5.3.2　幻灯片配色方案的更改

在 PowerPoint 2003 中，配色方案定制了幻灯片中的背景、文本、线条、超链接等对象的颜色。用户可以对单张幻灯片或整个演示文稿随意都选择标准的配色方案，也可以对标准的配色方案中的特定元素进行修改。

1. 应用标准的配色方案

单击需要应用配色方案的幻灯片，单击【格式】→【幻灯片设计】命令，在任务窗格中出现了"幻灯片设计"任务，如图 5-39 所示。单击【配色方案】选项，如图 5-40 所示。

（1）若要重新应用配色方案，单击【编辑配色方案…】选项，在弹出的"编辑配色方案"对话框中，选择"标准"选项卡，单击其中任意一个配色方案，单击"应用"按钮；

（2）若用户对某些配色方案不满意，可以选择任意一种配色方案，然后单击【删除配色方案】即可。

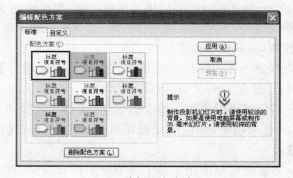

（a）"配色方案"任务窗格　　　　　　　　（b）编辑配色方案

图 5-40　配色方案标准样式

2. 自定义配色方案

在"配色方案"对话框中，单击"自定义"选项卡，如图 5-41 所示，用户可以修改已有的配色方案，也可以将修改之后的配色方案添加为标准的配色方案，以便在今后使用。

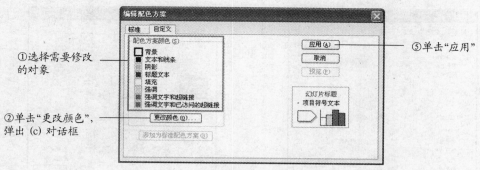

①选择需要修改的对象

②单击"更改颜色"，弹出 (c) 对话框

⑤单击"应用"

(a) 自定义配色方案

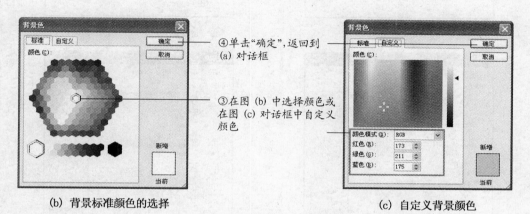

④单击"确定"，返回到 (a) 对话框

③在图 (b) 中选择颜色或在图 (c) 对话框中自定义颜色

(b) 背景标准颜色的选择　　　　(c) 自定义背景颜色

图 5－41　自定义配色方案

5.3.3　设置幻灯片背景

　　幻灯片除了应用设计模板和配色方案之外，还可以对幻灯片的背景进行修改。单击【格式】→【背景】命令，弹出"背景"对话框，如图 5－42(a)所示，单击图(a)中的下拉按钮，选择一种颜色作为背景色，也可以单击"其他颜色"按钮，弹出"颜色"对话框选择其他颜色，如图 5－41(b)、(c)所示。或者单击"填充效果"按钮，弹出"填充效果"对话框，可选择某种(单色、双色、预设)颜色过渡效果、纹理、图案和图片作为背景，如图 5－42(b)-(f)所示，设置完成后，单击"确定"按钮返回"背景"对话框，可以根据要求单击"应用"或"全部应用"按钮将背景应用于一张、多张或全部幻灯片。

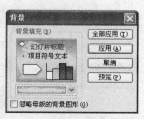

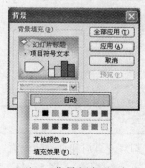

(a)　背景对话框　　　　　　　(b)　背景颜色选项

（c）渐变效果的设置

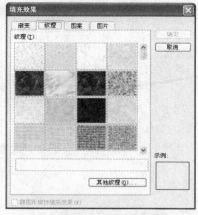

（d）纹理效果的设置

（e）图案效果的设置

（f）图片效果的设置

图 5-42　更改幻灯片背景

5.3.4　添加页眉和页脚

单击【视图】→【页眉和页脚】命令，弹出如图 5-43 所示的"页眉和页脚"对话框。在对话框中可设置时间和日期、幻灯片编号、页脚等信息，同时可设置标题版式中不显示页眉和页脚信息。设置完毕后，单击"应用"或"全部应用"按钮。备注和讲义的"页眉和页脚"设置与幻灯片类似。

日期和时间分为"自动更新"和"固定"两种显示方式

若单击此复选框，则表示在标题版式的幻灯片中不再显示所有的页眉和页脚

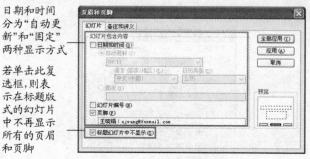

（a）幻灯片页眉和页脚的设置

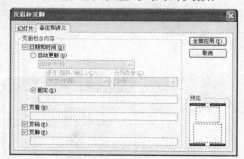

（b）备注和讲义页眉和页脚的设置

图 5-43　设置"页眉和页脚"对话框

> **提示：**
>
> 1. 要在单个幻灯片上添加幻灯片编号、日期或时间，先单击【插入】→【文本框】→【水平】命令，然后在幻灯片的空白处按住鼠标左键拖动至合适位置，在文本占位符或文本框中定位插入点，然后单击【插入】→【日期和时间】（或【幻灯片编号】）命令；
>
> 2. 若需要更改页脚的显示位置，单击【视图】→【母版】→【幻灯片母版】命令，直接拖动页脚占位符至合适的位置；
>
> 3. 若不希望幻灯片从 1 开始编号，单击【文件】→【页面设置】命令，在"幻灯片编号起始值"下输入所需的起始编号。

5.3.5　设置母版

PowerPoint 2003 中有一类特殊的幻灯片，叫幻灯片母版。幻灯片母版控制了某些文本格式（如字体、字号和颜色），它还控制了背景色和某些特殊效果（如阴影和项目符号样式），也可以设置幻灯片的动画效果。若要修改多张幻灯片的外观，不必一张张幻灯片进行修改，只需在幻灯片母版上做一次修改，PowerPoint 2003 将自动更新已有的幻灯片，并对新添加的幻灯片应用这些更改。如果要更改文本格式，可选择占位符中的文本更改。母版分为标题母版、幻灯片母版、备注母版和讲义母版。下面介绍幻灯片母版和标题母版。

1. 幻灯片母版

对幻灯片母版的效果设置，包含了除标题版式外的其他版式幻灯片。单击【视图】→【母版】→【幻灯片母版】命令，演示文稿直接切换到"幻灯片母版"视图界面，如图 5-44 所示。在幻灯片母版视图窗口中，包括标题、文本、日期/时间、页脚、数据 5 个区域，在这 5 个区域中用户仅可以设置格式和插入各种对象，若直接在这 5 个区域中添加文本，退出母版视图后，所添加的文本均不可见，用户可以通过插入文本框的方式添加统一文本信息。退出母版视图后，所添加的对象将出现在除标题版式幻灯片之外的所有幻灯片中。以下是幻灯片母版视图中几种常见的操作：

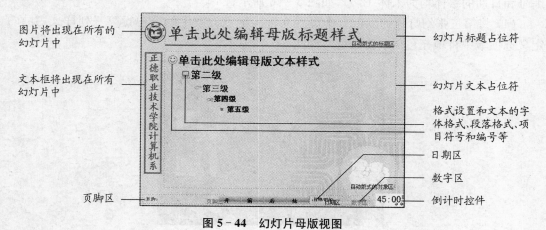

图 5-44　幻灯片母版视图

2. 标题母版

标题母版的设置类似于幻灯片母版,唯一不同的是标题母版仅对应用了"标题"版式的幻灯片进行更新。如果要强调标题幻灯片与其他版式幻灯片的不同,可在标题母版中更改幻灯片背景等格式。但是由于幻灯片母版上文本格式的改动会影响到标题母版,因此,一般幻灯片母版的设置在标题母版的设置之前。当然,在设置完幻灯片母版和标题母版后,仍然可以对个别幻灯片的格式进行设置。

5.3.6 PowerPoint 实战演练 2

打开"考生文件夹"中的"奥运福娃.ppt"文件,所有的素材均在"考生文件夹"中。

(1) 设置所有幻灯片的应用设计模板为 Dad's Tie.pot,并利用幻灯片母版修改所有标题的格式为:楷体_GB2312、46 号字、加粗、倾斜、颜色为自定义色(红色:0,绿色:0,蓝色:255);

(2) 再次利用幻灯片母版给所有幻灯片(除标题版式的幻灯片)的右上角插入艺术字"孙燕姿",采用第三行第四列式样,设置其字体为:隶书、40 号字,如图 5-45 所示;

图 5-45 PowerPoint 样张一

图 5-46 PowerPoint 样张二

(3) 除标题幻灯片外,设置其余幻灯片显示幻灯片编号及自动更新的日期(样式为"××××年××月××日"),要求幻灯片编号显示在幻灯片页面的左侧,日期在中间显示,编号和日期的字体均为宋体 12 号,如图 5-46 所示;

(4) 将第三张幻灯片的配色方案设置为标准配色方案中的第三行第三列样式,并在自定义选项卡中将填充色更改为红色。如图 5-47 所示。

图 5-47 PowerPoint 样张三

（5）在第一张幻灯片中添加副标题"做一个快乐并能给人带来快乐的人"，字体为楷体_GB2312，字号为 28，更改第一张幻灯片的背景为"孙燕姿背景.jpg"图片，同时忽略母版的背景图形，如图 5 - 48 所示。

图 5 - 48   PowerPoint 样张四

（6）将编辑完的演示文稿以文件名"孙燕姿个人简介.ppt"，保存类型为"演示文稿"保存在考生文件夹中。

5.4   演示文稿的效果设置

为了体现演讲内容的特色，往往需要在幻灯片中添加各种各样的多媒体效果，如声音、视频、动画等。在 PowerPoint 2003 中有两种不同的动画设计：一个是幻灯片内的动画；另一个是幻灯片间的动画切换。

5.4.1   幻灯片内动画设计

幻灯片内动画是指幻灯片内各个对象的显示顺序和显示方式。幻灯片动画一般在普通视图中设计。

1. 自定义动画

若需要对幻灯片内的标题、正文、图片等对象进行高级动画效果的设置，选择需设置动画效果的对象后，单击【幻灯片放映】→【自定义动画】命令，进行相关设置。如图 5 - 49 所示。自定义动画可应用于幻灯片、占位符或段落（包括单个的项目符号或列表项目）中的项目。例如，可以将飞入动画应用于幻灯片中所有的项目，也可将飞入动画应用于项目符号列表中的单个段落。除预设或自定义动作路径（动作路径：指定对象或文本沿行的路径，它是幻灯片动画序列的一部分）之外，还可使用进入、强调或退出选项。同样还可以对单个项目应用多个的动画；这样就使项目符号项目在飞入后又可飞出。

在普通视图中，显示包含要动画显示的文本或对象的幻灯片。

（1）选择要动画显示的对象。在【幻灯片放映】菜单上，单击【自定义动画】；

（2）在"自定义动画"任务窗格上，单击"添加效果" 添加效果 ，并执行下列一项或多项操作：

① 若要使文本或对象以某种效果进入幻灯片放映演示文稿，指向 "进入"，再单击一

种效果。

② 若要为幻灯片上的文本或对象添加某种效果,指向 ✿ "强调",再单击一种效果。

③ 若要为文本或对象添加某种效果以使其在某一时刻离开幻灯片,指向 ★ "退出",再单击一种效果。

④ 若要为对象添加某种效果以使其按照指定的模式移动,指向 ☆ "动作路径",再单击一种效果。

效果在自定义动画列表中按应用顺序从上到下显示。播放动画的项目会在幻灯片上标注非打印编号标记,该标记对应于列表中的效果。在幻灯片放映视图中不显示该标记。

> ▶ 提示:
>
> 　　如果使用"自定义动画"任务窗格中的"播放"按钮来预览幻灯片的动画,则不需要通过单击触发动画序列。若要预览触发的动画如何运作,则单击"幻灯片放映"按钮。

（a）"自定义动画"任务窗格

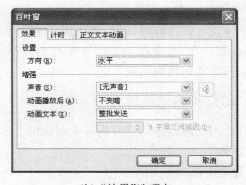

（b）"效果"选项卡

（c）"计时"选项卡

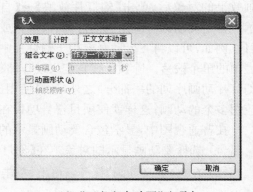

（d）"正文文本动画"选项卡

图 5－49　自定义动画

2．动画方案

动画方案操作可在普通视图或幻灯片浏览视图中进行，选择需要设置动画效果的幻灯片，单击【幻灯片放映】→【动画方案】命令，在任务窗格出现【动画方案】选项。如图 5－50 所示。动画方案能给幻灯片中的文本添加预设视觉效果。范围可从微小到显著，每个方案通常包含幻灯片标题效果和应用于幻灯片的项目符号或段落的效果。预设的动画方案应用于所有幻灯片中的项目、选定幻灯片中的项目或幻灯片母版中的某些项目。

（1）如果只希望对一些幻灯片应用动画方案，单击"幻灯片"选项卡，再选择所需的幻灯片；

（2）在【幻灯片放映】菜单上，单击【动画方案】；

（3）在"幻灯片设计"任务窗格的"应用于选定幻灯片"之下，单击列表中的动画方案；

（4）如果要将方案应用于所有幻灯片，单击"应用于所有幻灯片"按钮。

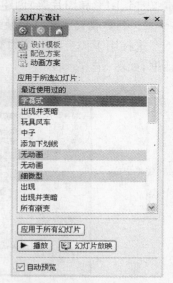

图 5－50　设置动画方案

5.4.2　幻灯片间动画设计

幻灯片间的动画设计是指由当前幻灯片切换到下一张幻灯片时，新幻灯片将以什么样的方式进行显示。设置幻灯片的切换效果一般可在普通视图或幻灯片浏览视图中进行。选择需要设置切换效果的幻灯片，单击【幻灯片放映】→【幻灯片切换】命令，在窗口右侧出现"幻灯片切换"任务窗格，如图 5－51所示。

向同一演示文稿的所有幻灯片添加同一切换：

（1）在【幻灯片放映】菜单上，单击【幻灯片切换】；

（2）在列表中，单击所希望的切换效果；

（3）单击"应用于所有幻灯片"。

在幻灯片之间添加不同的切换，需要对要添加不同切换的每张幻灯片重复执行以下步骤。

① 在普通视图的"幻灯片"选项卡中，选取要添加切换的幻灯片；

② 在【幻灯片放映】菜单上，单击【幻灯片切换】；

③ 在列表中，单击所希望的切换效果。

5.4.3　超链接

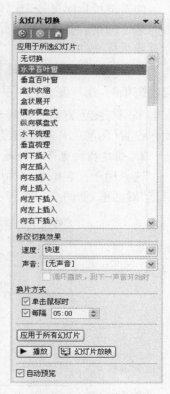

图 5－51　幻灯片切换

在演示文稿中添加超链接，单击超链接可以跳转到不同的位置。例如可以链接到自定义放映、演示文稿中的某张幻灯片、其他演示文稿、Microsoft Word 文档、Microsoft Excel 电子表格、Internet、公司内部网或电子邮件地址等。可以为幻灯片中的任何对象（包括文本、表格、图形和图片等)创建超链接。

1. 创建指向自定义放映或当前演示文稿中某个位置的超链接

选择用于代表超链接的文本或对象,单击【插入】→【超链接】命令,弹出"插入超链接"对话框,如图 5-52 所示。

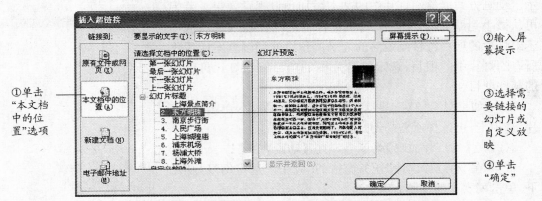

图 5-52　插入超链接指向自定义放映或本文档中的某个位置

如果链接指向另一个幻灯片,目标幻灯片将显示在 PowerPoint 演示文稿中。如果它指向某个网页、网络位置或不同类型文件,则会在适当的应用程序或 Web 浏览器中显示目标页或目标文件。

在 PowerPoint 中,超链接可在运行演示文稿时激活,而不能在创建时激活。当鼠标指向超链接时,指针变成 "手"形,表示可以单击它。表示超链接的文本用下划线显示,并且文本采用与配色方案一致的颜色。图片、形状和其他对象超链接没有附加格式。可以添加动作设置(例如声音和突出显示)来强调超链接。

2. 创建指向电子邮件地址的超链接

选择用于代表电子邮件地址的文本或对象,单击【插入】→【超链接】命令,弹出"插入超链接"对话框,如图 5-53 所示。

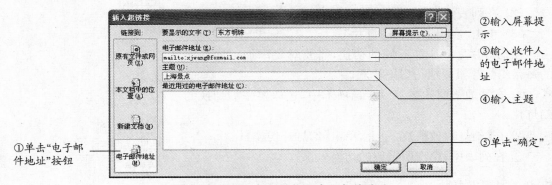

图 5-53　插入超链接指向电子邮件地址

3. 创建指向其他演示文稿、文件或 Web 页的超链接

创建超链接指向其他类型文件,例如 Word 文档、PowerPoint 演示文稿、Microsoft Excel 工作簿、Microsoft Access 数据库或 Web 页等,另外还可创建至新文件的超级链接。

单击【插入】→【超链接】命令,弹出"插入超链接"对话框,单击"原有文件或网页"选项,如图 5-54 所示。若连接至 Web 页,可在"地址"右面的文本框内输入 Web 页,如:http://www. zdxy. cn/地址,若链接的是某个文件,单击 📁 按钮,选择需要链接的文件即可。若链接的 Internet 或 Word 文档中含有书签,选择完文件后,还可以选择 [　书签(O)...　] "书签"按钮 对链接对象进行精确定位。

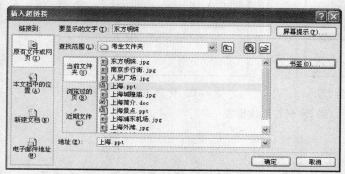
（a）插入超链接——其他文件

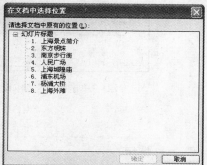
（b）插入超链接——其他文件（书签）

图 5-54　创建指向其他文件或 Web 页的超链接

4. 删除超链接

右击需要删除超链接的文本或对象,单击【插入】→【超链接】,再单击"删除超链接" 即可。

> ▶ 提示:
>
> 如果要将演示文稿中的超链接和代表超链接的文本或对象同时删除,选择 该对象或所有的文本,再单击【Delete】键。

5.4.4　动作设置

动作设置有助于强调演示文稿中的超链接。单击【幻灯片放映】→【动作设置】命令,在 弹出对话框的"鼠标单击"选项卡中进行设置。也可以在"鼠标移过"选项卡中指定幻灯片放 映过程中当指针停留在文本或对象上时的动作效果。如果超链接的链宿是某个对象,还可 以设置当指针停留在它之上时是否突出显示该对象。

选择用于代表超链接的文本或对象,然后单击【幻灯片放映】→【动作设置】命令。在"单 击鼠标"选项卡上,单击"超链接到"并指定所需超链接。若要求当指针停留在文本对象上时 播放声音,则在"鼠标移过"选项卡中选中"播放声音"复选框并指定所需声音;若要求当指针 停留在文本或对象上时突出显示,则在"鼠标移过"选项卡中选中"鼠标移过时突出显示"复 选框。如图 5-55 所示。

（a）"单击鼠标"动作设置　　　　　　（b）"鼠标移过"动作设置

图 5-55　动作设置

> ▶ 提示：
>
> 　　如果在"鼠标移过"选项卡的"超链接到"框中指定超链接，可能会在某些不经意的情况下（例如，在幻灯片放映中碰巧将指针停留在超链接上的情况）转向链接。所以，最好在"鼠标单击"选项卡中指定超链接或者通过单击"插入超链接"指定，而将"鼠标移过"方式用于加强突出。

5.4.5　动作按钮

　　动作按钮是一种现成的按钮，在幻灯片放映时单击它会呈现"按下"效果。如果希望同样的按钮出现在每张幻灯片上，可在幻灯片母版上选择要插入的按钮，单击【视图】→【母版】→【幻灯片母版】命令。单击需要添加动作按钮的幻灯片或幻灯片母版，单击【幻灯片放映】→【动作按钮】命令，在其子菜单中选择所需的按钮，例如"第一张"、"后退或前一项"、"前进或下一项"、"开始"、"结束"或"上一张"等。如图 5-56 所示。例如：选择结束按钮 ▶|，然后在幻灯片的相应位置上按住鼠标左键拖动至合适位置后松开鼠标，将弹出"动作设置"对话框，如图 5-55 所示，参照动作设置完成动作按钮的设置。

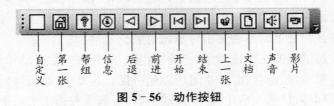

图 5-56　动作按钮

> ▶ 提示：
>
> 　　1. 如果要插入预定义大小的按钮，选择幻灯片后，插入动作按钮，然后右击新插入的动作按钮，在快捷菜单中选择"设置自选图形格式"进行设置；

2. 如果要保持其宽长比不变,在拖动时按住【Shift】键;

3. 如果需要对多个动作按钮进行排列,可按住【Ctrl】或【Shift】键,选择需要排列的动作按钮,然后单击绘图工具栏中的"对齐或分布"进行排列。

5.4.6　PowerPoint 实战演练 3

打开"考生文件夹"中的"上海.ppt"文件,所有的素材均在考生文件夹中。

（1）设置第 7 张幻灯片中标题的自定义动画为"收缩",方式为"左右向中部";设置图片的动画效果为"闪烁",方式为"快速",同时要求"伴有风铃声";文本二的动画效果为"棋盘式",方式为"横向",并要求在下一个动画出现时隐藏该段文本;文本三的动画效果为"盒状",方式为"展开",要求显示完标题后显示图片,接着显示文本二,最后显示文本三。

（2）设置所有幻灯片的切换效果为盒状展开、中速、每隔 3 秒换页并伴有鼓掌声音。

（3）将第一张幻灯片中的文本分别超链接至第 2～8 张对应的幻灯片,如"东方明珠"链接至第三张幻灯片。

（4）设置第一张幻灯片中的"其他景点"链接"上海简介.doc"文档中的"上海景点"书签,如图 5-57 所示。

图 5-57　PowerPoint 样张一

图 5-58　PowerPoint 样张二

（5）要求在所有幻灯片的底部添加四个动作按钮,依次是"开始"、"后退"、"前进"、"结束",并设置四个动作按钮的大小统一为高度 0.6cm,宽度 1cm,要求四个按钮底部对齐,并且动作按钮之间的间距相同。如图 5-58 所示。提示:可在幻灯片母版视图中添加动作按钮。

（6）将编辑完的演示文稿以文件名"上海景点.ppt",保存类型为"演示文稿"保存在考生文件夹中。

5.5　演示文稿的输出方式

制作演示文稿,最终是要播放给观众看。通过幻灯片放映,可以将精心创建的演示文稿展示给观众,以正确表达自己想要说明的问题。为了使所做的演示文稿更精彩,以便观众更好地观看并接受、理解演示文稿,在放映前,还必须对演示文稿的播放方式进行一定的设置。

5.5.1 幻灯片播放方式

1. 设置幻灯片放映的时间

在幻灯片放映的时候,可以通过人工切换每张幻灯片,也可以通过设置让幻灯片自动播放。设置自动播放的第一种方法是人工为每一张幻灯片设置播放时间,然后运行幻灯片放映并查看所设置的时间。而另一种方法则是使用排练计时功能,在排练时自动记录时间。

2. 通过人工设置幻灯片放映时间间距

自动播放的幻灯片是不需要专人播放幻灯片就可以进行演示,可以让幻灯片按预定的自动定时方式放映。将演示文稿切换到幻灯片或者幻灯片浏览视图中,然后选择要设置时间的幻灯片,单击【幻灯片放映】→【幻灯片切换】命令,出现"幻灯片切换"的任务窗格,如图5-51所示。

在任务窗格的"换片方式"中选中 ☑ **每隔** `00:05` ⬍ 复选框,然后在右边的滚动框中选择或直接输入你希望幻灯片停留的时间(以秒为单位)。

(1) 如果幻灯片切换只应用于某一张或某几张幻灯片,按住【Ctrl】键选择幻灯片,然后单击"幻灯片切换"任务窗格中的切换效果;

(2) 如果幻灯片切换应用于所有的幻灯片上,则单击 应用于所有幻灯片 按钮;

(3) 如果要设置每一张幻灯片的放映时间都不相同,则必须运用以上的方法对每一张幻灯片的放映时间做具体的设置;

(4) 如果希望在单击鼠标和经过预定时间后都进行换页,并以较早发生的为准,那必须同时选中"单击鼠标换页"和"每隔"复选框。设置完毕后,可以在幻灯片浏览视图下,看到所有设置了时间的幻灯片下方都显示有该幻灯片在屏幕上停留的时间,如图5-59所示。

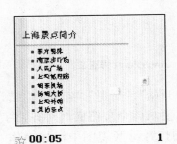

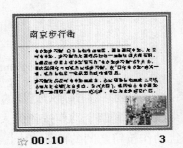

图5-59 幻灯片浏览视图中的人工计时放映方式

3. 排练计时自动设置幻灯片放映时间间隔

单击【幻灯片放映】→【排练计时】命令,将弹出如图5-60(a)所示工具栏。重新记时可以单击快捷按钮 ⮌ ,暂停可以单击快捷按钮 ‖ ,如果要继续,则需再一次单击按钮 ⮌ 。当PowerPoint2003放完最后一张幻灯片后,系统会自动弹出一个提示框。如果选择"是",那么排列的时间就会保留下来,并在以后播放这一组幻灯片时,以此次记录下来的时间放映,同时弹出如图5-60(b)所示的结果,在此图中显示出了所有幻灯片放映的时间;点击"否",那么你所做的所有时间设置将取消。如果已经知道幻灯片放映所需要的时间,那可以直接在"预演"对话框内输入该数值。

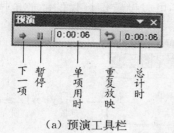

（a）预演工具栏

（b）放映方式选择对话框

图 5-60　排练计时

5.5.2　自定义放映

用户可以使用自定义放映对演示文稿中的幻灯片进行逻辑上的重组。通过这个功能，可以将演示文稿中顺序不同的幻灯片组合起来，并加以命名，然后在演示过程中按照自定义的顺序进行播放。通过创建自定义放映使一个演示文稿适于多种听众。自定义放映可以是演示文稿中组合在一起能够单独放映的幻灯片，也可以是超链接所指向的演示文稿中的一组幻灯片。单击【幻灯片放映】→【自定义放映】命令，如图 5-61 所示。

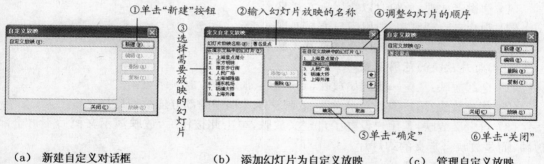

（a）　新建自定义对话框　　　　　　（b）　添加幻灯片为自定义放映　　　（c）　管理自定义放映

图 5-61　自定义放映

（1）基本自定义放映。

若需要向同一个系的不同专业放映一个演示文稿。幻灯片演示包含幻灯片 1 到 10。可以为第一个专业创建一个名称为“专业 1”的自定义放映，该组只包含幻灯片 1、3、5、7、9，然后为第二个专业创建一个名称为“专业 2”的自定义放映，该组包含幻灯片 1、2、4、5、7、8、10。当然，可以总是以原始连续顺序运行幻灯片放映。

（2）链接的自定义放映。

使用超链接自定义放映作为放映中组织内容的方式。例如，可以新建一个关于本系部的完整组织的主自定义放映。然后创建代表组织内各个专业（例如专业 1 和 2）的自定义放映，并且从主放映链接到这些放映。可使用超链接自定义放映创建幻灯片目录，以用于导航到特定的幻灯片放映部分。使用此方法可以随时为不同的对象选择需要放映的部分。

5.5.3　设置放映方式

单击【幻灯片放映】→【设置放映方式】命令，将弹出“设置放映方式”对话框，如图5-62

所示。在这个对话框中有三种放映方式可供用户选择,还可以设置幻灯片的播放范围和换片方式。

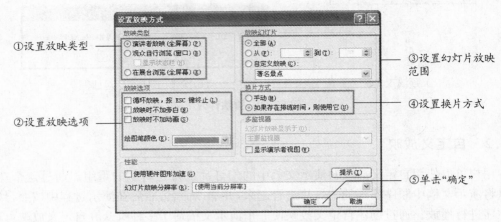

图5-62 "设置放映方式"对话框

1. 幻灯片的放映类型
(1) 演讲者放映:放映时以全屏幕方式显示。
(2) 观众自行浏览:一般以窗口方式展现。
(3) 在展台浏览:放映时以全屏幕方式显示。

2. 幻灯片放映的范围设置
(1) 全部放映:从第一张开始放映,到最后一张幻灯片放映结束。
(2) 部分放映:用户根据需求设置,放映演示文稿中的部分连续幻灯片。
(3) 自定义放映:若用户设置了自定义放映,单击此按钮后,放映演示文稿后不再全部放映,而是放映自定义的幻灯片。

3. 换片方式的设置
(1) 人工方式:演示文稿放映后,用户通过单击切换幻灯片放映。
(2) 排练计时:如果存着排练计时,则按照排练计时的方式放映。

5.5.4 幻灯片放映

1. 在安装有 PowerPoint 程序的机器上放映幻灯片
放映演示文稿的方法有:
(1) 右击需要播放的演示文稿,在快捷菜单中选择【显示】命令,若没有改变幻灯片的放映方式,将直接从演示文稿的第一张幻灯片开始放映;
(2) 打开演示文稿,单击【幻灯片放映】→【观看放映】命令,若没有改变幻灯片的放映方式,将直接从演示文稿的第一张幻灯片开始放映;
(3) 打开演示文稿,单击【视图】→【幻灯片放映】命令,放映方式与第(2)种方法相同;
(4) 打开演示文稿,直接按 F5,放映方式与第(2)种方式相同;
(5) 单击视图栏中的幻灯片放映 ☑ 图标,直接从当前幻灯片页开始放映。

2. 在没有安装 PowerPoint 程序的机器上放映幻灯片
若需要在一台没有安装 PowerPoint 软件的计算机上播放演示文稿,我们需要通过打包成 CD 的方式,在任何一台 Windows 操作系统的机器中都可以正常放映。如图 5-63 所示,具体的打包过程如下:

(1) 打开要打包的演示文稿;

(2) 将 CD(空白的可写入 CD (CD-R)、空白的可重写 CD (CD-RW) 或包含可覆盖内容的 CD-RW) 插入到 CD 驱动器中;

(3) 在【文件】菜单上,单击【打包成 CD】;

(4) 在"将 CD 命名为"框中,为 CD 键入名称;

(5) 若要指定要包括的演示文稿和播放顺序,执行下列操作之一:

① 若要添加其他演示文稿或其他不能自动包括的文件,单击"添加文件",选择要添加的文件,然后单击"添加"。默认情况下,演示文稿被设置为按照"要复制的文件"列表中排列的顺序进行自动运行。

② 若要更改播放顺序,选择一个演示文稿,然后单击向上键或向下键,将其移动到列表中的新位置。默认情况下,当前打开的演示文稿已经出现在"要复制的文件"列表中。链接到演示文稿的文件(例如图形文件)会自动包括在内,而不出现在"要复制的文件"列表中。此外,Microsoft Office PowerPoint Viewer 是默认包括在 CD 内的,以便在未安装 Microsoft PowerPoint 的计算机上运行打包的演示文稿。

③ 若要删除演示文稿,选中它,然后单击"删除"。

(6) 若要更改默认设置,单击"选项",然后执行下列操作之一:

① 若要排除播放器,清除"PowerPoint 播放器"复选框。

② 若要禁止演示文稿自动播放,或指定其他自动播放选项,从"选择演示文稿在播放器中的播放方式"列表中进行选择。

③ 若要包括 TrueType 字体,选中"嵌入的 TrueType 字体"复选框。

④ 若需要打开或编辑打包的演示文稿的密码,在"帮助保护 PowerPoint 文件"下面输入要使用的密码。

⑤ 若要关闭"选项"对话框,单击"确定"。

(7) 单击"复制到 CD"。

可使用"打包成 CD"功能将所有文件仅复制到文件夹中。不能用它将文件直接复制到 CD 中。若要将打包的演示文稿复制到 CD 中,可使用 CD 刻录程序。

(1) 打开要打包的演示文稿。如果正在处理以前未保存的新的演示文稿,建议对其进行保存。

(2) 在【文件】菜单上,单击"打包成 CD"。

(3) 若要指定要包括的演示文稿和播放顺序,执行下列操作之一:

① 若要添加其他演示文稿或其他不能自动包括的文件,单击"添加文件"。选择要添加的文件,然后单击"添加"。

② 默认情况下,演示文稿被设置为按照"要复制的文件"列表中排列的顺序进行自动播放。若要更改播放顺序,选择一个演示文稿,然后单击向上键或向下键,将其移动到列表中的新位置。

③ 若要删除演示文稿,选中它,然后单击"删除"。

(4) 若要更改默认设置,单击"选项",然后执行下列操作之一:

① 若要排除"播放器",清除"PowerPoint 播放器"复选框;

② 若要禁止演示文稿自动播放,或指定其他自动播放选项,从"选择演示文稿在播放器中的播放方式"列表中进行选择;

③ 若要包括 TrueType 字体,选中"嵌入的 TrueType 字体"复选框;

④ 若需要打开或编辑所有打包演示文稿的密码,在"帮助保护 PowerPoint 文件"下面输入要使用的密码;

⑤ 若要关闭"选项"对话框,单击"确定"。

(5) 单击"复制到文件夹"。

(6) 使用所选择的 CD 刻录程序将文件夹内容刻录到 CD 中而不是文件夹本身中。

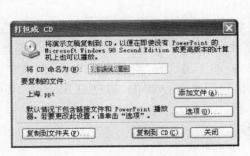

(a)"打包成 CD"对话框

(b) 选择打包文件

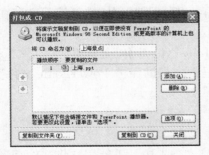

(c) 添加打包文件

(d) 设置打包文件的密码

(e) 打包至指定设置的文件夹

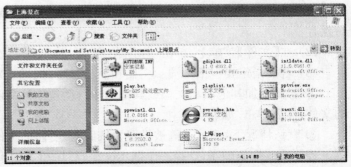

(f) 打包后生成的文件夹

图 5-63 打包向导

5.5.5　演示文稿的打印

用 PowerPoint 2003 建立的演示文稿,除了可在计算机屏幕上做电子展示外,还可以将它们打印出来长期保存。PowerPoint 2003 的打印功能非常强大,它可以将幻灯片打印到纸上,也可以打印到投影胶片上通过投影仪来放映,还可以制作成 35 mm 的幻灯片通过幻灯机来放映。

在打印前首先要对幻灯片的页面进行设置,也就是说以什么形式、什么尺寸来打印幻灯片及其备注、讲义和大纲。单击【文件】→
【页面设置】命令,弹出"页面设置"对话框,如图 5 - 64 所示。在对话框中"幻灯片大小"的下拉列表中,选择幻灯片的大小,如果不以"1"作为幻灯片的起始编号,应在"幻灯片编号起始值"框中更改。在"方向"选项中,可以设置幻灯片的打印方向。演示文稿中的所有幻灯片将为同一方向,不

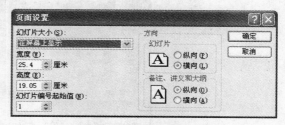

图 5 - 64　页面设置

能为单独的幻灯片设置不同的方向。备注页、讲义和大纲可以和幻灯片的方向不同。

如果需要设置打印时的参数,单击【文件】→【打印】命令,弹出"打印"对话框,如图5 - 65所示。打印时的参数设置与打印 Word 文档类似。不同之处在于可以在"打印内容"栏中选择是打印幻灯片还是讲义、大纲、备注和每页打印几张幻灯片等多种内容。

既可用彩色、灰度或纯黑白打印整个演示文稿的幻灯片、大纲、备注和观众讲义,也可打印特定的幻灯片、讲义、备注页或大纲页。

(1) 打印范围的设置。

① 全部:当前演示文稿中的所有幻灯片;

② 当前幻灯片:当前光标所在的幻灯片;

③ 选定幻灯片:按住【Ctrl】键或【Shift】键选定多张幻灯片;

④ 自定义放映:只有设置了"自定义放映"后,此按钮才可用;

⑤ 幻灯片:在右侧的文本框中输入幻灯片的编号,连续的幻灯片用"-"表示,不连续的幻灯片用","表示,如打印第 1 至第 5 张、第 7 张和第 9 张幻灯片,需输入"1-5,7,9"。

(2) 打印内容。

① 幻灯片:每页打印 1 张幻灯片。

② 讲义:若按讲义方式打印,则每页可设置打印 1,2,3,4,6,9 张幻灯片,顺序可以是水平或垂直方向。

③ 备注页:可将打印的备注页用于在进行演示时自己使用,或将其包含在给听众的印刷品中。备注页可用颜色、形状、图表和版式选项来进行设计和格式化。每个备注页包含与其相关幻灯片的一个副本并且每页只显示一张幻灯片,幻灯片下有打印的备注。若要每页打印两张幻灯片,且在幻灯片旁包含打印的相关备注,则可将演示文稿发送到 Microsoft Word。备注页的页眉和页脚与幻灯片的页眉和页脚是分开的。

④ 大纲视图:可以选择打印大纲中的所有文本或仅幻灯片标题,无论是横向(水平)还是纵向(垂直)。打印输出和屏幕显示可能看上去不同。当可以在屏幕上显示或隐藏"大纲"

窗格中的格式(例如粗体或斜体)时,打印输出的格式将始终显示。

(3) 颜色/灰度(演示文稿设计为彩色显示,而幻灯片和讲义通常使用黑白或灰色阴影(灰度)打印)。

① 颜色;

② 灰度;

③ 纯黑白。

(4) 其他设置。

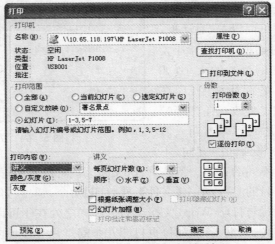

图 5-65　演示文稿打印对话框

5.5.6　PowerPoint 实战演练 4

(1) 利用内容提示向导新建一份"实验报告"类型的演示文稿,使用"屏幕演示文稿"输出,演示文稿标题为"UML 面向对象分析与设计报告",页脚为自己的学号和姓名,如"10110101 罗智宸",要求只显示幻灯片编号;

(2) 更改演示文稿的设计模板为"crayons. pot";

(3) 更改强调文字和超链接的颜色为:RGB={102,0,102};

(4) 在第一张幻灯片的左下角处插入"易趣. bmp"图片,如图 5-66 所示;

图 5-66　PowerPoint 样张一

（5）删除第3张以后的所有幻灯片（包括第3张），重新依次插入4张版式为"标题和文本"的幻灯片、4张版式为"只有标题"的幻灯片和1张空白版式的幻灯片；

（6）打开考生文件夹中的"UML面向对象分析与设计报告.txt"文本，将文本中的标题和文本依次添加到第3～10张幻灯片；

（7）在第7～10张幻灯片中依次插入考生文件夹中对应的图片，调整图片的大小，使得标题和图片均能全部显示，如图5-67所示；

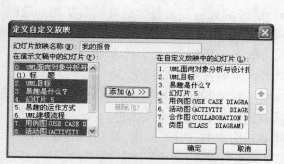

图5-67　PowerPoint 样张二

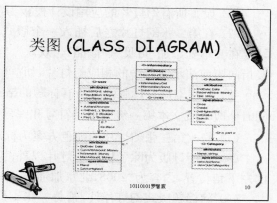

图5-68　PowerPoint 样张三

（8）在最后一张幻灯片中插入艺术字"Thank you!"，艺术字样式为第5列第2行，字体为Arial，字号为66，如图5-68所示；

（9）在编号为3的幻灯片之后插入一张新的幻灯片，版式为空白，并插入"易趣主页.jpg"图片，使图片填充整张幻灯片；

（10）设置图片的动画效果为菱形，之前（从上一项）开始，速度为快速；

（11）设置所有幻灯片的切换效果为盒状展开，换片方式为每隔10秒换页，换片声音为照相机；

（12）设置幻灯片的起始编号为0，且标题幻灯片中不显示，隐藏编号为1（第2张）的幻灯片；

（13）定义一个自定义放映，幻灯片放映名称为"我的报告"，将幻灯片0，2～4，7～10添加到自定义放映中，顺序不变，如图5-69所示；

图5-69　PowerPoint 样张四

（14）设置放映幻灯片时，只放映自定义放映"我的报告"，其他设置默认；

（15）将演示文稿打包至自己的学号文件夹。

5.6 模拟练习

打开"考生文件夹"中的"奥运福娃.ppt"文件，所有的素材均在考生文件夹中。

（1）设置所有幻灯片的应用设计模板为"奥运模板.pot"。

（2）在第二张幻灯片之后插入一个版式为"项目清单"的幻灯片，输入标题为"奥运福娃"，在文本处添加"贝贝"、"晶晶"、"欢欢"、"迎迎"、"妮妮"，并为每个福娃的名字建立超链接指向当前演示文稿中的相应幻灯片，如"贝贝"超级链接到第 4 张幻灯片，其他类似。

（3）利用幻灯片母版修改所有标题的格式为楷体_GB2312、44 号字、加粗、颜色为黑色，同时修改母版文本第一级的项目符号和编号为 ❖，大小为文字大小的 85%，颜色为蓝色。

（4）修改第三张幻灯片的配色方案为标准配色方案中的第二行第三列样式。

（5）利用母版为除了标题幻灯片以外的所有幻灯片添加一个文本框，文本框在幻灯片的左下角位置，内容为"2008，北京加油！"，字体显示为隶书、阴影、加粗、20 号、黑色。

（6）除标题版式幻灯片外，给每一张幻灯片添加页脚，内容为"奥运会吉祥物"，并插入幻灯片编号，要求编号从 0 开始，页脚和编号占位符在幻灯片的底端显示，避免图片遮盖页脚和编号，如图 5-70 所示。

图 5-70　PowerPoint 样张一

图 5-71　PowerPoint 样张二

（7）给最后一张幻灯片的右上角插入一张"福娃妮妮.jpg"图片，并对图片进行裁剪，左右裁剪 1.7cm，上下裁剪 1.3cm，并对图片大小进行缩放，高度缩放 50%，宽度缩放 45%，并设置其图片背景为透明色，并为其设置盒装展开的动画效果，并要求下次单击时隐藏。如图 5-71 所示。

（8）插入最后一张幻灯片，版式为空白，忽略母版的背景图形，并更改幻灯片的背景纹理为羊皮纸。

（9）在最后一张幻灯片中插入 5 个大小相同的正圆，高度和宽度均为 6cm，正圆的背景填充色为透明，5 个正圆的线条颜色与奥运五环相同，依次是蓝色、黑色、红色、黄色和绿色，线条粗细都是 6 磅。

（10）在新插入的正圆中分别插入文本"北"、"京"、"欢"、"迎"、"你"，字体均为 36 号、楷体 GB_2312、加粗，各个字体的颜色均与正圆线条颜色相同，将 5 个正圆组合成一张图形，设置其三维效果为"三维样式 2"，并为其设置回旋的动画效果。

　　（11）在五环图形下方插入艺术字"中国·北京·奥运"，样式为第二行第五列，字体为宋体 40 号，设置艺术字阴影的样式为"阴影样式 14"。

　　（12）在最后一张幻灯片的底部插入一个自定义动作按钮，单击此按钮后链接到结束放映，并伴有鼓掌声，并在动作按钮中添加"结束放映"的文字，要求文字格式为 24 号、楷体 GB_2312、加粗。

　　（13）在最后一张幻灯片的右下角插入当前幻灯片的编号。（提示：用户可以先插入一个文本框或自选图形，光标置于文本框内，然后单击【插入】→【幻灯片编号】命令即可插入当前幻灯片的编号）如图 5－72 所示。

图 5－72　PowerPoint 样张三

　　（14）设置演示文稿只放映 2～8 张幻灯片，并修改绘图笔的默认颜色为蓝色。

　　（15）将编辑完的演示文稿以文件名"奥运福娃介绍.ppt"，保存类型为"演示文稿"保存在考生文件夹中。

第**6**章

网页制作——FrontPage 2003

FrontPage 2003 是微软推出的 Office 2003 中的组件之一,非常适合缺少甚至于没有 Web 网页程序设计基础的用户。它如同使用文字处理软件一样简单易用,从而使开发者可以把精力集中在所要表达的信息上,而不用陷入繁杂的程序编写工作中。FrontPage 2003 还使得数据检索、数据库查询和数据收集这些工作更简单化。另外,FrontPage 2003 可以很容易地创建和配置个人站点,而且可以从整体上来管理站点,迅速地看到所有的网页和它们之间的链接。总之,FrontPage 2003 使用简单、设计严密、功能齐全、精悍实用,非常适合用于开发功能要求不是特别复杂的网页,尤其受到初学者的欢迎。

本章知识点

1. 初级应用

(1)打开和新建网站

(2)新建网页

(3)设置框架属性

(4)设置文字和段落格式

(5)项目符号与编号

(6)插入图片

(7)插入水平线

(8)设置超链接与书签

(9)插入表格

2. 高级应用

(1)设置动态 HTML 效果

(2)设置主题

(3)设置网页过渡效果

(4)设置背景

（5）设置横幅广告管理器

（6）添加网站计数器

（7）添加悬停按钮

（8）添加字幕效果

6.1　FrontPage 2003 的概述和基本操作

6.1.1　FrontPage 2003 主界面

执行【开始】菜单→【所有程序】→……→【Microsoft FrontPage】命令，第一次启动 FrontPage 2003，进入 FrontPage 2003 主窗口，如图 6-1 所示。与其他 Office 2003 应用程序窗口基本一样，FrontPage 2003 的主窗口主要有：标题栏、菜单栏、工具栏（常用工具栏和格式工具栏）、任务窗格、状态栏、网页编辑区和页面视图切换区。

FrontPage 2003 为用户提供了"网页"、"文件夹"、"远程网站"、"报表"、"导航"、"超链接"、"任务"等七种视图方式。用户根据自己的需要，可以通过选择【视图】菜单中的【网页】、【文件夹】、【远程网站】、【报表】、【导航】、【超链接】、【任务】等七个命令来切换视图方式，以便查看和编辑网页，如图 6-2 所示。

网页视图是 FrontPage 2003 中默认的视图方式，网页的创建、编辑、预览等基本操作都是在此视图中进行的。网页视图提供了 4 种视图模式，分别是设计视图、拆分视图、代码视图和预览视图。单击"页面视图切换区"中相应的按钮，可在这 4 种视图模式之间方便地进行切换，如图 6-1 所示。或者也可以使用键盘来切换，按住【Ctrl+Page Up】或【Ctrl+Page Down】。

文件夹视图是为了方便网站的管理和维护而建立的。选择【视图】菜单→【文件夹】命令，即可切换到文件夹视图，如图 6-3 所示。

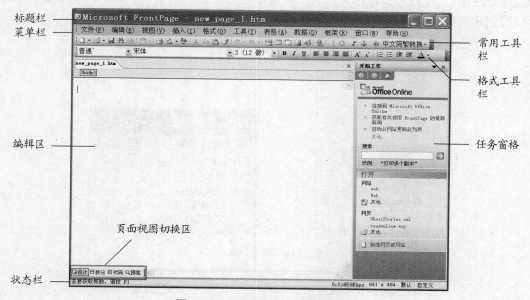

图 6-1　FrontPage 2003 的窗口

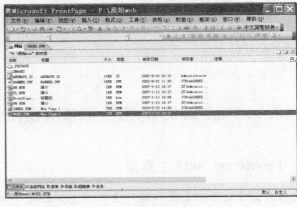

图 6-2 【视图】菜单　　　　　　　　　图 6-3 文件夹视图

在文件夹视图方式下用户可以查看到网站中的文件夹和网页文件的结构,还可以显示文件的名称、标题、大小、类型、修改时间等内容。如果要查看或修改某个网页的内容,用户只需在该窗口中双击该网页,即可在打开的页面中进行查看并修改。

6.1.2　新建网站

启动 FrontPage 2003 之后,执行【文件】菜单→【新建】命令,在窗口右侧打开"新建"任务窗格,如图 6-4(a)所示。在打开的"新建"任务窗格中,单击"新建网站"选区中的"由一个网页组成的网站"超链接![由一个网页组成的网站...],弹出"网站模板"对话框,如图 6-5(a)所示。在其常规选项卡中选择用来创建新网站的模板或向导。FrontPage 2003 为新建网站提供了 4 种向导(导入网站向导、公司展示向导、数据库界面向导、讨论网站向导)和 6 种模板(只有一个网页的网站、SharePoint 工作组网站、个人网站、客户支持网站、空网站、项目网站)。用户可以根据自己的不同需求进行选择。如图 6-5 所示,选择【导入网站向导】创建网站 web1。

(a)"新建"任务窗格　　　　　　　(b)"新建"按钮

图 6-4　新建网站

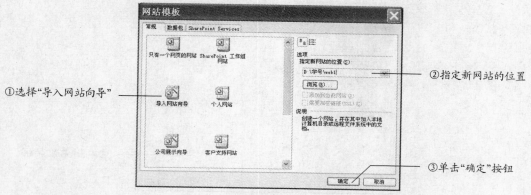

①选择"导入网站向导"

②指定新网站的位置

③单击"确定"按钮

（a）指定新网站位置

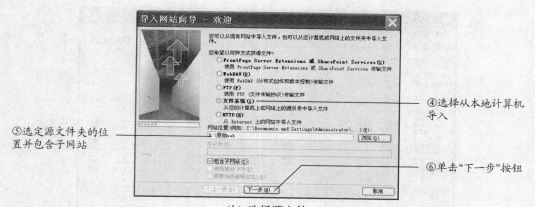

④选择从本地计算机导入

⑤选定源文件夹的位置并包含子网站

⑥单击"下一步"按钮

（b）选择源文件

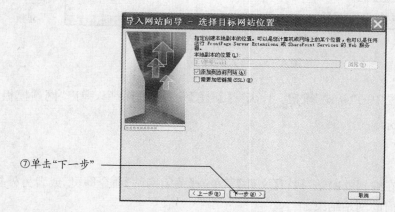

⑦单击"下一步"

（c）本地副本的位置

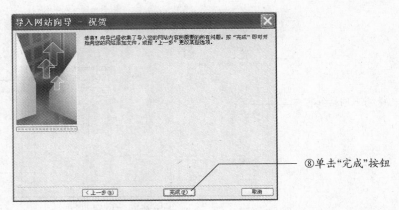

⑧单击"完成"按钮

（d）完成网站导入

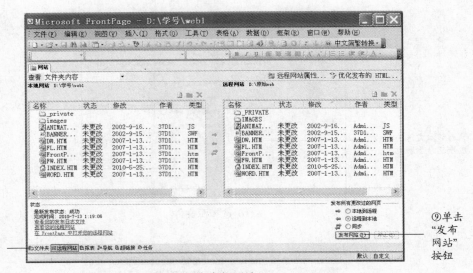

⑩选择文件夹视图方式，查看编辑网页

⑨单击"发布网站"按钮

（e）发布新网站

图6-5　导入网站

也可以选择常用工具栏中的"新建"按钮 📄，执行【新建】→【网站】命令，弹出"网站模板"对话框，如图6-4（b）所示。

6.1.3　关闭网站

想要关闭当前正在编辑的网站，执行【文件】菜单→【关闭网站】命令即可，或者另外打开一个网站也可以将目前的网站结束。

6.1.4　打开网站

执行【文件】菜单→【打开网站】命令，在弹出的"打开网站"对话框中选择相应的网站打开，如图6-6所示。网站打开以后，网站内的所有资源以文件夹视图方式显示，如图6-3所示。

①执行【打开网站】命令

（a）【文件】菜单→【打开网站】　　　　（b）"打开"按钮→【打开网站】

②选择网站文件夹的路径，如 d:\考生文件夹

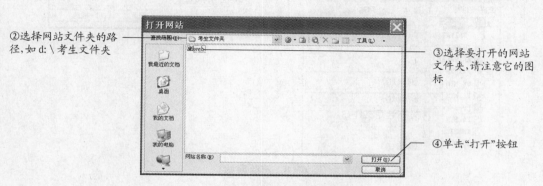

③选择要打开的网站文件夹，请注意它的图标

④单击"打开"按钮

（c）"打开网站"对话框

图 6-6　打开网站

6.1.5　重命名网站

打开网站之后，执行【工具】菜单→【网站设置】命令，在弹出对话框的"常规"选项卡中更改网站的名称，如图 6-7 所示。

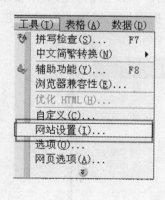

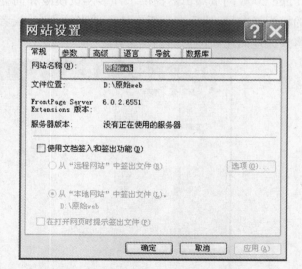

图 6-7　重命名网站

6.1.6　删除网站

选中【文件夹列表】中的网站,鼠标右击,在弹出快捷菜单中选择【删除】命令,弹出"确认删除"对话框,选择"删除整个网站",单击"确定"按钮,如图6-8所示。

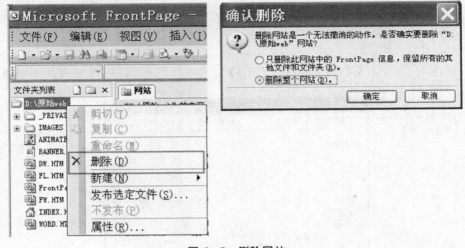

图6-8　删除网站

如果【文件夹列表】处于隐藏状态,可以执行【视图】菜单→【文件夹列表】命令,使其显示出来。

6.1.7　新建网页

在FrontPage 2003中创建新网页的操作最好在网页编辑器(网页视图)中进行。因为FrontPage 2003网页编辑器提供了许多网页模板和向导,用户可以根据自己的需要来选择合适的模板或向导,然后在模板中填入适当的内容,或者根据向导的指示来完成创建工作,这样将大大地简化新网页的创建工作。

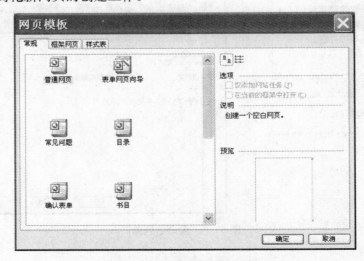

图6-9　"网页模板"对话框

执行【文件】菜单→【新建】命令,在窗口右侧打开"新建"任务窗格,如图 6-4(a)所示。在打开的"新建"任务窗格中,单击"新建网页"选区中的"其他网页模板"超链接 其他网页模板 ,弹出"网页模板"对话框,如图 6-9 所示。

也可以选择常用工具栏中的"新建"按钮 ,执行"新建"→【网页】命令,弹出"网页模板"对话框,如图 6-4(b)所示。

对话框中显示了用来创建新网页的模板和向导,其中有三个选项卡。

- 常规:创建非框架的普通网页。
- 框架网页:创建框架网页。
- 样式表:可以使用 FrontPage 2003 提供的一些样式来创建自己的网页。

6.1.8 保存网页

如果 FrontPage 2003 正在运行且打开一个网站,用户可以把网页直接保存到当前打开的网站中,方法是用鼠标单击【文件】菜单→【保存】命令,或直接单击常用工具栏上的"保存"按钮 。

如果要把当前网页保存到其他位置或换个名字,可以执行【文件】菜单→【另存为】命令,此时 FrontPage 2003 将打开"另存为"对话框,如图 6-10 所示。

如果要保存的网页是新创建的,还没有保存过,FrontPage 2003 也将打开"另存为"对话框,如图 6-10 所示,请用户给出网页的名称、要保存的位置和网页标题。

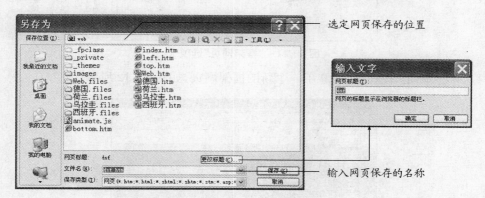

图 6-10 保存网页

6.1.9 项目符号和自动编号

1. 项目符号

选择各段文本,单击格式工具栏"项目符号"按钮 。

2. 自动编号

选择各段文本,单击格式工具栏"编号"按钮 。

6.2 框架网页

6.2.1 创建框架网页

要使用模板创建框架，可以按下列步骤操作：

（1）选择常用工具栏中的"新建"按钮 □ ·，执行"新建"→【网页】命令，弹出"网页模板"对话框，如图6-4(b)所示。

（2）在"网页模板"对话框，选中"框架网页"选项卡。

（3）在列表中选择所需的模板。例如，选择"标题、页脚和目录"模板，该模板的描述出现在"说明"区域中，框架网页布局的预览图出现在"预览"区域中，如图6-11所示。

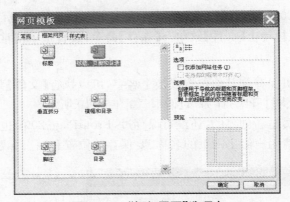

图6-11 "框架网页"选项卡

（4）单击"确定"按钮，就建立了一个新的框架网页，如图6-12所示。

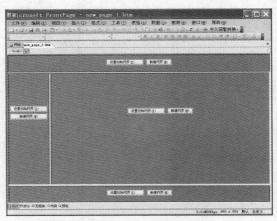

图6-12 "标题、页脚和目录"框架网页

6.2.2 填充框架中的网页文件

1. 创建一个新网页

要给框架填充一个新网页，可在其中某个框架中单击"新建网页"按钮，一个新的空白网

页就会出现在此框架中,如图6-13所示。

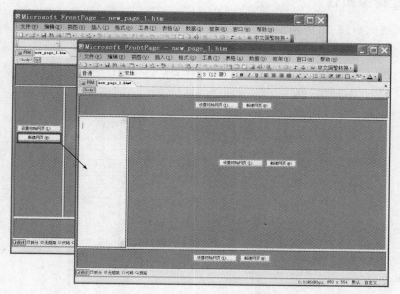

图6-13 在框架中新建网页

要给新建的网页增加内容,可单击网页内部并继续进行通常的增加内容的操作。如果网页所在框架过于狭窄,可从【框架】菜单中选择【在新窗口中打开网页】命令,打开一个新的满屏窗口以便于可以更好地编辑网页。

2. 使用现有网页

要把现有网页填充到框架中,可如图6-14所示执行下列步骤:单击"设置初始网页"按钮,在弹出的"插入超链接"对话框中选定链接的网页,单击"确定"按钮。

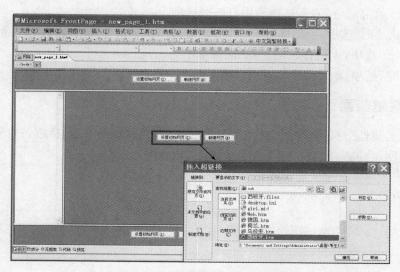

图6-14 在框架中设置初始网页

6.2.3 改变框架属性

在编辑框架网页时,可以根据需要对框架的属性进行修改,包括框架的名称、框架中的初始网页、框架大小、框架边距值、可否在浏览器中调整大小、显示框架滚动条等。首先选择需要设置的框架,执行从【框架】菜单→【框架属性】命令。或者单击鼠标右键,从快捷菜单中选择【框架属性】命令,弹出"框架属性"对话框,如图6-15所示。

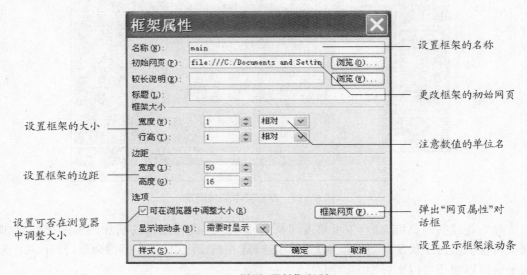

图6-15 "框架属性"对话框

需要注意以下两点:

(1) 设置框架大小时应注意数值后的单位名(相对、百分比、像素)。

(2) 在"显示滚动条"的下拉列表中有三个选项。

选择"在需要时"选项,当浏览器窗口大小不能放下框架的全部内容时,滚动条就会出现。

选择"从不"选项,无论什么情况,滚动条都不会出现。

选择"始终"选项,滚动条自始至终都会出现,即使它们不需要时也会出现。

6.2.4 设置框架网页标题

单击"框架属性"对话框中的"框架网页"按钮,弹出"网页属性"对话框,选择"常规"选项卡,设置框架网页标题,如图6-16所示。

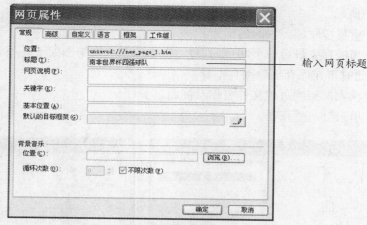

图 6－16　设置框架网页标题

6.2.5　设置框架边框外观

单击"框架属性"对话框中的"框架网页"按钮,弹出"网页属性"对话框,选择"框架"选项卡,设置框架之间的距离,以及是否显示边框,如图 6－17 所示。

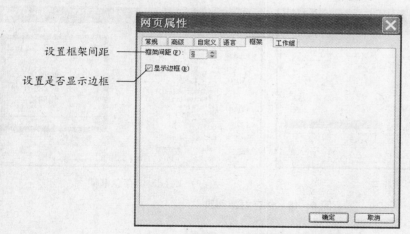

图 6－17　设置框架边框外观

6.2.6　保存框架网页

当设计好框架网页之后,就需要将这个框架网页进行保存,具体操作步骤如下:

(1) 对于新建的框架网页,执行【文件】菜单→【保存】命令。

(2) 弹出"另存为"对话框,对话框右边包含一个框架网页图,如果某个框架中的网页是新建的,那么框架图中的那个框架就会处于高亮状态,高亮的框架表示的是当前正在保存的网页,如图 6－18(a)所示。

(3) 选定保存位置,输入网页名称。

(4) 单击"更改标题"按钮,设置网页的标题。

(5) 单击"保存"按钮,该网页保存完毕后,框架图中的另一个框架处于高亮状态,如图

6－18(b)所示。

（6）重复步骤（3）到（5）的操作。

（7）当保存完最后一个网页后，对话框中的整个框架图处于高亮状态，如图6－18(d)所示，表示此时正在保存框架网页本身。

（8）输入框架网页的文件名称及标题。

（9）单击"保存"按钮。

（a）保存上框架

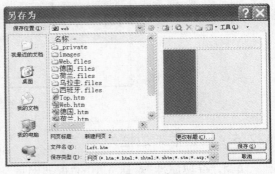
（b）保存左框架

（c）保存下框架

（d）保存总框架

图6－18　保存框架网页

6.3　插入常用元素

6.3.1　插入水平线

将插入点定位于需要添加水平线的位置，选择【插入】菜单中的【水平线】命令，FrontPage自动在当前位置插入一个默认水平线。要修改水平线的外观，可以直接双击水平线，或者在选定水平线后选择【格式】菜单中的【属性】命令，打开如图6－19所示的"水平线属性"对话框。用户可以根据需要修改水平线的大小、对齐方式、颜色等等。

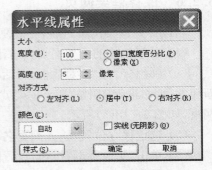

图6－19　"水平线属性"对话框

6.3.2　插入图片

1. 插入剪贴画

FrontPage 2003 自带的剪贴画库中有很多已经分类的剪贴画,用户可以根据需要在剪贴画库中选择所需的剪贴画。插入剪贴画的具体操作步骤如下:

(1) 将插入点定位于需要添加剪贴画的位置,执行【插入】菜单→【图片】→【剪贴画】命令,弹出"剪贴画"任务窗格,如图 6-20(a)所示。

(2) 在"搜索文字"输入框中输入所需剪贴画的名称或关键字,然后单击"搜索"按钮 搜索 ,搜索出来的剪贴画将显示在剪辑管理器中,如输入"符号",搜索结果如图 6-20(a)所示。

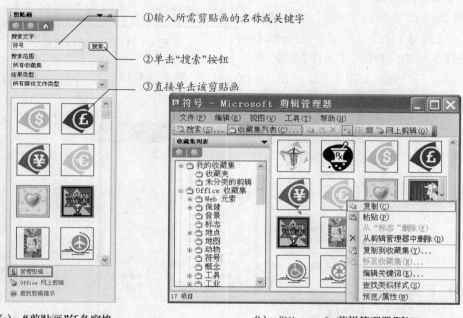

(a)　"剪贴画"任务窗格　　　　　　　(b)　"Microsoft 剪辑管理器"窗口

图 6-20　插入剪贴画

(3) 在搜索出的剪贴画上单击鼠标右键,从弹出的快捷菜单中选择【插入】命令,或直接单击该剪贴画,即可将所需剪贴画插入到网页中。

如果用户不知道剪贴画的名称,也可在剪辑管理器中选择所需的剪贴画,其具体操作步骤如下:

(1) 在"剪贴画"任务窗格中单击"管理剪辑"超链接 管理剪辑... ,打开如图 6-20(b)所示的"符号-Microsoft 剪辑管理器"窗口。

(2) 在"收藏集列表"列表中双击"Office 收藏集"选项,或单击其左侧的 + 符号,打开该收藏集。

(3) 在窗口左侧的列表框中选择剪贴画的类型,即可在右边的列表框中显示该类型的剪贴画,如图 6-20(b)所示。

（4）单击所需剪贴画右侧的下拉按钮 ∨ ，在弹出的下拉菜单中选择【复制】命令。

（5）在网页中单击鼠标右键，从弹出的快捷菜单中选择【粘贴】命令，即可将该剪贴画插入到网页中。

2. 插入图片文件

将插入点定位于需要插入图片的位置，执行【插入】菜单→【图片】→【来自文件】命令，弹出"图片"对话框，如图 6-21 所示。用户可以选择自己所需的图片文件插入到网页中。

图 6-21 "图片"对话框

3. 修改图片属性

选择需要改变属性的图片，执行【格式】菜单→【属性】命令。或者单击鼠标右键，从快捷菜单中选择【图片属性】命令，弹出"图片属性"对话框，如图 6-22 所示。用户可以根据需要修改图片的大小、对齐方式、边框粗细等等。

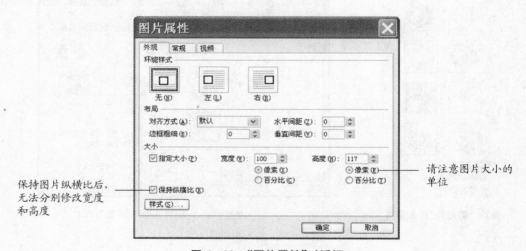

保持图片纵横比后，无法分别修改宽度和高度

请注意图片大小的单位

图 6-22 "图片属性"对话框

6.3.3 插入组件

1. 横幅广告管理器

将光标定位在要插入横幅广告管理器的位置，执行【插入】菜单→【横幅广告管理器】命令，弹出"横幅广告管理器属性"对话框，如图 6-23 所示。用户可以根据需要设置管理器大小、添加所显示的图片、设置显示效果和超链接目标文件。

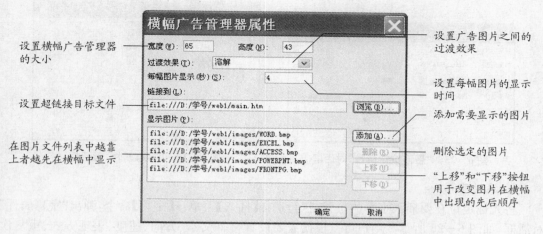

设置横幅广告管理器
的大小

设置超链接目标文件

在图片文件列表中越靠
上者越先在横幅中显示

设置广告图片之间的
过渡效果

设置每幅图片的显示
时间

添加需要显示的图片

删除选定的图片

"上移"和"下移"按钮
用于改变图片在横幅
中出现的先后顺序

图 6-23　"横幅广告管理器属性"对话框

需要说明的是,如果在网页中插入了一个横幅广告管理器,在预览视图下是无法正常显示的。

2. 网站计数器

将光标定位在要插入站点计数器的位置,执行【插入】菜单→【网站计数器】命令,弹出"计数器属性"对话框,如图 6-24 所示。用户可以根据需要设置计数器样式、计数器的初始值和计数器数字位数等。

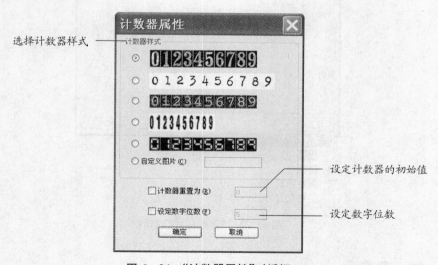

选择计数器样式

设定计数器的初始值

设定数字位数

图 6-24　"计数器属性"对话框

3. 悬停按钮

将光标定位在要插入悬停按钮的位置,执行【插入】菜单→【悬停按钮】命令,弹出"悬停按钮属性"对话框,如图 6-25 所示。用户可以根据需要设置按钮文本、超链接、按钮颜色、背景颜色、按钮的效果、效果颜色、按钮大小等。

图 6‑25 "悬停按钮属性"对话框

图 6‑26 "字幕属性"对话框

4. 滚动字幕

将光标定位在要插入字幕的位置,执行选择【插入】菜单→【字幕】命令,弹出"字幕属性"对话框,如图 6‑26 所示。用户可以根据需要设置字幕文本、方向、速度、表现方式、重复次数、背景颜色和大小等。

单击"字幕属性"对话框→"样式"按钮,弹出"修改样式"对话框,如图 6‑27 所示。通过单击"格式"按钮可以修改字幕文本的字体等。

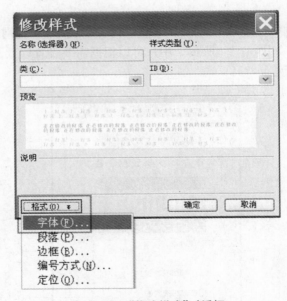

图 6‑27 "修改样式"对话框

6.3.4 插入表格

1. 通过"插入表格"按钮来创建表格

在网页视图中,将光标定位到需要插入表格的位置。单击常用工具栏→"插入表格"按钮,按住鼠标左键并向下和向右拖动,下拉网格中包含的行数和列数会增大。选定所需的行数和列数后,松开鼠标左键即可在当前位置创建一个指定行数和列数的表格,如图 6‑28 所示。

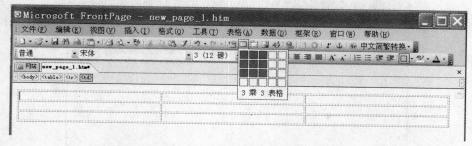

图6-28　插入表格

2. 通过【表格】命令来创建表格

在网页视图中,将光标定位到需要插入表格的位置。执行【表格】菜单→【插入】→【表格】命令,弹出"插入表格"对话框,如图6-29所示。用户可以根据需要设定表格的大小和布局。

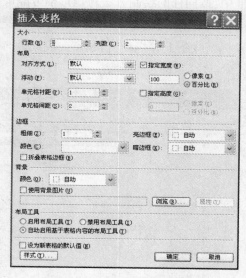

图6-29　"插入表格"对话框

3. 绘制表格

除了上述所讲创建表格的方法外,用户还可以根据自己的需要绘制表格,其具体操作步骤如下:

(1) 执行【表格】菜单→【绘制表格】命令,打开表格工具栏。

(2) 单击"绘制表格"按钮 ，当光标变为 形状时,按住鼠标左键拖动至合适大小后释放鼠标左键,即可在网页中绘制一个矩形框,如图6-30所示。

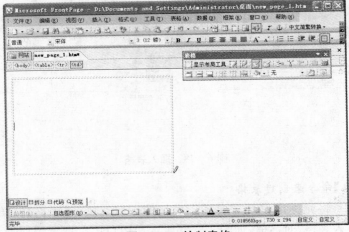

图 6-30　绘制表格

（3）将光标移到矩形框中，按同样的绘制方法将矩形框分隔成若干个单元格。

在绘制过程中如果要删除某一内框线条，则单击表格工具栏→"擦除"按钮，此时鼠标变成 形状，然后移动鼠标至线条上并拖动，当线条变成红色时表示该线条已被选中，如图 6-31 所示，此时释放鼠标，该线条即可被删除。

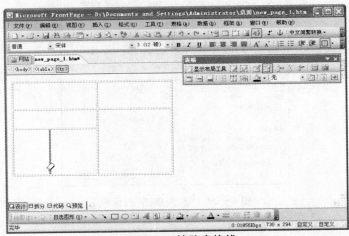

图 6-31　擦除表格线

4. 插入行或列

如果要在表格中插入行或列，可以按照下述步骤进行：

（1）根据需要执行下列操作之一。

● 如果要插入列，可以将插入点定位到需要在其左侧或右侧插入列的单元格中。

● 如果要插入行，可以将插入点定位到需要在其上方或下方插入行的单元格中。

（2）执行【表格】菜单→【插入】→【行或列】命令，弹出"插入行或列"对话框，如图 6-32 所示。

图 6-32　"插入行或列"对话框

（3）根据需要执行下列操作之一：

● 如果要在当前表格中插入行，可以选择"行"单选按钮。在"行数"文本框中指定插入到表格中的行数，在"位置"区域指定新行插入的位置。

● 如果要在当前表格中插入列，可以选择"列"单选按钮。在"列数"文本框中指定插入到表格中的列数，在"位置"区域指定新列插入的位置。

（4）单击"确定"按钮，即可插入指定的行数或列数。

5. 合并和拆分单元格

合并单元格就是将表格中选定的两个或两个以上的相邻单元格，合并为一个较大的单元格。要合并单元格，可以按照下述步骤进行：

（1）在网页视图中，选定需要进行合并的两个或两个以上相邻的单元格。

（2）执行【表格】菜单→【合并单元格】命令，或者单击表格工具栏→"合并单元格"按钮，即可将它们合并为一个较大的单元格。

拆分单元格就是将一个单元格分割成若干个单元格，可以按照以下步骤进行：

（1）将光标定位到需要进行拆分的单元格内。如果需要同时对多个单元格进行拆分，可以选定这些单元格。

（2）执行【表格】菜单→【拆分单元格】命令，或者单击表格工具栏→"拆分单元格"按钮，打开"拆分单元格"对话框，如图 6-33 所示。

（3）选定单元格拆分为列或行，然后输入相应的列数或行数。

（4）单击"确定"按钮，完成拆分。

图 6-33　"拆分单元格"对话框

6. 修改表格属性

将光标定位于表格中的某一单元格，执行【表格】菜单→【属性】→【表格】命令，或者单击鼠标右键，从快捷菜单中选择【表格属性】命令，弹出"表格属性"对话框，如图 6-34 所示。用户可以根据需要修改表格的布局、边框和背景等等。

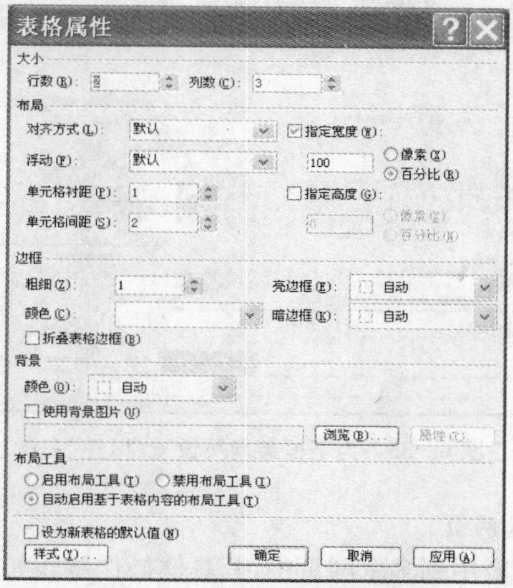

图 6-34　"表格属性"对话框

需要注意的是,修改表格中单元格属性的操作也是类似的。

7. 删除单元格

选定需要删除的单元格,执行【表格】菜单→【删除单元格】命令,或者单击鼠标右键,从快捷菜单中选择【删除单元格】命令即可。

6.4 增加格式效果

6.4.1 使用主题

FrontPage 2003 提供了几十种专业的网页主题,并且每种主题都有一套设计好的背景图案、项目符号等。在网页中使用主题可以轻松地创建一个外观一致并且更引人注目的网页。可以将主题应用到当前网页,也可以将主题应用到所选网页,甚至还可以将其设置成网站的默认主题。

1. 将主题应用到当前网页

将主题应用到当前网页中的具体操作步骤如下:

(1) 选择需要应用主题的网页。

(2) 执行【格式】菜单→【主题】命令,打开"主题"任务窗格,如图 6-35 所示。

(3) 在"选择主题"列表框中选择"标签"主题,然后单击该选项右侧的下拉按钮 ，在弹出的下拉列表中选择"应用于所选网页" 应用于所选网页(S) 选项,或直接单击该"标签"主题,即可将该主题应用到当前网页中,效果如图 6-35 所示。

图 6-35 为下框架网页设置"标签"主题

2. 将主题应用到所选网页

如果要将同一个主题应用到多个网页中,其具体操作步骤如下:

(1) 执行【视图】菜单→【文件夹】命令,将网页切换到文件夹视图中,然后在列表框中选择所要应用主题的网页,如图6-36所示。

(2)在"主题"任务窗格中的"选择主题"列表框中选择所需的主题,然后单击该选项右侧的下拉按钮 ✔,在弹出的下拉列表中选择"应用于所选网页" 应用于所选网页(S) 选项。或直接单击所需主题,即可将该主题应用到所选的多个网页中。

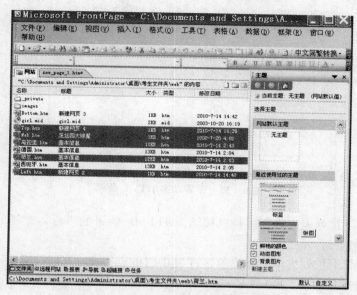

图6-36 同时为多个网页设置主题

3. 取消应用主题

取消应用主题的方法是在"主题"任务窗格中的"选择主题"列表框中选择"无主题"选项,然后单击其右侧的下拉按钮 ✔,在弹出的下拉列表中选择"应用于所选网页" 应用于所选网页(S) 选项,即可取消网页所应用的主题。

6.4.2 动态 HTML 效果

动态 HTML(DHTML)又称动态超文本标识语言,它是 Microsoft 公司对 HTML4.0的增强,使用它可以在网页中产生动画效果,即设置一个触发事件。FrontPage 2003 中的触发事件有单击、双击、鼠标悬停、网页加载等。用户可以根据自己的需要设置相应的动画效果,其具体操作步骤如下:

(1)选择需要设置动态 HTML 效果的网页元素,如文本、段落、图片、按钮以及字幕等。

(2)在网页视图中,执行【格式】菜单→【动态 HTML 效果】命令,显示出如图6-37所示的 DHTML 效果工具栏。

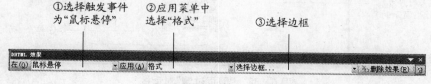

(a) DHTML 效果工具栏

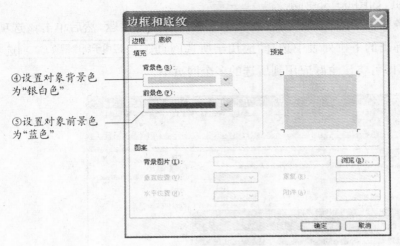

（b）"边框和底纹"对话框

图 6-37　设置动态 HTML 效果

（3）在"在"下拉列表中选择一种链接动态 HTML 效果的事件，如"单击""双击""鼠标悬停"或"网页加载"等。

（4）在"应用"下拉列表中选择当前事件发生时的动态 HTML 效果。不同的事件可以链接到不同的效果。

（5）在 DHTML 效果工具栏的第三个列表框中选择动态 HTML 效果的设置。该步骤与用户在"应用"下拉列表中选择的效果相对应。

如果要删除网页元素的动态 HTML 效果，可以重新选定相应的网页元素，再单击 DHTML 效果工具栏中的"删除效果"按钮即可。

6.4.3　网页过渡效果

网页过渡效果指进入网页或离开网页等触发事件发生时，网页从当前屏幕刷新到新的屏幕采取一种什么样的过渡效果，是盒状展开还是圆形收缩等。可以按照下述步骤进行设置：

（1）在网页视图中，打开需要设置网页过渡效果的网页。

（2）执行【格式】菜单→【网页过渡】命令，弹出如图 6-38 所示的"网页过渡"对话框。

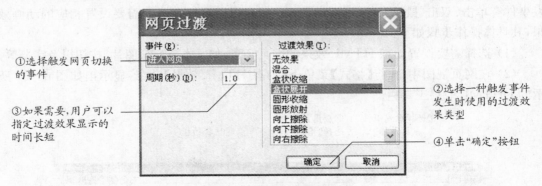

图 6-38　"网页过渡"对话框

如果要创建网站的过渡效果，可以在网页视图中打开该网站的主页，然后将需要的过渡效果应用到该网页中。

6.4.4　设置网页背景

1. 用图片作为背景

选择需要设置背景的网页，执行【格式】菜单→【背景】命令，弹出"网页属性"对话框，选中"格式"选项卡，如图6-39所示。在"背景"区域中选中"背景图片"和"使其成为水印"复选框，然后单击"浏览"按钮，选择所需的背景图片。

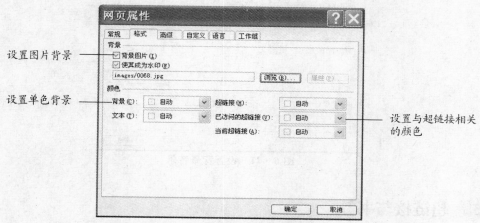

图6-39　设置网页背景

水印是一种图片背景的特殊效果，一般的背景效果在页面文件滚动时都会跟着文字滚动，但是水印的背景效果就像直接嵌在背景中，并不会随着文字的滚动而滚动。

2. 使用单一色彩作为背景

有时用图片作为背景，会使页面太过复杂，所以也可以只选择一种颜色作为背景。

选择需要设置背景的网页，执行【格式】菜单→【背景】命令，弹出"网页属性"对话框，选中"格式"选项卡，如图6-39所示。在"颜色"区域中单击"背景"下拉按钮，在颜色列表中选择所需的背景颜色。若没有所需颜色，可以单击"其他颜色"选项，弹出"其他颜色"对话框进行选择，如图6-40所示。

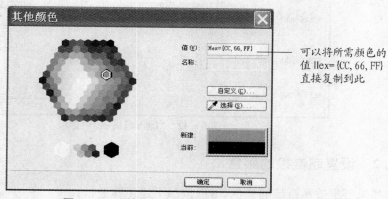

图6-40　"其他颜色"对话框

239

如果网页的背景设置为黑色,而网页上的文字也是黑色的,此时网页中就会什么也看不到。为避免此现象,可以对文字颜色进行设置。

3. 用音乐作为背景

选择需要设置背景的网页,执行【格式】菜单→【背景】命令,弹出"网页属性"对话框,选中"常规"选项卡,如图 6－41 所示。

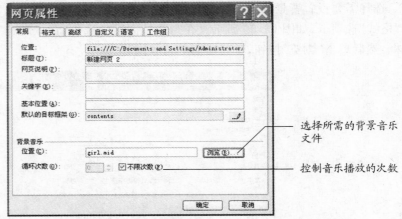

图 6－41 设置背景音乐

6.5 超链接与书签

6.5.1 创建超链接

选定需要建立超链接的对象(超链接的载体),这些对象可以是文本、图片、表单的按钮等等。执行【插入】菜单→【超链接】命令,或者单击鼠标右键,在弹出的下拉式菜单中选中"超链接"命令,弹出如图 6－42 所示的"插入超链接"对话框。

图 6－42 "插入超链接"对话框

6.5.2 设置超链接的颜色

如果要更改超链接的颜色,可以按照下述步骤进行:

（1）选择需要更改的网页，执行【格式】菜单→【背景】命令，弹出"网页属性"对话框，选中"格式"选项卡，如图 6-39 所示。

（2）在"超链接"、"已访问的超链接"以及"当前超链接"下拉列表中选择需要重新设置的颜色。

（3）单击"确定"按钮。

6.5.3 修改目标框架

在"插入超链接"对话框或者"编辑超链接"对话框中单击"目标框架"按钮，弹出"目标框架"对话框，如图 6-43 所示。

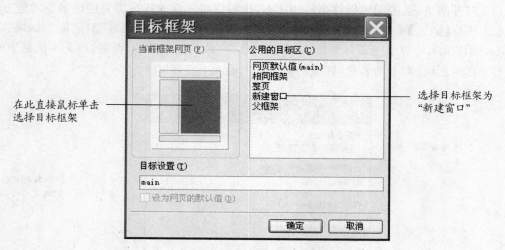

图 6-43 改变目标框架

6.5.4 超链接到电子邮件

如果希望浏览者对站点做出反馈意见，除了使用表单外，用户还可以通过邮件的形式与浏览者进行交流。这时就需要在网页中设置一个电子信箱超链接，用于接收浏览者的意见和建议。其具体操作步骤如图 6-44 所示。

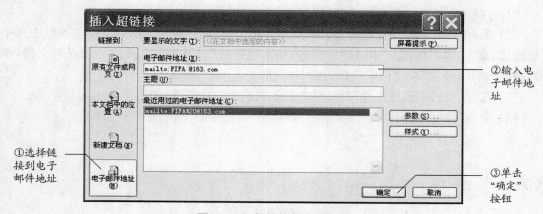

图 6-44 超链接到电子邮件

6.5.5 编辑超链接

选择当前超链接的载体,执行【格式】菜单→【属性】命令,或者单击鼠标右键,从快捷菜单中选择【超链接属性】命令,弹出"编辑超链接"对话框,用户可以根据需要修改超链接的目标、目标框架等等。

6.5.6 使用书签

1. 创建书签

使用书签的超链接之前必须先创建书签,创建书签的具体步骤如下:

(1) 打开网页,选中需要创建书签的文本,也可以将光标放置在需要创建书签的地方。

(2) 执行【插入】菜单→【书签】命令,弹出如图 6-45 所示的"书签"对话框。如果选择了文本,则该文本将显示在该对话框的"书签名称"区域的文本框中,否则,该文本框是空的。

(3) 在对话框的"书签名称"区域的文本框中输入书签名字。

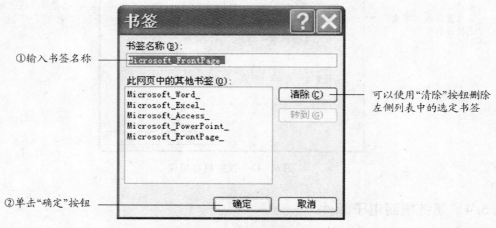

图 6-45 "书签"对话框

(4) 单击"确定"按钮。

2. 创建指向不同网页中书签的超链接

(1) 打开网页,选中需要创建超链接的对象。

(2) 执行【插入】菜单→【超链接】命令,或者单击鼠标右键,在弹出的下拉式菜单中选中【超链接】命令,弹出如图 6-46(a)所示的"插入超链接"对话框。选择书签所在的文件,单击"书签"按钮,弹出"在文档中选择位置"对话框。

(3) 在"在文档中选择位置"对话框的书签列表中选择书签,如图 6-46(b)所示。

(4) 单击"确定"按钮。

①选择链接到原有文件或网页

②选择书签所在的文件

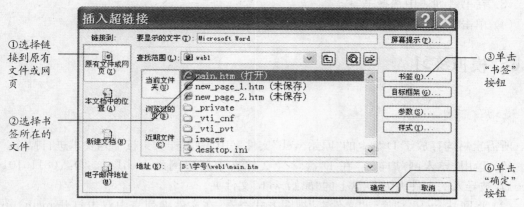

③单击"书签"按钮

⑥单击"确定"按钮

（a）"插入超链接"对话框

④选择超链接指向的书签

⑤单击"确定"按钮

（b）选择网页中的书签

图6-46　创建指向书签的超链接

3. 创建指向当前网页中书签的超链接

（1）打开网页，选中需要创建超链接的对象。

（2）执行【插入】菜单→【超链接】命令，或者单击鼠标右键，在弹出的下拉式菜单中选中【超链接】命令，弹出如图6-47所示的"插入超链接"对话框。

②选择超链接所指向的书签

①选择链接到本文档中的位置

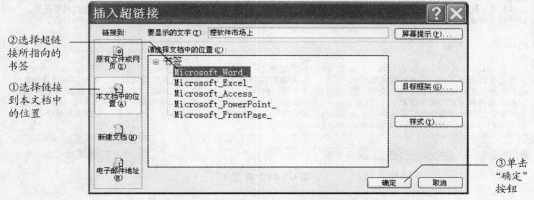

③单击"确定"按钮

图6-47　在同一网页中插入书签的超链接

243

（3）在书签列表中选择书签。

（4）单击"确定"按钮。

6.6 模拟练习

一、模拟练习 1

所需素材均存放于 D 盘上的"原始 web"文件夹中，参考样页 1 按下列要求进行操作。

（1）运用"导入网站向导"在 D 盘学号文件夹中新建网站 web1（如：D：\08110101\Web1），被导入的文件夹为 D 盘上的"原始 web"文件夹。

（2）将网站 web1 切换到"文件夹"视图方式查看，在文件夹列表中双击打开 main.htm 网页文件，为文件中的各段小标题插入同名书签（如：Microsoft Word），保存该文件。

（3）新建一个"标题"的框架网页，在下框架中设置初始网页为 main.htm，在上框架中新建网页。

（4）在上框架首行中插入横幅广告管理器，间隔 4 秒依次显示 WORD.bmp、EXCEL.bmp、ACCESS.bmp、POWERPNT.bmp、FRONTPG.bmp 图片，设置其宽度为 65，高度为 43，过渡效果为溶解，对齐方式为左对齐。

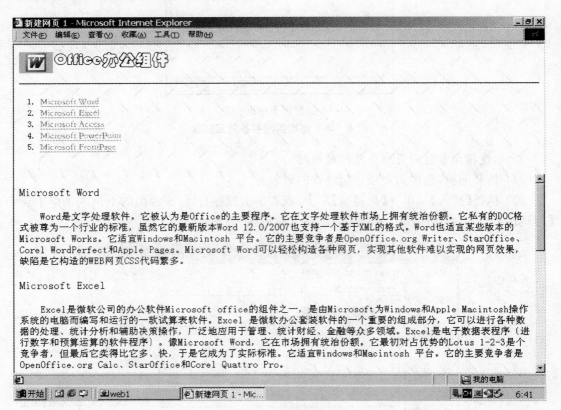

图 6-48　样页 1

（5）在横幅广告管理器之后输入文本"Office 办公组件"，字体为华文彩云，24 磅。插入水平线，宽度 100％，高度 5 像素。

（6）在水平线下方各行依次输入文本"Microsoft Word"、"Microsoft Excel"、"Microsoft Access"、"Microsoft PowerPoint"、"Microsoft FrontPage"，字体为华文楷体，14 磅，添加自动编号。

（7）为上述各行文本创建超链接，指向下框架中的同名书签。

（8）在上框架网页中，设置背景音乐为 music.mid，超链接的颜色为 Hex＝｛CC，33，FF｝。

（9）设置上框架高度为 40％，框架网页不显示边框。

（10）为整个网页应用主题"工业型"、"鲜艳的颜色"、"动态图形"、"背景图片"。

（11）将制作好的框架网页、上框架网页分别以文件名 Index.htm、Top.htm 保存，同时保存修改过的 main.htm 文件，文件均存放于考生文件夹下 Web1 站点中。

二、模拟练习 2

所需素材均存放于考生文件夹的 Web 子文件夹中，参考样页 2 按下列要求进行操作。

（1）打开网站"Web"，编辑网页德国.htm、西班牙.htm、乌拉圭.htm、荷兰.htm，将这些网页的背景图片设置为 images 文件夹中的 0068.jpg，设置进入这些网页时，网页的过渡效果为"盒状展开"；

（2）新建一个"标题、页脚和目录"的框架网页，设置左框架宽度为 202 像素，右框架边距宽度为 50 像素，上框架高为 100 像素、下框架高为 90 像素，右框架中设置初始网页为西班牙.htm；

（3）在上框架中新建网页，设置背景图片为 images 文件夹中的 children_banner.jpg，设置背景音乐为 girl.mid，插入字幕"我爱世界杯"，方向为左，延迟速度为 70，表现方式为"交替"，字体颜色为隶书、粗体、褐色、36 磅；

（4）在左框架中新建网页，输入"世界杯四强"，华文彩云、红色、18 磅、居中；

（5）在左框架文字"体育明星"下方，插入 4 行×1 列的表格，在表格中依次插入 images 文件夹中的图片德国.bmp、西班牙.bmp、乌拉圭.bmp、荷兰.bmp，设置表格边框自定义颜色为 Hex＝｛33，99，FF｝；

（6）在表格下方插入 images 文件夹中的图片吉祥物.jpg，宽度 100 像素，保持纵横比，水平居中；

（7）在下框架中新建网页，输入文本"世界足坛因他们而精彩，人们为他们而喝彩！"，应用动态 HTML 效果，当鼠标悬停时，给文字加底纹，背景色银白色、前景色蓝色；

（8）为左框架表格中的图片德国.bmp、西班牙.bmp、乌拉圭.bmp、荷兰.bmp 建立超链接，分别指向德国.htm、西班牙.htm、乌拉圭.htm、荷兰.htm，目标框架均为右框架；

（9）为左框架表格下方的图片吉祥物.jpg 建立超级链接，指向 web.htm，目标框架均为新建窗口；

（10）在下框架中插入悬停按钮"mail to FIFA"，宽度 128，高度 30，效果为微微发光，右对齐，并链接电子邮箱"FIFA @163.com"；

（11）设置框架网页标题为"南非世界杯四强球队"，不显示边框；

（12）为下框架网页应用主题"标签"中的"动态图形"、"背景图片"和"鲜艳的颜色"；

（13）将制作好的框架网页以文件名 Index. htm 保存，上框架网页以 Top. htm 保存，左框架网页以 Left. htm 保存，下框架网页以 Bottom. htm 保存，文件均存放于考生文件夹下 Web 站点中。

图 6－49　样页 2

第**7**章

Access 2003 数据库

学习目标

Microsoft Access 2003 是一个基于关系数据模型的数据库管理系统（DBMS）。使用 Microsoft Access 2003 可以在一个数据库文件中管理所有用户信息，它给用户提供了强大的数据处理功能，帮助用户组织和共享数据库信息，使用户能方便地得到所需的数据。

本章知识点

1. 基本概念
（1）表的组成
（2）字段类型
（3）字段属性
（4）主键

2. 表的操作
（1）表的创建
（2）修改表结构
（3）编辑表的内容

3. 查询操作
（1）新建查询
（2）显示查询结果
（3）保存查询
（4）导出查询

7.1　Access 2003 的基本操作

7.1.1　Access 2003 简介

　　Microsoft Access 作为第一个 Windows 操作系统下的关系数据库管理系统(RDBMS)，自从 1992 年 11 月 Access 1.0 面世以来，它就受到广泛关注，并很快成为桌面数据库的领导者。

　　Microsoft Access 2003 数据库包含表、查询、窗体、报表、宏、模块以及数据访问页的快捷方式。不同于传统的桌面数据库(dBase、FoxPro、Paradox)，Access 2003 数据库使用单一的 *.mdb 文件管理所有的信息，这种针对数据库集成性的最优化文件结构不仅包括数据本身，还包括了它的支持对象(这更符合面向对象的概念)，尽管其中的表可能是链接表，而且数据访问页对象对应的 HTML 文件是存储在 *.mdb 文件外部的，它们与实际存储在 *.mdb 文件中的其他对象一样，都可以通过统一的数据库窗口进行直接的处理。

　　另外，Access 还可以利用整个 Office 套件共享的编程语言 VBA(Visual Basic for Applications)进行高级操作控制和复杂的数据操作。

7.1.2　打开 Access 2003

　　打开 Access 2003 的操作方法如下：

　　选择任务栏的 开始 "开始"按钮，然后从弹出的菜单中依次选择【所有程序】→【Microsoft Office】→【Microsoft Office Access 2003】。

　　打开 Access 2003 窗口后，画面显示如图 7-1。

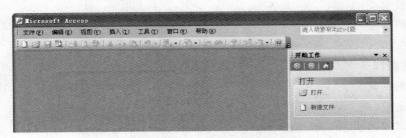

图 7-1　Access 2003 程序界面

7.1.3　Access 2003 窗口说明

　　Access 的窗口除了主窗口以外，还包含着许多不同功能的数据库窗口，如图 7-2 所示。

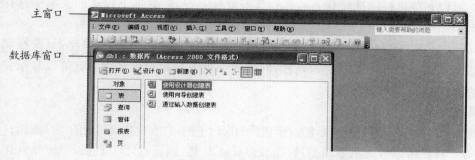

图 7－2　Access 主窗口和数据库窗口

下面将分别介绍主窗口和数据库窗口的环境。

1. Access 2003 主窗口

Access 主窗口包括标题栏、菜单栏、工具栏、任务窗格、状态栏，如图 7－3 所示。

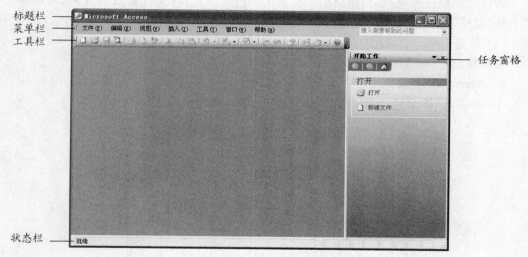

图 7－3　Access 主窗口

（1）标题栏

显示应用程序的名称，就是 Microsoft Access，右侧则包含着 3 个控制窗口大小的按钮，说明如下：

- ■ "最小化"按钮：可将窗口缩小放到任务栏，缩小后，在任务栏的文件图标上点击鼠标左键，又可将窗口打开。
- ■ "最大化"按钮：将窗口放大到屏幕的大小。
- ■ "关闭"按钮：关闭 Access 窗口。

若将窗口放大到最大化，则中间的 ■ "最大化"按钮会变成 ■ "还原"按钮，选择该按钮可以将放大到最大化的窗口还原成最大化之前的大小。

（2）菜单栏

显示 Access 命令选项，随着所选择的窗口不同，会改变其相对应的功能选项。

移动光标可以到菜单栏的选项分类名称上点击鼠标左键，然后从下拉式的菜单中选择命令来执行。

下拉式功能菜单，预设只显示出部分常用的命令，若要显示完整的命令菜单，只要移动光标到菜单栏的选项分类名称上停留约 5 秒钟，或按一下下拉菜单中的 ⯆，就可以显示完整的菜单内容。

（3）工具栏

将常用的命令选项以工具按钮呈现，随着所选择的窗口不同，会改变其相对应的工具按钮。

Access 的工具栏可以分为数据库工具栏、表设计工具栏、预览打印工具栏、设定格式工具栏等。

（4）任务窗格

打开 Access 之后，就会自动出现缺省的"开始工作"任务窗格，选择其他任务窗口按钮，还可以搜索结果、文件搜索、剪贴板、新建文件、模板帮助等任务窗格。

若没有出现任务窗格时，则移动光标到菜单栏依次选择【文件】→【新建】或是选择工具栏上的"新建"按钮，即可启动新建文件任务窗格。

（5）状态栏

显示目前工作的状态和信息。

2. Access 2003 数据库窗口

Access 数据库窗口包括标题栏、工具栏、子窗口选择区，如图 7 - 4 所示。

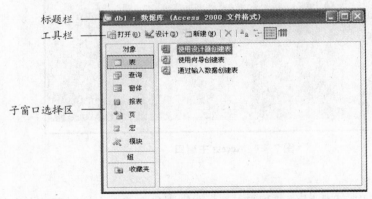

图 7 - 4　Access 数据库窗口

（1）标题栏

显示数据库文件名称，右侧则包含着 3 个控制窗口大小的按钮，说明如下：

● ⬜"最小化"按钮：可将窗口缩小放在主窗口的左下角，缩小后，再按一下 ⬚"还原"按钮，又可将数据库窗口打开。

● ⬜"最大化"按钮：将窗口放大到主窗口的大小，此时主窗口、数据库窗口的两个标题栏会合并成一列，如图 7 - 5 所示。

图 7 - 5　标题栏合并

- "关闭"按钮：关闭数据库窗口。

若将数据库窗口放大到最大化，则中间的 ▢ "最大化"按钮会变成 ▣ "还原"窗口按钮，选择该按钮可以将放大到最大化的数据库窗口还原成最大化之前的大小，并且原本合并的标题栏也会分开显示。

（2）工具栏

包含"打开"、"设计"、"新建"、"删除"、"查看"等按钮。

（3）子窗口选择区

Access 的数据库文件包括 7 个对象和 1 个组，在对象选择区可以选择想要显示的对象。

7.1.4　Access 2003 数据库的对象

Microsoft Access 2003 数据库是由各种对象组成的，这些对象包括表、查询、窗体、报表、页、宏和模块等，将这些对象有机地聚合在一起，就构成了一个完整的数据库应用程序。

1. 表

表也称为基表，是数据库中最基本的数据源，是信息的仓库，是信息处理的基础和依据。当用户在 Access 中输入数据时，表将具有一定联系的数据以一定的逻辑关系组合起来进行存储。

Access 2003 数据库一般有多个表，每个表存储了特定实体的信息，而表之间则可以通过相同的字段来发生联系，这样既可以最大程度地减少数据的冗余，又可以保证数据的完整性，这正是关系数据库的特点。

2. 查询

查询是对表的数据有选择的提取而产生的另一类型的对象，以便提高处理效率。查询不仅可以根据需要选择表中的信息，还可以根据需要进行排序、统计、计算等操作。

查询是 Access 数据库中最强的功能之一，在使用查询时，用户可以选择特别的字段、定义分类排序的顺序、建立计算表达式并输入判据来选择想要查询的记录。对于查询结果用户可以在一个数据工作表、窗体或者报表中显示。另外，用户可以使用一种叫【操作查询】的查询功能去更新表中的数据、删除记录或把一个表附加到另一个表上。

Access 2003 的查询有五种视图，包括设计视图、数据表视图、SQL 视图、数据透视表视图和设计透视图视图。前两种是常用的，设计视图是用户对查询进行定义的窗口，在这个窗口中，可以从指定表中选择字段，并可以进行排序、计算、设定条件等操作，数据表视图主要提供浏览查询的数据，当然还可以进行筛选排序。

3. 窗体

窗体实际上就是平常在 Windows 操作系统里面所看到的窗口，Access 2003 是基于 Windows 的数据库管理系统，用它开发出来的应用程序也是基于 Windows 系统上运行的。所以开发一个完整的 Access 2003 数据库应用程序，离不开对窗体的设计和开发。

窗体是用户与数据库之间的桥梁，用户可以通过它与数据库进行各种交互的操作。窗口的作用如下。

（1）显示和编辑数据

显示数据和编辑数据是窗体最重要的用途。窗体提供了对数据库中的数据进行操作的基本方法。如对数据进行添加、修改、删除等操作。一般每个窗体都与同一个表或查询(也称一个基表或一个原集)相关联,这意味着在窗体中对数据的改动,同在该基表或原集的设计表视图中进行的改动具有相同的效果。

通过设置窗体中显示数据控件的属性,可以控制对数据的操作方式。另外,在窗体中也可以进行简单的计算。

(2) 接受用户输入

这里的接受用户输入,指的是操作的输入,而不是数据的输入。在窗体中,可以接受用户操作指令,完成相应的操作。

例如,对于创建一个自定义的对话框,用户提供多种选择,当需要进行相应操作时,先显示该对话框,然后由用户选择需要的选项,并进行相应的操作。

利用窗体也可以向用户提供必要的提示信息。例如,当用户进行了错误的操作,窗体可以向用户显示一个警告信息,通知用户操作失败。

(3) 控制应用程序流程

利用窗体,可以控制应用程序流程。这时,窗体更像一个真正的应用程序,上面显示有各种命令的操作按钮,通过单击相应的按钮,可以进入不同的操作环境,完成相应操作。

通常要控制应用程序流程,可以创建被称作面板的窗体。在该窗体上放置命令按钮控件,然后将控件的单击操作映射到某个执行命令的宏或 VB 模块上,从而完成动作序列的自动化。

4. 报表

报表用于把数据库中的数据按照易于阅读的格式输出,同时它也具备分析、汇总的功能。可以使用报表将数据打印到打印机,也可以将报表在 Internet 或者公司的内部网上发布。

报表被用来呈现定制的数据视图。报表的输出可以在屏幕上观看或者打印出来。报表具有控制信息的概括性的能力。可以对数据分组,再按照所要求的任何次序对数据分类,然后按分组的次序来显示数据。可以建立把数据相加的汇总、计算平均值或者其他的统计,甚至用图表来表示数据。可以打印图像和其他图表以及在报表中的备注字段。

报表与窗体的结果很相似,通常由报表页脚、报表页眉、页面页眉、页面页脚和主题五部分组成,每一部分称为报表的一个节。如果对报表进行分组显示,则还有组页眉和组页脚两个专用的节,这两个节是报表所特有的。此外,报表和窗体在操作上也有相似之处,都可以使用基本数据源(表或查询)提供实际数据,都可以使用控件,灵活使用这些控件,可以制作出非常精细漂亮的报表。

5. 页

页是 Access 2003 新增的数据库对象,全称是数据访问页。数据访问页是链接到某个数据库的 Web 页,在数据访问页中,可以浏览、添加、编辑和操纵存储在数据库中的数据。

数据访问页也可以包括来自其他数据源的数据,例如 Microsoft Excel。数据访问页让用户可以通过简单轻松的方式创建绑定数据的动态 HTML 页,将数据库应用程序扩展到企业内部网和国际互联网 Internet,实现更快、更有效的数据共享。

数据访问页与显示报表相比具有以下的优点:

（1）由于与数据绑定的页链接到数据库,因此这些页显示当前数据。

（2）页是交互式的,用户可以只对自己所需的数据进行筛选、排序和查看。

（3）页可以通过电子邮件以电子方式进行分发。每当收件人打开邮件时都可以看到当前的数据。

6. 宏

Access 2003 中提供了宏的功能,可以让用户把许多 Access 2003 已经内置的宏命令,像积木一样堆积起来,从而形成更强大的功能,使繁杂的工作轻易地完成。

所谓宏,就是一个或多个操作的集合。宏中的每一个操作完成一种特定的功能,如打开窗体、打印报表、验证数据的有效性等。利用宏能够让大量重复性的操作自动完成,用户只需将各种操作一次定义在宏里,运行该宏时,系统就会按照所定义的顺序自动运行。

宏组则由若干个宏所组成。在一个宏组中含有多个宏,宏组中的每个宏都有单独的名称可以独立运行。用户可以将若干功能相关或相近的宏组合在一起,形成宏组。每个宏组作为独立的数据库对象存在于数据库中,方便用户对宏的管理和维护,这将大大提高数据库的管理效率。

7. 模块

模块是将 VBA(Visual Basic for Applications)声明和过程作为一个单元进行保存的集合。模块中的每一个过程都可以是一个函数过程或一个子程序。模块有两个基本类型:对象类别模块和标准模块。

（1）对象类别模块就是指附属于 Access 2003 对象之中(如报表、表单等)并且在产生对象时会自动建立属于该对象的类别模块。类别模块可以单独存在,也可以与窗体和报表一起存在。窗体模块和报表模块都是类模块,它们各自与某个特定窗体或报表相关联。窗体模块和报表模块通常都含有时间过程,而过程的运行用于相应窗体或报表上的事件。可以使用事件过程来控制窗体或报表的行为,以及它们对以后操作的响应,如单击某个命令按钮。为窗体或报表创建第一个事件过程时,Microsoft Access 将自动创建与之关联的窗体模块或报表模块。

（2）标准模块又称为一般模块,这是由使用者自行建立的模块。在该模块中,可以有变量、函数以及程序。在一般模块中定义的函数可以在整个数据库中使用。标准模块包含与任何其他对象都无关的常规过程,以及可以从数据库任何位置运行的经常使用的过程。表中模块和与某个特定对象无关的类模块的主要区别在于其范围和生命周期。在没有相关对象的类模块中,声明或存在的任何变量或常量的值都仅在该代码运行时,仅在该对象是可用的。

8. 组

可以方便管理数据库的 7 个对象,将常用的数据库对象拖移到组中,会产生一个对象的快捷方式,以后使用时,只要从组中双击该快捷方式,就可以打开该对象内容,另外也可以新增组来分类数据库对象,使得管理更为方便。

7.1.5　关闭 Access 2003

打开 Access 2003 后,若不想使用了,要关闭 Access 2003,操作方法如下。

方法 1:移动鼠标到菜单栏选择【文件】,然后从弹出的菜单中选择【退出】,如图 7 - 6

所示。

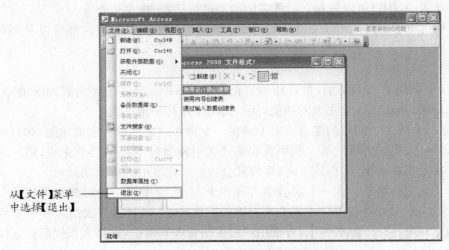

图 7-6　退出 Access 程序

方法 2：移动鼠标选择窗口右上角的 × "关闭"按钮。

7.2　Access 2003 数据库的创建、打开、保存与备份

Access 的数据库都是存储在表中的，当一个数据库应用系统需要多个表时，用户不是每次创建新表时都要创建一个数据库，而是把组成一个应用程序的所有表都放进一个数据库中。因此，在设计数据库应用系统的开始，就要先创建一个数据库，然后再根据实际情况向数据库中加入数据表。

7.2.1　数据库的创建

Access 2003 数据库在通常情况下被保存为 *.mdb 文件，下面介绍如何创建一个新的 Access 2003 数据库。

范例：在 Access 2003 中创建"学生管理"数据库。

方法一

步骤 1：打开 Microsoft Access 2003，单击工具栏上的 □"新建"按钮或者单击位于窗体右边的"开始工作"任务窗格中的"新建文件"，如图 7-7 所示。

步骤 2：出现"新建文件"任务窗格后，在"新建"区选择"空数据库"，如图 7-8 所示。

选择"新建"
按钮

选择"新建
文件"

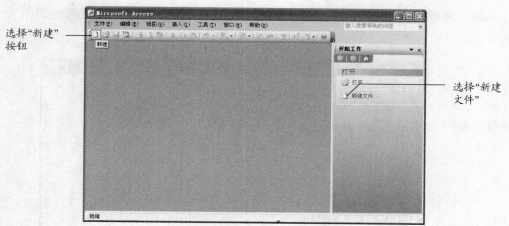

图 7-7　新建 Access 文件

选择"空数
据库"

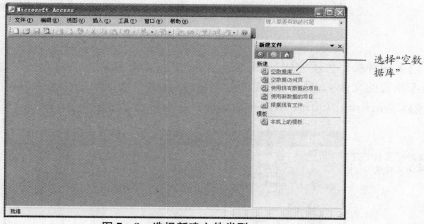

图 7-8　选择新建文件类型

方法二
步骤 1：同方法一。
步骤 2：在"新建文件"任务窗格中的"模板"区选择"本机上的模板"，如图 7-9 所示。

选择"本机上
的模板"

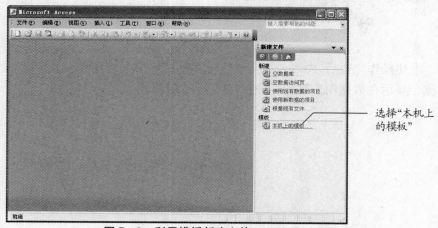

图 7-9　利用模板新建文件

步骤 3：在弹出的"模板"对话框中选择"空数据库"，然后单击"确定"按钮，如图 7 - 10 所示。

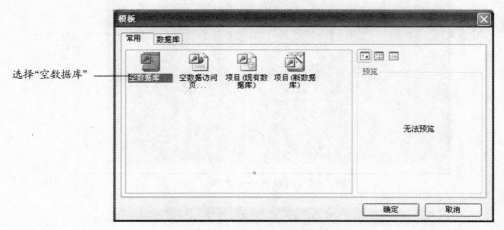

图 7 - 10 模板选择

以上两种操作方法完成后，系统会弹出"文件新建数据库"窗口。在"保存位置"处选择数据库放置的文件夹，然后在"文件名"下拉列表框中输入数据库名称"学生管理"，"保存类型"选择"Microsoft Office Access 数据库"，接着单击"创建"按钮，如图 7 - 11 所示。

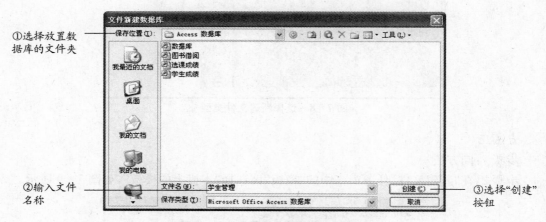

图 7 - 11 设置新建数据库文件属性

上述操作完成后，Access 2003 就会新增一个"学生管理"空数据库，而且数据库的文件名称会显示在数据库窗口的标题栏，如图 7 - 12 所示。

数据库的
文件名称

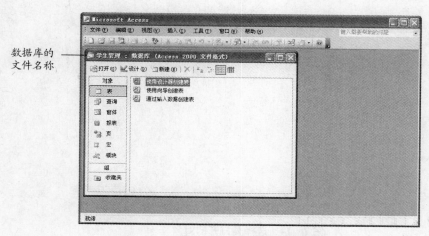

图 7 - 12　完成新建数据库

7.2.2　数据库的打开

使用数据库之前,必须先执行打开数据库文件的操作。打开已有数据库的方法和打开 Office 其他应用程序的文件方法类似。

范例:打开"学生管理"数据库。

步骤 1:打开 Access 2003 窗口后,单击工具栏上的 "打开"按钮或者在"开始工作"任务窗格的"打开"区选择想要打开的数据库名称,若菜单中没有想要打开的数据库文件,则选择"其他",如图 7 - 13 所示。

①选择"打
开"按钮

②选择
"其他"

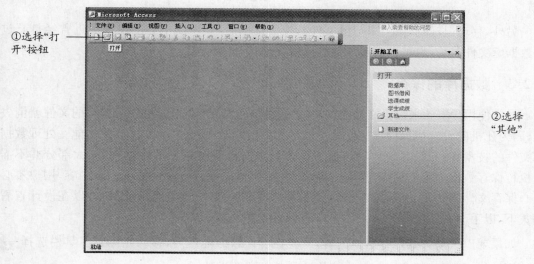

图 7 - 13　打开数据库

步骤 2:出现"打开"窗口后,从"查找范围"处选择数据库保存的文件夹,然后在想要打开的"学生管理"数据库文件名称上双击鼠标左键,如图 7 - 14 所示。

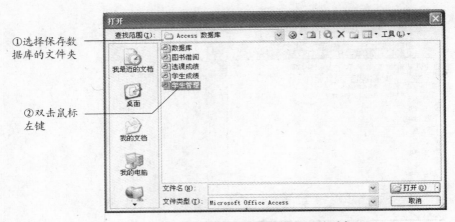

①选择保存数据库的文件夹

②双击鼠标左键

图 7-14　选择要打开的对象

步骤 3：出现"安全警告"窗口后，选择"打开"按钮，如图 7-15 所示。

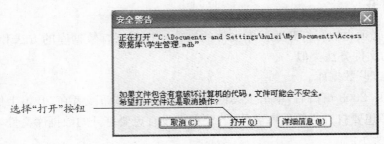

选择"打开"按钮

图 7-15　安全警告

另外，移动鼠标到菜单栏选择【文件】，拉出菜单后，菜单的下方会出现最近曾经打开过的数据库文件名称，也可以直接从此处选取文件打开。

7.2.3　数据库的保存

经常使用 Word 来编辑文档的用户，一定会有死机的经验，死机后所编辑的文件就消失了，因为死机前没有执行保存文件的功能，所幸现在 Word 提供了文件复原功能。处理数据库文件的技术和一般文档文件不同，Access 会随时保存数据库的数据内容，大部分并不需要执行保存数据内容的功能，换句话说，Access 会自动保存每一笔数据记录内容，用户不必担心保存文件的问题。但是，Access 还是提供了保存文件的功能，让用户可以在设计查看模式下，以手动方式保存各个工作窗口的版面配置内容。

如果要以手动方式保存版面配置，只要在设计版面配置后，移动光标到工具栏选择 保存"按钮，就可以保存当时新增或修改的版面配置设计。

7.2.4　数据库的备份

好不容易设计的数据库文件，万一不小心按错键，使得数据库文件内容大乱，可是损失惨重，这时可以将数据库文件备份起来，以保存数据库的原始内容。

步骤 1:打开想要备份的数据库文件,然后从菜单栏的【文件】菜单中选择【备份数据库】,如图 7 - 16 所示。

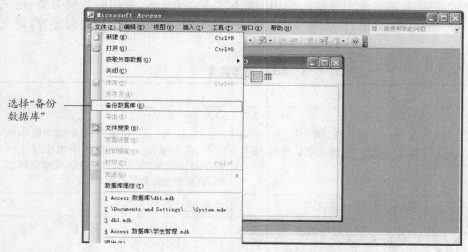

图 7 - 16　备份数据库

步骤 2:出现"备份数据库另存为"窗口后,在"保存位置"处选择备份数据库想要放置的文件夹,然后在"文件名"下拉列表框中输入备份数据库的名称,"保存类型"选择"Microsoft Office Access 数据库",接着单击"保存"按钮,如图 7 - 17 所示。

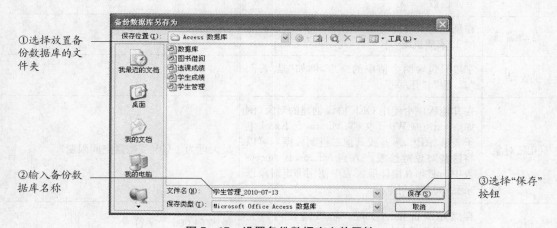

图 7 - 17　设置备份数据库文件属性

7.3　Access 2003 表的创建与设计

Access 数据库建立完毕后,就可以创建数据表了。Access 表由表结构和表内容两部分构成,先建立表结构,之后才能向表中输入数据。

7.3.1 Access 数据类型

在设计表时,必须要定义表中字段所使用的数据类型。Access 常用的数据类型有:文本、备注、数字、日期/时间、货币、自动编号、是/否、OLE 对象、超级链接、查阅向导等,详见表 7-1。

表 7-1 Access 数据类型

数据类型	用 法	大 小
文本	文本或文本与数字的组合,例如地址。也可以是不需要计算的数字,例如电话号码、零件编号、邮编	最多 255 个字符 Microsoft Access 只保存输入到字段中的字符,而不保存文本字段中未用位置上的空字符。设置"字段大小"属性可控制可以输入字段的最大字符数
备注	长文本及数字,例如备注或说明	最多 64 000 个字符
数字	可用来进行算术计算的数字数据,涉及货币的计算除外(使用货币类型)。设置"字段大小"属性定义一个特定的数字类型	1、2、4 或 8 个字节
日期/时间	日期和时间	8 个字节
货币	货币值。使用货币数据类型可以避免计算时四舍五入。精确到小数点左方 15 位数及右方 4 位数	8 个字节
自动编号	在添加记录时自动插入的唯一顺序(每次递增 1)或随机编号	4 个字节
是/否	字段只包含两个值中的一个,例如"是/否"、"真/假"、"开/关"	1 位
OLE 对象	在其他程序中使用 OLE 协议创建的对象(例如 Microsoft Word 文档、Microsoft Excel 电子表格、图像、声音或其他二进制数据),可以将这些对象链接或嵌入到 Microsoft Access 表中。必须在窗体或报表中使用绑定对象框来显示 OLE 对象	最大可为 1 GB(受磁盘空间限制)
超链接	存储超级链接的字段。超级链接可以是 UNC 路径或 URL	最多 64 000 个字符
查阅向导	创建允许用户使用组合框选择来自其他表或来自值列表中的值的字段。在数据类型列表中选择此选项,将启动向导进行定义	与主键字段的长度相同,且该字段也是"查阅"字段,通常为 4 个字节

7.3.2 表的创建

创建一个新表是指创建一个表的结构,即是确定这个表包括哪些字段,各个字段的数据类型是什么。Access 2003 中创建表有三种方法,本书主要介绍使用设计器创建表的方法。

范例：在"学生管理"数据库中使用设计器创建"学生信息"表，结构如表 7-2 所示。

表 7-2　学生信息表结构

字段名称	数据类型（长度）
学号	文本(6)
姓名	文本(8)
性别	文本(2)
出生日期	日期/时间
专业	文本(10)
团员	是/否
简历	备注

步骤 1：打开"学生管理"数据库，移动鼠标到"对象"区选择"表"按钮，然后在"使用设计器创建表"上双击鼠标左键，如图 7-18 所示。

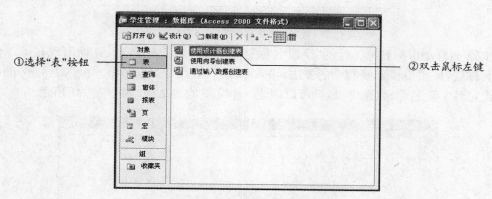

图 7-18　创建表结构

步骤 2：出现"表 1：表"窗口后，输入光标会停留在"字段名称"栏内，输入第一个字段名称，如图 7-19 所示。

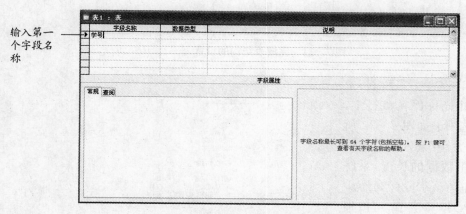

图 7-19　输入字段名称

步骤3：移动鼠标在数据类型栏上单击左键，"数据类型"栏会出现文本数据类型，右侧则出现一个按钮 ∨，如果数据类型不适合，可以单击 ∨ 按钮，在下拉列表中选择想要的数据类型，如图7-20所示。"说明"是对字段的一个注解，这是一个可选的部分，可以输入相关的注解以增强应用程序的可读性和可理解性，如果没有就让它空着。

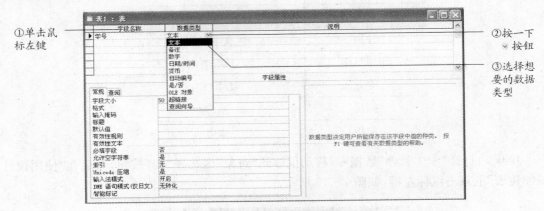

图7-20　设置字段的数据类型

步骤4：移动鼠标到第二行的"字段名称"栏，单击鼠标左键，输入光标出现在第二行的字段名称后，按照步骤2、步骤3的方法，输入字段名称、设定数据类型。根据表7-2的内容——设定各字段名称、数据类型，就可以创建一个完整的表结构，如图7-21所示。

图7-21　完成表结构的设置

步骤5：单击"学号"字段行上的某个方格让光标停在该行上，这时"常规"选项卡如图7-22所示。在"字段大小"输入框中可以设置该字段中数据的长度，系统默认为50，即是该字段（学号）中最多只能输入50个字节，可以根据需要修改它的值。"查阅"选项

图7-22　修改字段大小

卡主要用于设置相关的窗体中用来显示该字段时所用的控件。

步骤 6：设置一个"主关键字"（Primary Key，简称"主键"）是创建表的过程中一个关键步骤。所谓主键是指所有字段中用来区别不同数据记录的依据，主键字段所存的数据是唯一能识别表中的每一笔记录，换句话说，在主键字段中的数据必须具有唯一性，不可以重复。例如：学生成绩表中的学号可以作为主键字段；图书库存表中的图书编号也可以作为主键字段。

产生新的表时，若没有指定主键字段，Access 会自动产生一个主键字段（自动编号），名称为 ID，用户可以自行指定、更改主键字段，方法如下：

在表的设计窗口中，移动鼠标到想要设定为主键字段的行选择格上单击鼠标左键，选取该行后，再选择表设计工具栏上的 🔑 "主键"按钮，如图 7-23 所示。完成后，在该行会出现一个钥匙状的图标，这表示该字段已经被设置为"主键"。

本例中以第一个字段行"学号"作为主键。

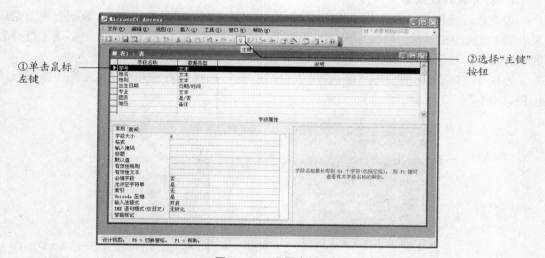

图 7-23　设置主键

一个表可以将一个字段设定为主键字段，也可以选取多个字段（最多 10 个字段）设为主键字段（使用字段组作为主键）。

步骤 7：单击表设计工具栏上的 💾 "保存"按钮，这时弹出一个"另存为"对话框，在"表名称"输入框中输入表的名称，单击"确定"按钮，则新建的表就会存到最初建立的数据库文件中，如图 7-24 所示。

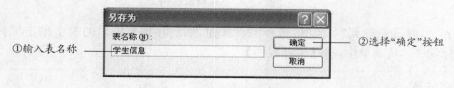

图 7-24　保存表结构

练习： 在"学生管理"数据库中使用设计器创建"学生成绩"表，结构如表 7-3 所示。

表7-3　学生成绩表结构

字段名称	数据类型（长度）
学号	文本(6)
姓名	文本(8)
高等数学	数字（双精度型）
大学英语	数字（双精度型）
网络技术	数字（双精度型）

7.3.3　表字段的编辑

数据表建立后，若发现少了字段，可以新增字段。字段数据类型、长度有问题，可以修改。字段顺序不恰当，可以调整。若不需要该字段，可以删除。

1. 打开设计视图窗口

表有设计视图窗口和数据表视图窗口，设计视图是用来设计表的结构，数据表视图是用来查看和编辑表的数据，所以如果要查看表的字段结构或设定字段的属性，则必须先打开表的设计视图。

方法1：移动鼠标到"对象"区选择"表"按钮，然后选择想要编辑的表，接着选择"设计"按钮，如图7-25所示。

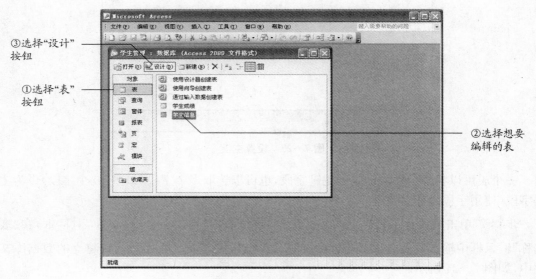

图7-25　编辑表结构

方法2：移动鼠标到"对象"区选择"表"按钮，然后在想要编辑的表上单击鼠标右键，出现快捷菜单后，从菜单中选择【设计视图】。

> ▶ **注意：**
> 如果直接在表名称上双击鼠标左键，会打开数据表窗口，此时只能查看和编辑数据内容，而不能编辑字段名称、数据类型等。

2. 插入新的表字段

表建立后,发现有些字段漏了,或者事前未规划好,想要再加入一些字段,可以利用插入字段的功能,在表中插入新字段。

方法:打开表的设计视图窗口,移动鼠标到要插入字段的行选择格上单击鼠标左键,选取该行后,在该行上单击鼠标右键,出现快捷菜单后,从中选择【插入行】,如图7-26所示。

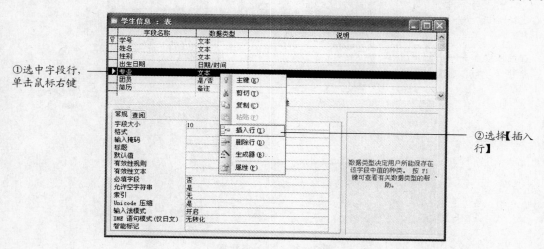

图7-26 插入表字段

新增字段后,原来的字段会往下移,用户可以设定新增字段的字段名称及数据类型、字段大小。

3. 修改表字段

表建立后,发现有些字段的名称、数据类型或字段大小有错误,可以利用修改字段的功能,在表中修改出现问题的字段。

方法:打开表的设计视图,移动鼠标到有问题的字段名称、数据类型或字段大小处,删除原有的错误内容,输入正确内容即可。

4. 移动表字段顺序

字段的顺序若能配合数据输入的次序,可以增进数据处理的速度。已经建立的数据字段,设计者只要通过移动的功能,就可以自由调整现实的次序。

方法:打开表的设计视图,移动鼠标到要移动字段顺序的行选择格上单击鼠标左键,选取该行后,移动鼠标到行选择格上按住鼠标左键往上、下拖移,确定字段的移动顺序后,放开鼠标左键。

5. 删除表字段

已经建立的表字段,如果觉得该字段不再需要了,可以将该字段删除。

方法:打开表的设计视图,移动鼠标到要插入字段的行选择格上单击鼠标左键,选取该行后,在该行上单击鼠标右键,出现快捷菜单后,从菜单中选择【删除行】。

7.3.4 表数据的输入

1. 打开数据表视图窗口

数据表视图窗口可以用来查看或编辑表的数据,所以如果要输入表的数据、修改数据等,则必须先打开数据表视图。

方法1:移动鼠标到"对象"区选择"表"按钮,然后选择想要编辑的表,接着选择"打开"按钮,如图7-27所示。

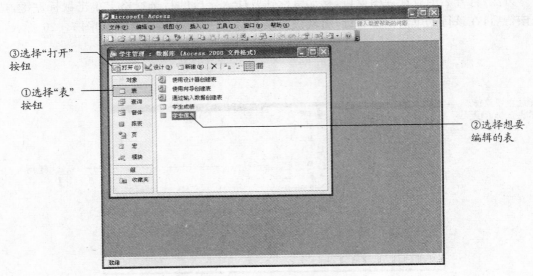

图7-27 输入表数据

方法2:移动鼠标到"对象"区选择"表"按钮,然后移动鼠标在想要编辑的表上双击鼠标左键。

方法3:如果是在设计视图窗口,则选择表设计工具栏上的 ▤▾ "视图"按钮,如图7-28所示。

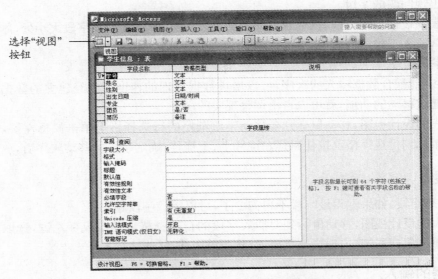

图7-28 设计视图窗口

将表打开为数据表视图后,只要再选择表设计工具栏的 ▨▾ "视图"按钮,就可以切换回设计视图窗口。

2. 在数据表视图中输入数据

打开数据表视图窗口后，就可以选择想要输入数据的字段，逐一输入数据。

范例：根据表 7－4 的内容，在"学生管理"数据库的"学生信息"表中输入相应数据，结果如图 7－29 所示。

表 7－4　学生信息表数据

学号	姓名	性别	出生日期	专业	团员	简历
030101	周讯阳	男	1985-2-12	电子商务	是	广东顺德
030121	王大鹏	男	1985-9-1	电子商务	否	江西南昌
030205	李晓莉	女	1984-12-24	电器维修	是	山东烟台
030212	王玉华	女	1985-10-26	电器维修	是	北京

图 7－29　在数据表视图中输入数据

3. 新增一条记录

新增一条记录数据时，会将新的记录排在原有纪录的后面，无法从中间插入新的记录数据。

方法：将表打开为数据表视图窗口，然后移动鼠标选择▶﹡"新增记录"按钮，如图 7－30 所示。完成后，光标会自动跳到新纪录的第一个字段，以方便输入数据。

选择"新增记录"
按钮

图 7－30　新增一条记录

4. 删除一条记录

表数据输入完成后，若发现有的数据不需要，可以将整笔记录删除。操作方法如下：

步骤 1：打开表的数据表视图，移动鼠标到要删除记录的行选择格上单击鼠标左键，选取该行后，在该行上单击鼠标右键，出现快捷菜单后，从菜单中选择【删除记录】，如图 7－31 所示。

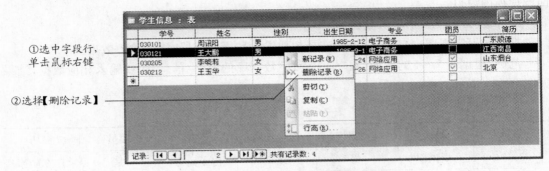

①选中字段行，
单击鼠标右键

②选择【删除记录】

图7-31　删除一条记录

步骤2：出现提示删除记录后不能撤消的窗口后，选择"是"按钮，如图7-32所示。

选择"是"按钮

图7-32　删除提示窗口

7.4　Access 2003 数据的查询

对于数据库应用系统的普通用户来说，数据库是不可见的。用户要查看数据库中的数据都要通过查询操作，所以查询是数据库应用程序中非常重要的一个部分。查询不仅可以对一个表进行简单的查询操作，还可以把多个表的数据连接在一起，进行整体的查询。Access 2003 中创建查询的方法有两种，本书主要介绍在设计视图中创建查询的方法。

7.4.1　在设计视图中创建查询

使用设计视图既可以创建查询，也可以修改已有的查询，还可以为查询选择字段。

范例：在"学生管理"数据库中，基于"学生信息"和"学生成绩"表，查询学生的课程成绩，要求输出"学号"、"姓名"、"专业"、"高等数学"、"大学英语"、"网络技术"，查询结果保存为"成绩查询"。

步骤1：打开"学生管理"数据库，移动鼠标到"对象"区选择"查询"按钮，然后在"在设计视图中创建查询"上双击鼠标左键，如图7-33所示。

步骤2：在弹出的"显示表"对话框中，有三个选项卡：表、查询、两者都有，从这三个选项卡中，可以看到当前数据库中所有的表和查询。创建查询时，可以从对话框中选择所需要的表（按【Ctrl】键可以同时选择多个表）作为查询对象。本例中选择"学生信息"和"学生成绩"表，然后单击"添加"按钮，如图7-34所示。

步骤3：出现的"查询设计"窗口分为上下两个部分，刚才选择的数据表显示在视图的上半部分，视图的下半部分用于指定查询的字段和查询条件等信息，称为 QBE（Query by

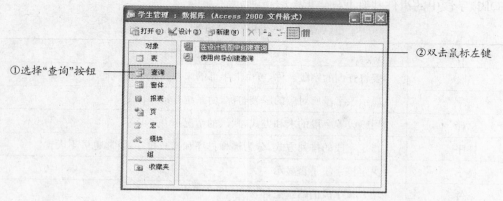

图 7-33　创建查询

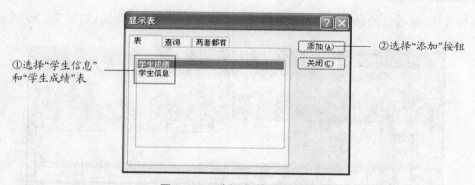

图 7-34　选择查询所需的表

Example,图形化范例查询)字段。将所需的字段名称,由上半部的数据表——拖曳至下方的 QBE 字段中,或者在所需字段名称上双击鼠标左键,然后再根据题目要求对相应字段进行设置:"性别"字段筛选条件为"男"且不显示该字段。完成后,单击工具栏上的　"运行"按钮,如图 7-35 所示。

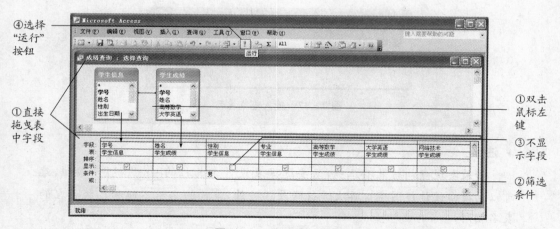

图 7-35　查询设计窗口

QBE字段中的组件共有七项,如表7-5所示。

表7-5　QBE字段组件

组件名称	功能说明
字段	表将查询的字段名称,可由上半部的来源数据表拖曳而下
表	显示该字段所对应的源表名称,由系统自动弹出
总计	用以设置字段的求和方式,默认的情况下并不显示
排序	指定字段的排列方式,分为递增排序和递减排序两种,也可不设置
显示	决定该字段是否显示
条件	填入该字段的筛选条件
或	伴随着"条件"组件而来,以"或"的条件链接不同的准则

步骤4:出现查询的结果后,单击窗口工具栏上的 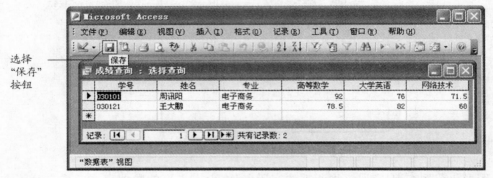 "保存"按钮,如图7-36所示。

图7-36　保存查询结果

步骤5:出现一个"另存为"对话框后,在"查询名称"输入框中输入查询的名称"成绩查询",单击"确定"按钮,则新建的查询就会保存到当前的数据库"学生管理"中,如图7-37所示。

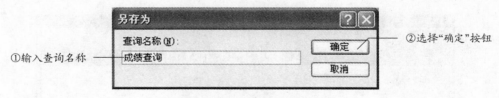

图7-37　输入查询名称

▶ **注意:**

　　如果发现查询结果不正确,只要选择表设计工具栏的 "视图"按钮,就可以切换回设计视图窗口再次进行修改。另外,查询的名称不能和已经存在的表名相同。

7.4.2　设置高级查询

通过前面的学习可以知道,查询是对数据源进行一系列检索的操作。除了上面讲的简单查询以外,还可以对查询进行高级应用,如多表查询时手动建立表关系、汇总查询等。

1. 创建表与表之间的关系

查询的目的是筛选出用户所需的、正确的数据记录,若来自于两个以上的表,就得注意二者之间的数据是否正确。通常两个表是通过关系连接数据,除了在创建表时建立表关系外,Access 也允许在创建查询时手动建立表的关系,不过需注意关系字段的数据类型必须一致。

2. 汇总查询

除了单纯地从表(查询)中筛选所需的原始数据外,Access 还可以像大型数据库系统一样,在查询的过程中同时针对某些数值字段进行运算,如求和单月份销售额、计算学生平均成绩等。诸如此类数值字段的运算,通常都是通过 Access 内建的聚合函数完成的,Access 提供的函数如表 7-6 所示。

表 7-6　Access 函数

函数名称	说　明
分组	分组统计依据
总计	对字段求和
平均值	计算字段的平均值
最小值	求出该字段的最小值
最大值	求出该字段的最大值
计数	计算该字段值出现的次数
标准差	计算字段值的标准差
方差	计算字段值的样本变异数,一般较少使用此函数
第一条记录	搜索设置范围中的第一条记录
最后一条记录	搜索设置范围内的最后一条记录
表达式	指定适用于该字段的表达式,例如四则运算或特定的表达式等
条件	加诸于该字段的条件

3. 导出查询

在数据库中可以将查询中的数据导出为其他类型的格式,例如 Excel 工作簿。

范例:在"学生成绩"数据库中,基于"学生"、"成绩"表,查询各院系男女学生成绩的均分,要求输出"院系名称"、"性别"、"成绩均分",查询保存为"成绩汇总查询",并将其导出为"成绩汇总查询. xls"工作簿,保存至桌面。

步骤 1:打开"学生成绩"数据库,移动鼠标到"对象"区选择"查询"按钮,然后在"在设计视图中创建查询"上双击鼠标左键。

步骤 2:在弹出的"显示表"对话框中,选择"学生"和"成绩"表,然后单击"添加"按钮。

步骤3：出现"查询设计视图"窗口后，移动鼠标单击选择源表的关系字段，用鼠标拖曳至目的表的相应字段，本例为【学号】，Access将产生一条连接线，如图7-38所示。

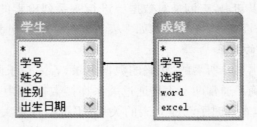

图7-38　对两张表建立关系

步骤4：将所需的字段名称，由上半部的数据表一一拖曳至下方的QBE字段中，或者在所需字段名称上双击鼠标左键，本例中选择"院系名称"、"性别"、"成绩"。

步骤5：单击工具栏上的 Σ "总计"按钮，在"查询设计"窗口中弹出"总计"栏，在"成绩"的"总计"栏选择适当的函数名称，本例中选择"平均"。在QBE字段中将"成绩"的字段名称修改为"成绩均分:成绩"，如图7-39所示。

> ▶ 注意：
> 　　修改QBE字段中的字段名称时，冒号":"必须采用英文符号。

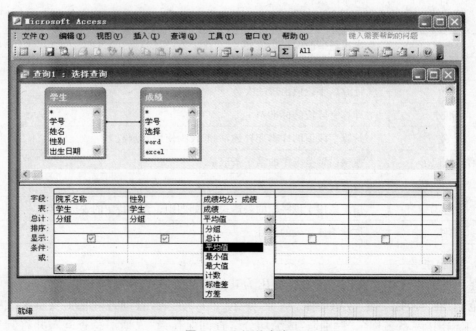

图7-39　汇总查询

步骤6：单击工具栏上的 ！ "运行"按钮，查看查询结果如图7-40所示。

查询1 ：选择查询

院系名称	性别	成绩均分
地科院	男	68.08333333333
地科院	女	75.1
法学院	男	77.6
法学院	女	86.1034482758б
化科院	男	62.45454545455
化科院	女	62
经管院	男	64.4
经管院	女	68.5
生科院	男	77.11538461538
生科院	女	88.03571428571
数科院	男	58.81818181818
数科院	女	50.6
体科院	男	64.5
体科院	女	75.33333333333
外文院	男	66.94117647059
外文院	女	64.05555555556
文学院	男	70
文学院	女	78.8
物科院	男	75.94444444444
物科院	女	72.125

记录：1　共有记录数：20

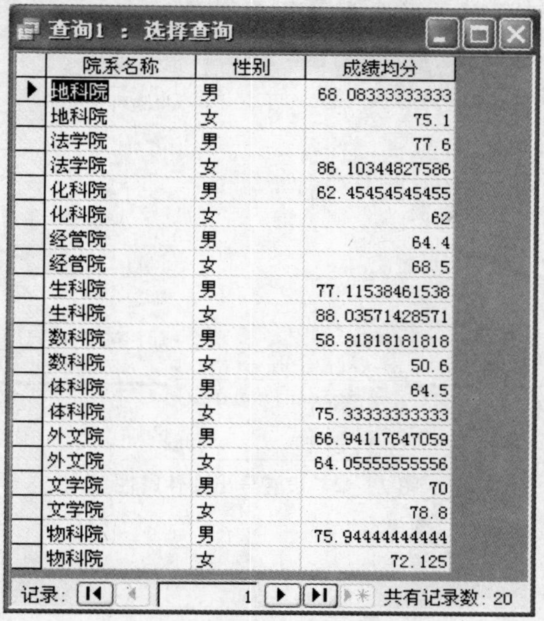

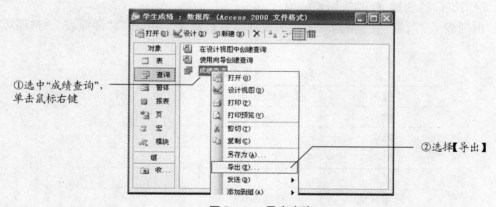

图 7－40　查看查询结果

步骤 7：将查询结果保存为“成绩查询”。

步骤 8：在“查询”列表的“成绩查询”上单击鼠标右键，出现快捷菜单后，从中选择【导出】，如图 7－41 所示。

图 7－41　导出查询

步骤 9：出现“将查询‘成绩查询’导出为”窗口后，在“保存位置”处选“桌面”，然后在“文件名”下拉列表框中输入“成绩查询”，“保存类型”选择“Microsoft Excel 97－2003”，接着单击“导出”按钮。如图 7－42 所示。

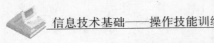

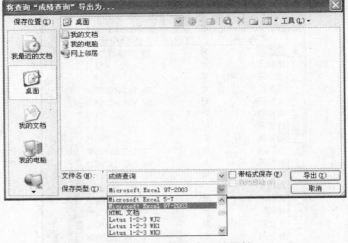

图 7－42　设置导出文件属性

7.5　模拟练习

一、模拟练习 1

1. 启动 Access 2003 程序，选择"新建空数据库"，文件名为"学生选课成绩"，保存至 D 盘根目录下的自己的学号文件夹中。

2. 利用设计器创建、修改数据表结构

(1)根据表 7－7、表 7－8、表 7－9，使用设计器分别创建"学生表"、"课程表"、"选课成绩表"的表结构。

表 7－7　学生表结构

字段名称	数据类型(长度)	说　　明
学号	文本(8)	主键
姓名	文本(6)	
性别	文本(2)	
系科	文本(10)	
出生日期	日期/时间	
身高	文本(10)	

表 7－8　课程表结构

字段名称	数据类型(长度)	说　　明
课程号	文本(6)	主键
课程名	文本(10)	
学时	数字(长整型)	
开课时间	文本(2)	

表 7-9　选课成绩表结构

字段名称	数据类型（长度）	说　明
学号	文本（8）	组合主键
课程号	文本（6）	
成绩	数字（双精度型）	

（2）将"学生表"中的字段"身高"的数据类型（长度）修改为"数字（双精度型）"。

3. 利用数据表视图输入、修改、删除记录

（1）根据表 7-10、表 7-11、表 7-12，在数据表视图中依次输入"学生表"、"课程表"、"选课成绩表"的记录。

表 7-10　学生表数据

学号	姓名	性别	系科	出生日期	身高
09220102	张蓉	女	计算机	1991-3-20	1.62
09220131	赵瑞	男	计算机	1991-6-12	1.75
09320114	范远	男	工商管理	1991-5-23	1.82
09320122	许文杰	男	工商管理	1990-8-10	1.7
09510118	陈鹏	男	汽车工程	1990-5-16	1.8
09820106	朱晓丹	女	社会科学	1990-10-20	1.65

表 7-11　课程表数据

课程号	课程名	学时	开课时间
330112	高等数学	60	春
350202	数据库	45	秋
770103	大学英语	60	春
470234	军事理论	40	秋
450211	控制工程	60	秋

表 7-12　选课成绩表数据

学号	课程号	成绩
09220131	330112	84.5
09220131	350202	82
09320122	330112	92
09820106	470234	85
09320122	470234	92.5
09320122	450211	90
09510118	450211	70.5
09510118	350202	75

（2）在课程表中增加一条记录"350203,信息技术,60,春",并将课程号为"450211"的学时减少10。

（3）在学生表中删除姓名为"范远"的学生记录。

4．利用查询设计器创建简单查询

（1）基于"学生表"、"课程表"、"选课成绩表",查询学生的各门课程成绩,要求输出"学号"、"姓名"、"课程名"、"成绩",查看查询结果（如图7－43所示）,并保存为"查询练习1"。

学号	姓名	课程名	成绩
09220131	赵瑞	高等数学	84.5
09220131	赵瑞	数据库	82
09320122	许文杰	高等数学	92
09820106	朱晓丹	军事理论	85
09320122	许文杰	军事理论	92.5
09320122	许文杰	控制工程	90
09510118	陈鹏	控制工程	70.5
09510118	陈鹏	数据库	75

图7－43　练习1查询结果

（2）基于"学生表",查询所有计算机系的学生,要求输出"学号"、"姓名"、"出生日期",查看查询结果（如图7－44所示）,并保存为"查询练习2"。

（3）将"查询练习1"更名为"Q1",并将其导出为"Q1.xls"工作簿,保存至学号文件夹。

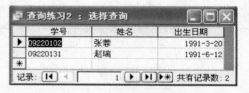

图7－44　练习2查询结果

二、模拟练习2

1．打开"学生选课成绩.mdb"数据库。

2．基于"学生表",查询各系科男、女生人数,要求输出"系科"、"性别"、"人数",查看查询结果（如图7－45所示）,并保存为"查询练习3"。

系科	性别	人数
工商管理	男	1
计算机	男	1
计算机	女	1
汽车工程	男	1
社会科学	女	1

图7－45　练习3查询结果

图7－46　练习4查询结果

3．基于"学生表"、"选课成绩表",查询"许文杰"同学所有课程的平均分,要求输出"学号"、"姓名"、"系科"、"成绩均分",查看查询结果（如图7－46所示）,并保存为"查询练习4"。

4. 打开"图书借阅. mdb"数据库。

5. 基于"图书"表,查询价格低于 30 元的所有图书,要求输出"书编号"、"书名"、"作者"及"价格",查询结果如图 7-47 所示,查询保存为"CX1"。

书编号	书名	作者	价格
P0001	数学物理方法	路云	28.5
H0001	大学计算机信息技术教程	张福炎、孙志挥	21
G0001	图书馆自动化教程	傅守灿	22
T0002	大学数学	高小松	24
G0002	多媒体信息检索	华威	20
F0001	现代市场营销学	倪杰	23
F0002	项目管理从入门到精通	邓炎才	22
T0003	控制论:概论、方法与应用	万百五	4.1
F0003	会计应用典型实例	马琳	16.5
D0001	国际形势年鉴	陈启愁	16.5
D0002	NGO与第三世界的政治发展	邓国胜、赵秀梅	25
T0004	政府网站的创建与管理	闻文	22
D0005	政府全面质量管理:实践指南	董静	29.5
D0006	牵手亚太:我的总理生涯	保罗·基延	29
A0001	硬道理:南方谈话回溯	黄宏	21

记录: 1　共有记录数: 15

图 7-47　CX1 查询结果

6. 基于"学生"、"图书"及"借阅"表,查询学号为"09220123"的学生所借阅的图书,要求输出"学号"、"姓名"、"书编号"、"书名"、"作者",查询结果如图 7-48 所示,查询保存为"CX2"。

学号	姓名	书编号	书名	作者
09220123	奚彦骁	P0001	数学物理方法	路云
09220123	奚彦骁	F0001	现代市场营销学	倪杰
09220123	奚彦骁	T0003	控制论:概论、方法与应用	万百五
09220123	奚彦骁	D0003	"第三波"与21世纪中国民主	李良栋

记录: 1　共有记录数: 4

图 7-48　CX2 查询结果

7. 基于"图书"表,查询收藏的各出版社藏书册数(册数为藏书数之和),要求输出"出版社"、"册数",查询结果如图 7-49 所示,查询保存为"CX3"。

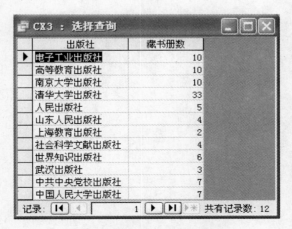

出版社	藏书册数
电子工业出版社	10
高等教育出版社	10
南京大学出版社	10
清华大学出版社	33
人民出版社	5
山东人民出版社	4
上海教育出版社	2
社会科学文献出版社	4
世界知识出版社	6
武汉出版社	3
中共中央党校出版社	7
中国人民大学出版社	7

记录: 1　共有记录数: 12

图 7-49　CX3 查询结果

8. 基于"学生"、"借阅"表,查询各系科学生借阅图书总天数(借阅天数＝归还日期－借阅日期),要求输出"系科名称"、"借阅天数",查询结果如图7－50所示,查询保存为"CX4"。

图 7－50　CX4 查询结果

第**8**章

图片合成——制作香水广告

8.1 实验要求

1. 掌握 Photoshop 运行方式和数码图片合成技术。
2. 了解图层概念和图层面板的使用方法。
3. 熟练使用套索工具、羽化工具、移动工具。
4. 了解橡皮擦工具的使用。

8.2 实验内容

利用 Photoshop 导入素材图片，对图片进行合成处理，制作一个香水广告。
处理前后效果对比如图 8-1 所示。

（a）处理前

（b）处理后

图 8-1　效果对比

8.3　实验步骤

（1）运行 Adobe Photoshop CS3 软件，单击【开始】菜单，选择【程序】子菜单中的【Adobe Photoshop CS3】。

（2）执行【文件】→【打开】命令，选中素材图片"背景图片. tif"，显示如图 8-2 所示的运行界面。

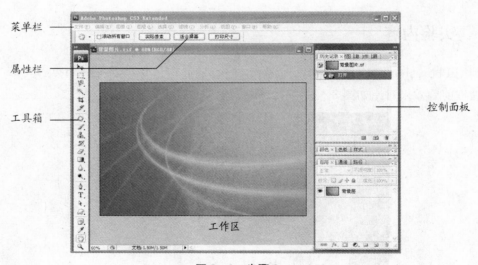

图 8-2　步骤 2

Photoshop 的工作区

1. 菜单栏：包括【文件】、【编辑】、【图像】、【图层】、【选择】、【滤镜】、【分析】、【视图】、【窗口】、【帮助】等 10 个菜单。选取任意一个菜单中的子命令即可实现相应的操作。

2. 工具箱：工具箱中包含各种图形绘制和图像处理工具。在工具箱中单击任意一个工具按钮，即可将其选取。大多数工具按钮右下角带有黑色小三角形，表示该工具是个工具组，还有其他同类隐藏的工具，将鼠标光标放置在黑色小三角形上单击鼠标右键，即可将隐藏的工具显示出来。工具箱如下所示：

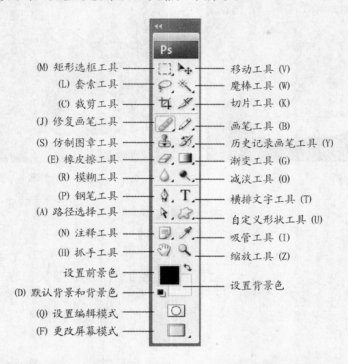

3. 属性栏：属性栏显示工具箱当前选择工具按钮的参数和选项设置。

4. 控制面板：在 Photoshop CS3 中提供了 19 种控制面板。利用这些面板可以对当前图像的色彩、大小、样式等进行设置和控制。

5. 工作区：Photoshop CS3 工作界面中的大片灰色区域，工具箱、图像窗口和各种控制面板都处于工作区内。

（3）执行【文件】→【打开】命令，打开素材图片"明星.jpg"，如图 8-3 所示。

（4）选择工具箱中的"磁性套索"工具按钮 ，在属性面板中设置磁性套索工具的属性：羽化，0px，宽度，10px；对比度，10%；频率，60。属性设置后，在"明星.jpg"文件中绘制出如图 8-4 所示的选区。

图 8-3　步骤 3

图 8-4　步骤 4

磁性套索工具

1. 作用：磁性套索工具可以用来选取不规则的且图形与背景反差大的图形。

2. 使用方法：点击"磁性套索"工具按钮，在图像轮廓边缘单击，设置绘制起点，然后沿图像的边缘拖曳鼠标光标，选区会自动吸附在图像中对比最强烈的边缘，如果选区的边缘没有吸附在需要的图像边缘，可以通过单击添加一个紧固点来确定要吸附的位置，再拖曳鼠标光标，直到鼠标光标与最初设置的起点重合时，单击即可创建选区。

3. 属性栏设置：

　　　　　　　羽化: 0 px　☑消除锯齿　宽度: 10 px　对比度: 10%　频率: 60

"宽度"：决定了"磁性套索"工具的探测宽度，取值范围在 1～256 间，可设置一个像素宽度，一般使用的默认值为 10。

"对比度"：取值范围在 1～100 间，它可以设置"磁性套索"工具检测边缘图像灵敏度。如果选取的图像与周围图像间的颜色对比度较强，那么就应设置一个较高的百分数值。反之，输入一个较低的百分数值。

"频率"：取值范围在 0～100，它是用来设置在选取时关键点创建的速率的一个选项。数值越大，速率越快，关键点就越多。当图的边缘较复杂时，需要较多的关键点来确定边缘的准确性，可采用较大的频率值，一般使用默认值 57。

"钢板压力"：安装了绘图板和驱动程序后，此按钮才可用。主要用来设置绘图板的笔刷压力。

　　（5）执行【选择】→【修改】→【羽化】命令，设置羽化半径为 20 像素，设置好后点击"确定"按钮。如图 8-5 所示。

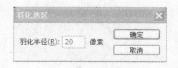

图 8-5　步骤 5

羽　化

作用：对选区设置适当的羽化值，可以使处理的图像出现过渡消失的虚化效果。此操作方法在图像处理中经常使用，可以使羽化后图像很自然的融入其他图层里。羽化值越大，边缘就越模糊。

（6）选择工具箱中移动工具 ，拖动选区内容到"背景图片.tif"文件中，并放置图像到合适的位置，如图8-6所示。

图8-6　步骤6效果图

移动工具

1. 作用："移动"工具 是 Photoshop 中应用最频繁的工具。利用它可以在当前文件中移动或者复制图像，也可以将图像从一个文件移动到另一个文件中，也可以对选择图像进行变换操作

2. 使用方法：选择"移动"工具，在要移动的图像内拖曳鼠标光标，即可移动图像的位置。在移动图像时，按住【Shift】键可以确保图像在水平、垂直或45度角方向上移动。在移动图像时，如果先按住【Alt】键再拖曳鼠标光标，释放鼠标左键即可将图像移动复制到指定位置。

3. 属性栏设置： 自动选择：组 □显示变换控件

　　"自动选择"：用于自动选择。选中了这个属性，你只需要点击图像中你需要移动的图像，它将能自动选择图像中对应的图层。

　　"显示变换控件"：选中此选项，选取的图像或者选区会出现虚线变换框。变换框的四周有8个调节点，可以在调节点上拖曳鼠标光标，对图像进行变换调节。

（7）执行【文件】→【打开】命令，打开素材图片"dior.jpg"，如图8-7所示。

图8-7　步骤7

图8-8　步骤8

（8）选择工具箱中的"磁性套索"工具按钮 ，设置"磁性套索"工具属性与步骤（4）相同，选出如图8-8所示的选区，不需要羽化。

（9）选择工具箱中移动工具 ，拖动选区内图像到"背景图片.tif"文件中，并放置图像到合适的位置，如图8-9所示。

图8-9　步骤9效果图

（10）将图层分别命名如图8-10所示，命名方法：双击图层名，在图层名输入框中输入新图层名即可。

图8-10　步骤10

284

图层及图层面板

1. 图层：图层是 Photoshop 进行图像处理的最基础和最重要的功能，每一幅图像的处理都离不开图层的应用。我们可以把图层想像成一张张叠起来的透明胶片，每张透明胶片上都有不同的画面，可以改变图层的顺序和属性，熟练的运用图层可以提高作图速度和效率，灵活地运用调整图层、图层样式等这样的特殊功能，还可以制作出很多意想不到的艺术效果。

2. 图层面板：图层面板如下图所示，面板中列出了图像中所有图层、图层组和图层效果，可以利用图层面板上的按钮完成许多任务。例如：创建图层、隐藏图层、显示图层、拷贝图层等。

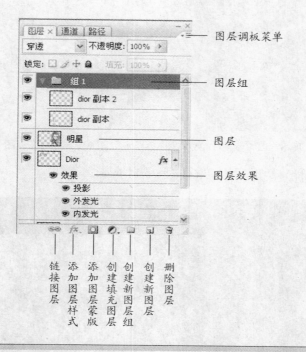

（11）选择"dior"图层，执行【图层】→【复制图层】命令，新图层名：dior 副本，选中新"dior 副本"图层，执行【编辑】→【变换】→【缩放】命令，按【Shift】键不放，拖动图像变换控制点，对 dior 副本进行缩放，并放到合适位置，如图 8-11 所示。

（12）选中"dior"图层，"dior 副本"图层，执行【Ctrl＋E】命令，合并图层，命名合并

图 8-11 步骤 11 效果图

后的图层为"dior"。

(13) 选中 dior 图层,执行【图层】→【复制图层】命令,新图层名:dior 副本,选中 dior 副本图层,执行【编辑】→【变换】→【垂直翻转】命令,并移动图层到合适位置,并设置 dior 副本图层的不透明度为 50%,如图 8-12、13 所示。

图 8-12　步骤 12 效果图　　　　　　　　　　　图 8-13　命名图层

(14) 打开素材图片"水花.psd",如图 8-14 所示。

图 8-14　步骤 14

(15) 选中移动工具 ,拖动"水花"图层到"背景图片.tif"中,并放到合适位置,把"水花"图层放置在"明星"图层下方,图层关系和效果图分别如图 8-15,图 8-16 所示。

图 8 - 15　图层关系

图 8 - 16　步骤 15 效果图

（16）点击"橡皮"工具 ，把多余的水花擦除掉，如图 8 - 17 所示。

图 8 - 17　步骤 16 效果图

橡皮擦工具

1. 作用：橡皮擦工具主要用来擦除图像中不需要的区域，共有 3 种工具，分别为"橡皮擦"工具 、"背景橡皮擦"工具 和"魔术橡皮擦"工具 。

2. 使用方法：在工具箱中选取相应的橡皮擦工具，并在属性栏中设置合适的笔头大小及形状，然后在画面中要擦除的图像位置拖曳鼠标光标或者单击鼠标即可。

3. "橡皮擦"工具 属性栏设置：

"画笔"：用于设置橡皮擦笔头的形状及大小。单击 按钮，可以进行笔头形状和大小的设置。

"模式"：用于设置橡皮擦擦除的方式，包括"画笔"、"铅笔"和"块"3 个选项。"画笔"

和"铅笔"模式可将橡皮擦设置为像画笔和铅笔工具一样工作。"块"是指具
有硬边缘和固定大小的方形,并且不提供用于更改不透明度或流量的选项。
"不透明度":用来设置擦除时的不透明度,100%的不透明度将完全抹除像素,较低的
不透明度将部分抹除像素。
"流量":用来设置擦除时压力大小,数值越大,擦除的像素越多。
"抹到历史记录":选中此复选项,"橡皮擦"工具就有了"历史记录画笔"工具的功能。

(17) 打开素材图片"dior 文字. tif",把文字图层拖动到"背景图片. tif"中,并放在合适
位置,最终效果图如图 8 - 18 所示。

图 8 - 18　最终效果图

(18) 保存文件,执行【文件】→【存储为】命令,文件名:香水广告,文件格式:TIFF 格式,
然后单击"保存"按钮。如图 8 - 19 所示。

图 8 - 19　保存文件

288

8.4　模拟练习

8.4.1　利用 **Photoshop** 将"实践"素材中的图片进行合成,效果如下。

（a）处理前

（b）处理后

图 8-20　处理效果

8.4.2　利用 **Photoshop** 将"实践"素材中的图片进行合成,效果如下。

（a）处理前

（b）处理前

（c）处理后

图 8－21　处理效果

第**9**章
FLASH 应用

9.1 实验要求

通过本章的学习,你应当可以做到如下几点:
(1) 熟悉 FLASH 8 的运行方式以及操作界面的构成。
(2) 掌握动画制作的基本原理及组件的制作。
(3) 掌握逐帧动画的制作方法。
(4) 掌握动作补间动画的制作方法。
(5) 掌握形状补间动画的制作方法。
(6) 掌握动画文件的保存与发布方法。

9.2 实验内容

(1) 使用 FLASH 8 创建一个简单的逐帧动画.显示一个彩旗升起的全过程。
(2) 使用 FLASH 8 创建一个足球转动的动画.显示一个足球在运动中的变化过程。
(3) 使用 FLASH 8 创建一个形状补间动画,实现字符"保""护""环""境"的渐变。

9.3 实验步骤

9.3.1 创建逐帧动画

使用 FLASH 8 创建一个简单的逐帧动画。显示一个彩旗升起的过程。
(1) 运行 FLASH 8。单出"开始"按钮→【程序】→【Macromedia】→【Macromedia Flash MX 8】,显示如图 9-1 所示的界面。
(2) 创建新文档,单击"图层 1",使其成为活动层,再选择第一帧。
(3) 若该帧不是关键帧,请选【插入】→【时间轴】→【关键帧】,使第一帧转为关键帧。

菜单 ——→

工具栏 ——→

舞台

时间轴面版

属性面版 ——→

图9-1 Flash工作界面

（4）选择工具栏中的线条工具 ✏️，在属性面板中设置线条的属性：线条颜色，黑色；线条高度，5；实线。如图9-2所示。

图9-2 线条工具属性

（5）接下来，按住鼠标左键，在舞台中左侧绘出一条直线，即旗杆。

（6）选择矩形工具 ▢ ，在属性面板中设置线条属性：颜色，黑色；线条宽度，2；实线；填充颜色，渐变彩色（或任选其他彩色）。如图9-3所示。

图9-3 矩形工具属性

（7）按住鼠标左键，在紧临旗杆处，绘出一个矩形。

（8）单击"图层1"的第2帧，选择【插入】→【时间轴】→【关键帧】，新增一个关键帧，此时其内容与第一个关键帧相同。（也可直接选取时间轴上某一帧，按【F6】键，转为关键帧。或时间轴上选中某帧后，右击→【转换为关键帧】）

（9）选取部分选择工具 ▷ 。鼠标点击矩形边缘部分，当矩形四周出现了句柄时，表明"彩旗"被选中。如图9-4所示。按住方向键"↑"，使"彩旗"向上作少许移动。

图9-4 选中矩形

（10）选中"图层1"中第3帧，按【F6】键→【转换为关键帧】，重复第8步，让"彩旗"继续上升，直至升到旗顶。（注意："彩旗"每上升一点，要插入一个关键帧）

（11）单击时间轴上的"洋葱皮" 🔳 ，利用绘图纸功能，可精确控制多个动作在位置上的一致性,如图 9-5 所示。

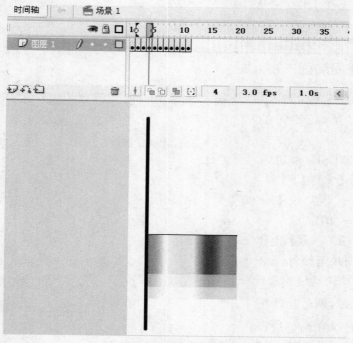

图 9-5　绘图纸功能

（12）保存文档并测试动画。按下【Enter】键,或按下【Ctrl+Enter】键直接发布 FLASH 文件。也可点击【文件】→【另存为】→【.fla 文件】,或【文件】→【导出影片】→【生成"swf"格式文件】,如图 9-6 所示。

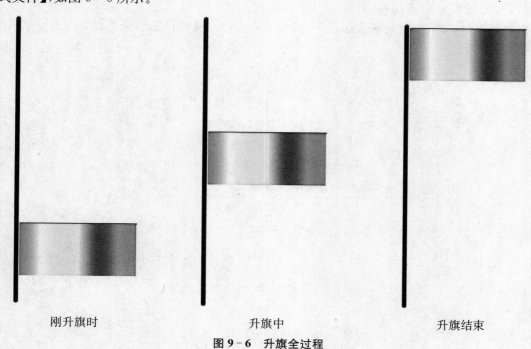

刚升旗时　　　　　　　　升旗中　　　　　　　　升旗结束

图 9-6　升旗全过程

▶ 提示：

　　要让"彩旗"升的平缓、自然，需多插入一些关键帧。

9.3.2　创建补间动画

　　使用 FLASH 8 中的补间动画，显示一个"足球"旋转的过程。

　　(1) 打开 FALSH 8，进入编辑界面，或单击【文件】下拉菜单→【新 建】→【常 规】→【FLASH 文档】→"确定"。

　　(2) 按下【Ctrl＋R】组合键，导入"足球"图片至舞台。

　　单击工具栏"任意变形"工具 🔲，再选中足球，调整足球至适当大小(如想足球在调整过程中不变形，调整时请按住【Shift】键)。并将足球调整至舞台左侧。如图 9－7 所示。

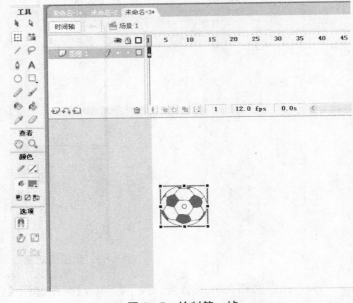

图 9－7　绘制第一帧

　　(3) 选中第 50 帧，按【F6】键，转为关键帧。点击足球，将其拖放到舞台右侧，调整足球大小。(可参考第 2 步，按住【Shift】键，调整足球至合适大小)如图 9－8 所示。

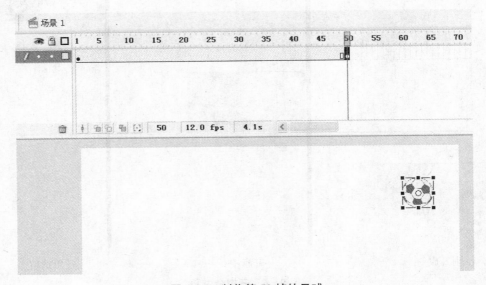

图 9－8　制作第 50 帧的足球

（4）点击时间轴中第 1 帧。右击在弹出的快捷菜单中，选择【创建补间动画】。在属性菜单里，选择"缩放"，旋转：顺时针。如图 9-9 所示。

图 9-9　设定补间动画的属性

（5）按组合键【Ctrl + Enter】，测试动画效果。最终效果如图 9-10 所示。

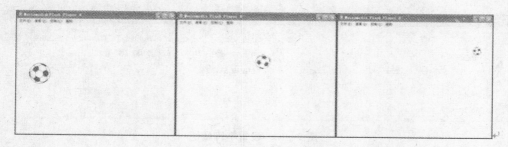

图 9-10　足球转动的全过程

9.3.3　创建形状补间动画

使用 FLASH 8 中的形状补间动画，显示文字"保""护""环""境"的渐变过程。

（1）启动 FLASH 8 应用程序。

（2）新建文档，按组合键【Ctrl+J】，在"文档属性"对话框中设置编辑尺寸，宽为 400px，高为 200px，背景色为"绿色，#33CC00"。如图 9-11 所示。

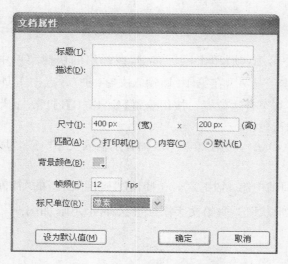

图 9-11　"文档属性"对话框

（3）选中时间轴中的第1帧，点击工具箱中文本工具 ，第1帧中输入文字"保"，选中文字，在"属性"面板中设定字体：华文彩云，字号为70。如图9-12所示。

图9-12　设置字符属性

（4）选中"保"字，按组合键【Ctrl＋B】，将"保"字打散（提示：文字需打散。此步是制作形状补间动画的关键步骤）。点击工具箱中的颜料桶工具 ，在"属性"面板中设字体填充色为红色，如图9-13所示。

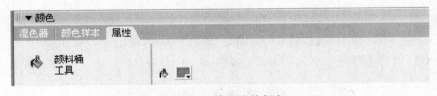

图9-13　填充字体颜色

（5）点击时间轴中第10帧，单击鼠标右键，在弹出的快捷菜单中点击"插入空白关键帧"，选择工具箱中文本工具 ，在第10帧输入文字"护"。点击工具栏选择工具 ，选中舞台上的"护"字，调整其至合适位置。按组合键【Ctrl＋B】，打散"护"这个字。选择工具箱中颜料工具，填充色为蓝色。

（6）参考步骤（3）（4）（5），在第20帧、30帧分别输入文字"环"，"境"，将其填充为不同的颜色。

（7）依次选中时间轴中第1，10，20，30帧，在"属性"面版的"补间"下拉列表框中选取"形状"选项，给文字添加形状补间动画，如图9-14所示。

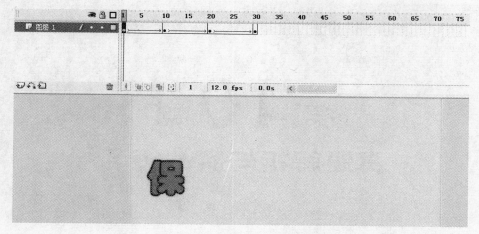

图 9-14　给文字添加形状补间动画

（8）测试，按下【Ctrl＋Enter】键。最终效果如图 9-15 所示。

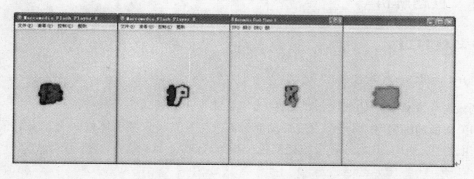

图 9-15　文字补间动画渐变过程

9.4　模拟练习

1. 什么是关键帧？关键帧有何作用？
2. 利用 Flash 创建逐帧动画"太阳升起"。
3. 利用 Flash 创建动作补间动画"彩旗缓缓升起"。
4. 利用 Flash 创建形状补间动画，使三角形渐变成椭圆形。

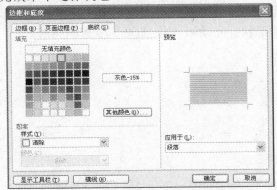

第 **10** 章

真题解析与实战练习

10.1 真题解析

【2009 年秋 IT2】

一、Word 与 Excel 综合操作题

调入考生文件夹中的 ED2.rtf 文件,参考样张按下列要求进行操作。

(1) 文章加标题"中国经济发展推动能源需求增长",设置其字体格式为华文彩云、一号字、加粗、红色、居中,并为标题段填充灰色—15%底纹。

解析:

1. 双击打开考生文件夹中的"ED2.rtf"文件,将光标至于文档的开始处输入"中国经济发展推动能源需求增长"标题,单击键盘上【Enter】键回车;

2. 选中新输入的标题文字,单击格式工具栏中的相应设置,如下图所示

华文彩云 ▼ 一号 ▼ **B** *I* U ▼ A ▼ ≡ ≡ ≡ ≡ ≡ ❯ ▼ A ▼ ;

3. 将光标置于标题段任意处,单击【格式】→【边框和底纹】命令,在弹出的对话框中单击"底纹"选项卡,在填充效果中选择灰色—15%,如图 10-1 所示。

图 10-1 "边框和底纹"对话框

（2）设置正文所有段落段前段后间距均为 0.5 行,设置正文第一段首字下沉 2 行,首字字体为隶书,其余段落首行缩进 2 字符。

【解析】

1. 选择正文所有段落（除标题段）,单击【格式】→【段落】命令,在"缩进和间距"选项卡的"间距"项中,单击段前和段后的设置按钮,如图 10 - 2(a)所示;

2. 单击正文第一段任意位置处,单击【格式】→【首字下沉】命令,在"首字下沉"对话框中单击"下沉"选项,选择字体为"隶书",下沉行数为 2,如图 10 - 2(b)所示;

3. 单击正文第二段开始处,按住【Shift】键,再单击正文最后一段的末尾,松开【Shift】键,单击【格式】→【段落】命令,在"段落"对话框中选择"缩进和间距"选项卡,单击"特殊格式"下方的选项,选择"首行缩进",度量值为 2 字符,如图 10 - 2(c)所示。

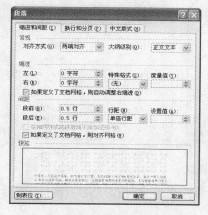
（a）"段落"对话框 1

（b）"首字下沉"对话框

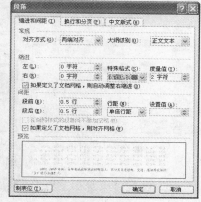
（c）"段落"对话框 2

图 10 - 2　段落格式的设置

（3）为正文第四段填充淡蓝色底纹,加红色、1.5 磅、带阴影边框。

【解析】

1. 单击正文第四段任意位置处,单击【格式】→【边框和底纹】命令,在弹出的"边框和底纹"对话框中单击"底纹"选项卡,在"填充"选项中单击蓝色;在"应用于"范围中选择段落;

2. 单击"边框"选项卡,单击"阴影",在"颜色"下拉框中选择红色,在"宽度"下拉框中选择 $1^{1/2}$ 磅,在"应用于"范围中选择"段落"。

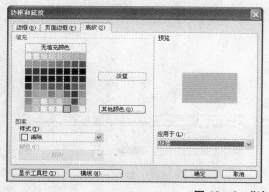

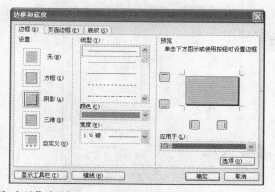

图 10 - 3　"边框和底纹"对话框

（4）参考样张，在正文第五段适当位置以四周型环绕方式插入图片"应对能源.jpg"，并设置图片高度、宽度大小缩放150%。

解析：

1. 单击正文第五段任意位置处，单击【插入】→【图片】→【来自文件】命令，将弹出"插入图片"对话框，在查找范围中选择提示位置处的"考生文件夹"，选择"应对能源.jpg"图片文件，单击"插入"按钮，如图10-4(a)所示；

2. 选择图片，单击【格式】→【图片】命令，单击"设置图片格式"对话框中的"版式"选项卡，选择"四周型"环绕方式，如图10-4(c)所示；

3. 单击"设置图片格式"对话框中的"大小"选项卡，在"缩放"选项"高度"右侧的文本框中输入"50%"，其他设置默认，单击"确定"按钮，如图10-4(b)所示。

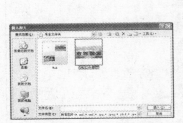
（a）"插入图片"对话框

（b）设置图片的大小

（c）设置图片的版式

图10-4 插入图片与格式设置

（5）设置首页页眉为"经济发展"，其他页页眉为"能源需求"，字体格式均为楷体、五号、居中显示。

解析：

1. 单击【文件】→【页面设置】命令，单击"页面设置"对话框中的"版式"选项，在"页眉和页脚"选项中单击"首页不同"前方的复选框，单击"确定"按钮退出页面设置，如图10-5(a)所示；

2. 单击【视图】→【页眉和页脚】命令，单击首页的页眉处，输入"经济发展"文字，选择"经济发展"文字，单击格式工具栏中的字体格式设置，如图10-5(b)所示；

3. 单击第2张页眉处，输入"能源需求"文字，字体格式设置如图10-5(b)所示。

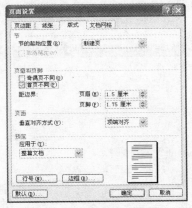
（a）"页面设置"对话框

（b）格式工具栏

图10-5 "页眉和页脚"设置

（6）将正文中所有的"能源消费"设置为蓝色、加粗、双下划线格式。

解析：

1. 将光标置于正文开始处，单击【编辑】→【替换】命令，在"查找和替换"对话框的"替换"选项卡中，单击"高级"按钮，分别在"查找内容"和"替换为"右侧的文本框中输入"能源消费"文字，如图 10-6(a)所示；

2. 光标置于"替换为"右侧文本框内，单击对话框中的"格式"按钮，选择下拉选项中的"字体"选项，在"替换字体"对话框中进行如图 10-6(b)的设置，单击"确定"按钮，返回到"替换"对话框，如图；

3. 修改搜索范围为"向下"，单击"全部替换"按钮，如图 10-6(c)所示；

4. 在弹出的确认替换对话中，单击"否"按钮，如图 10-6(d)所示。

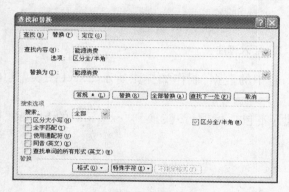

（a）"替换"选项卡 1

（b）"替换字体"对话框

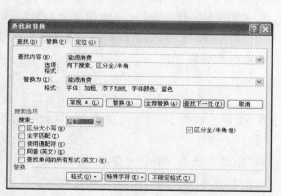

（c）"替换"选项卡 2

（d）确认替换

图 10-6　"查找与替换"设置

（7）在正文第一段中，为文字"GDP"添加脚注，编号格式为"1,2,3,…"，脚注内容为"国民生产总值"；

解析：

1. 选择中文第一段中的文字"GDP"，单击【插入】→【引用】→【脚注和尾注】命令，选择"脚注和尾注"对话框中的"位置"为"脚注"，编号格式为"1,2,3,…"，单击"插入"按钮，如图

10－7(a)所示；

2. 在脚注位置输入"国民生产总值"文字，如图 10－7(b)所示。

（a）"脚注和尾注"对话框　　　　　　　　　　　　（b）脚注

图 10－7　插入脚注

（8）根据"ex2.xls"和"能源消费表.htm"中的数据，制作如样张所示 Excel 图表，具体要求如下：

① 将"能源消费表.htm"中的表格数据（不包括标题行）转换到"ex2.xls"的 Sheet1 工作表中，要求数据自 A7 单元格开始存放。

解析：

方法 1：

1. 双击打开考试文件夹中的"ex2.xls"和"能源消费表.htm"文件，选择"能源消费表.htm"文件中表格的第 2～5 行数据，按下【Ctrl＋C】组合快捷键，将表格数据复制到剪贴板；

2. 单击"ex2.xls"工作簿中"Sheet1"工作表的 A7 单元格，按下【Ctrl＋V】组合快捷键，将剪贴板中最后一项复制的内容粘贴至 A7 单元格开始存放。

方法 2

1. 双击打开考试文件夹中的"ex2.xls"文件，单击"ex2.xls"工作簿中"Sheet1"工作表的 A7 单元格，单击【数据】→【导入外部数据】→【导入数据】命令，将弹出"选取数据源"对话框；

2. 更改"查找范围"为"考生文件夹"，单击"能源消费表.htm"文件，单击"打开"按钮；

3. 在弹出的"新建 Web 查询"对话框中单击第二个 ➡ 图标，选取导入数据源，单击"导入"按钮；

4. 在弹出的"导入数据"对话框中，选择"现有工作表"中的"＝＄A＄7"单元格，单击"确定"按钮；

5. 单击行号 7，选中第 7 行，单击【编辑】→【删除】命令，删除新增数据的标题行。

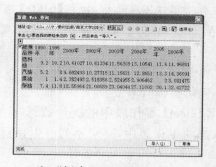

（a）"选取数据源"对话框 　　　　（b）"新建 Web 查询"对话框 　　　（c）"导入数据"对话框

图 10－8　导入外部数据

② 在 Sheet1 工作表的 A11 单元格中输入"日均能源消费总量"，在 B11：I11 各单元格中，利用公式分别计算各年日均能源消费总量（能源消费总量等于各品种能源消费之和）。

【解析】

1. 单击 Sheet1 工作表的 A11 单元格，输入"日均能源消费总量"；

2. 单击 B11 单元格，输入公式"＝B4＋B5＋B6＋B7＋B8＋B9＋B10"，单击键盘【Enter】键。或单击 B11 单元格，单击常用工具栏上的自动求和图标 Σ，确认 B11 单元格的公式为"＝sum(B4：B10)"后，单击键盘【Enter】键。

3. 单击 B11 单元格，将鼠标移至 B11 单元格右下角，当鼠标变成黑实心十字架"＋"时，按住鼠标左键拖动至 I11 单元格即可。

③ 在 Sheet1 工作表中，设置所有数值数据保留 1 位小数，为区域 A3：I11 填充黄色底纹，内外边框均为蓝色最细单线。

【解析】

1. 单击 Sheet1 工作表的 B4 单元格，按住【Shift】键不放，再单击 I11 单元格，单击格式工具栏上增加或减少小数点按钮 ，使得所有数值的小数位保留 1 位；

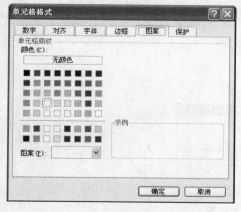

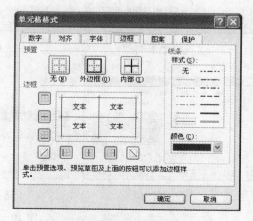

（a）单元格底纹设置 　　　　　　　（b）单元格边框设置

图 10－9　"单元格格式"设置

2. 单击 Sheet1 工作表的 A3 单元格,按住【Shift】键不放,再单击 I11 单元格,单击【格式】→【单元格】命令,在"单元格格式"对话框中选择"图案"选项卡,在"单元格底纹"的颜色中选择"黄色";

3. 单击"边框"选项卡,单击颜色下方的箭头,在展开的颜色中选择蓝色,然后依次单击"预置"下方的"外边框"和"内部",单击"确定"按钮。

④ 参考样张,根据 Sheet1 工作表中的统计数据,生成一张各年日均能源消费总量的"数据点折线图",嵌入当前工作表中,要求系列产生在行,图表标题为"近年能源日均消费量",不显示图例。

解析:

1. 选择数据区 A3:I11,单击常用工具栏上的图表按钮 ,弹出如图 10-10(a)所示对话框,选择"折线图"中的"数据点折线图";

2. 单击"下一步"按钮,在"图表向导-4 步骤之 2-图表数据源"中,单击系列产生在"行",如图 10-10(b)所示;

3. 单击"下一步"按钮,在"图表向导-4 步骤之 3-图表选项"中,单击"标题"选项卡,在图表标题下方的文本框中输入"近年能源日均消费量"文字,如图 10-10(c)所示;

4. 单击"图例"选项卡,去除"显示图例"前的复选框,如图 10-10(d)所示;

5. 单击"下一步"按钮,在"图表向导-4 步骤之 4-图表位置"中,单击"作为其中的对象插入"前的单选按钮,单击完成,如图 10-10(e)所示,图表样张如图 10-10(f)所示。

(a) 选择图表类型

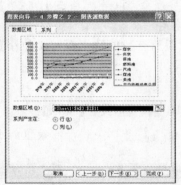

(b) 选择图表数据源

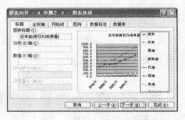

(c) 设置图表标题

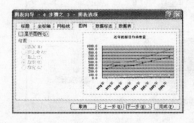

(d) 设置图例

(e) 选择图表的位置

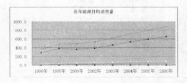

(f) 图表样张

图 10-10　图表设置

⑤ 将生成的图表以"增强型图元文件"形式选择性粘贴到 Word 文档的末尾。

解析：

右击图表区空白处，在快捷菜单中选择"复制"选项，单击任务栏中的"ED2.rtf"文件，右击文档末尾处，单击【编辑】→【选择性粘贴】命令，在"选择性粘贴"对话框中选择"图片（增强型图元文件）"选项，单击"确定"按钮，如图 10 - 11 所示。

图 10 - 11　"选择性粘贴"对话框

⑥ 将工作簿以文件名：EX，文件类型：Microsoft Excel 工作簿（ * .xls），存放于考生文件夹中。

解析：

单击任务栏中的"ex2.xls"文件，单击【文件】→【另存为】命令，在"另存为"对话框中修改其文件名为"EX"，文件类型为"Microsoft Excel 工作簿（ * .xls）"，存放位置不变，如图 10 - 12 所示，单击关闭按钮 关闭工作簿。

图 10 - 12　"另存为"对话框

（9）将编辑好的文章以文件名：DONE，文件类型：RTF 格式（ * .RTF），存放于考生文件夹中。

解析：

单击任务栏中的"ed2.rtf"文件，单击【文件】→【另存为】命令，在"另存为"对话框中修改其文件名为"DONE"，文件类型为"RTF 格式（ * .RTF）"，存放位置不变。样张如图 10 - 13 所示，单击关闭按钮 关闭 Word 文档。

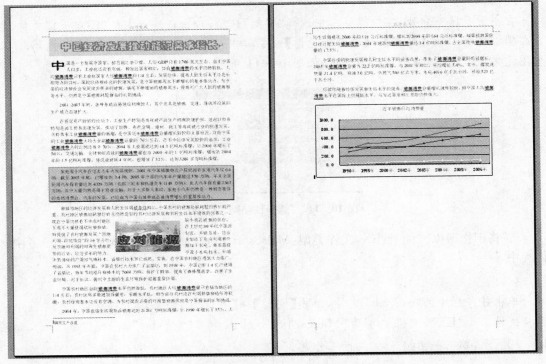

图 10-13　Word 与 Excel 的样张

二、PowerPoint 与 FrontPage 综合操作题

所需素材均存放于考生文件夹的 Web 子文件夹中,参考样张按下列要求进行操作。

(1)打开站点"Web",编辑网页 Index. htm,设置左框架宽度百分比为 35,不显示滚动条,并将 Right. htm 作为右框架的初始网页。

解析:

1. 单击"开始"→【程序】→…→【Microsoft Office FrontPage 2003】命令,打开 Front-Page 程序,单击【文件】→【打开网站】命令,弹出"打开网站"对话框,在"查找范围"右侧的下拉文本中选择"考生文件夹",单击 Web 文件夹,单击"打开"按钮,如图 10-14(a)所示;

2. 右击左边框架空白处,在快捷菜单中选择"框架属性",在"框架大小"下方的"宽度"右侧文本框中输入 35,选择百分比,在"显示滚动条"右侧的下拉文本框中选择"不显示",单击"确定"按钮,如图 10-14(b)所示;

3. 单击右边框 设置初始网页(I)... 按钮,弹出"插入超链接"对话框,如图 10-14(c)所示,单击"原有文件或网页"按钮,在"当前文件夹"的右侧选择"Right. htm"网页文件,单击"确定"按钮,设置初始网页。

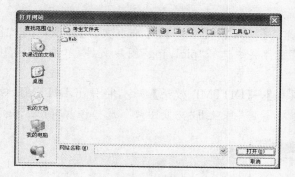

（a）打开 web 站点

（b）设置框架属性

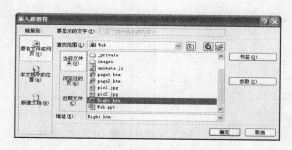

（c）设置初始网页

图 10 - 14　主页设置

（2）在左框架网页表格的末尾新增一行，内容为"哈纳斯自然保护区"，并设置表格中所有字体格式为：楷体、14 磅、居中。

解析：

1. 单击左框架网页表格的最后一行，单击【表格】→【插入】→【行或列】命令，弹出如图 10 - 15 所示的对话框，选择插入行，行数为 1，位置在"所选区域下方"；

2. 在新增加的文本框中输入"哈纳斯自然保护区"文本，选择新输入的文本，在格式工具栏 楷体_GB2312　▼ 4 (14 磅) ▼ **B** *I* U ≡ ≡ ≡ ≡ 中修改字体为楷体，字号 4(14 磅)，居中对齐。

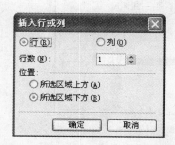

图 10 - 15　"插入行或列"对话框

（3）参考样页，在右框架网页文字的下方插入图片 pic1. jpg，并设置该图片 DHTML 效果为当鼠标悬停时图片交换成 pic2. jpg。

解析:

1. 单击有框架网页文字的下方,单击【插入】→【图片】→【来自文件】命令,弹出"图片"对话框,在"考生文件夹"下方的"web"文件夹中选择"pic1.jpg"图片文件,单击"插入"按钮,如图 10-16(a)所示;

2. 单击图片,执行【视图】→【工具栏】→【DHTML 效果】命令,将弹出 DHTML 效果工具栏,在 DHTML 工具栏中设置在"鼠标悬停"时应用"交换图片",选择图片"pic2.jpg"。

(a) 插入图片　　　　　　　　　　　　(b) DHTML 效果设置

图 10-16　插入图片并设置 DHTML 效果

(4) 为左框架网页中的文字"罗布泊野骆驼自然保护区"和"巴音布鲁克自然保护区"创建超链接,分别指向网页 page1.htm 和 page2.htm,目标框架均为右框架。

解析:

1. 选择左框架网页中的文字"罗布泊野骆驼自然保护区",单击【插入】→【超链接】命令,在弹出的"插入超链接"对话框中选择 page1.htm 文件,如图 10-17(a)所示;

2. 单击"目标框架"按钮,在"目标框架"对话框中单击"当前框架网页"下方的右侧方框,如图 10-17(b)所示,单击"确定"按钮返回到"插入超链接"对话框,单击"确定"按钮。

3. 同理设置"巴音布鲁克自然保护区"的超链接。

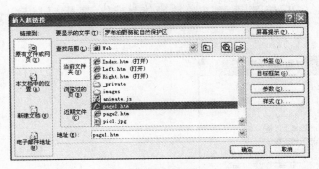

(a) 插入超链接　　　　　　　　　　　(b) 设置目标框架

图 10-17　设置超链接

(5) 完善 PowerPoint 文件 Web.ppt,并发布为网页,链接到网页中,具体要求如下:
① 打开 Web.ppt,将所有幻灯片背景填充效果预设为"茵茵绿原"。

解析:

1. 在 web 站点左侧的列表中双击打开"Web. ppt"文件;

2. 右击第一张幻灯片的空白处,在快捷菜单中选择"背景"选项,在"背景"对话框中单击倒挂三角形 ∨,在下拉菜单中选择"填充效果"选项;

3. 单击"渐变"选项卡中"颜色"为"预设","预设颜色"为"茵茵绿原",单击"确定"按钮,返回到"背景"对话框,单击"全部应用"按钮。

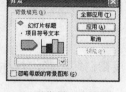
（a）"背景"对话框

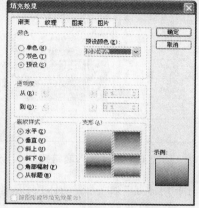
（b）设置背景的渐变效果

（c）"背景"对话框

图 10-18　设置背景色

② 除标题幻灯片外,在其他幻灯片中添加幻灯片编号。

解析:

单击【视图】→【页眉和页脚】命令,在弹出的"页眉和页脚"对话框中选择"幻灯片"选项卡,单击"幻灯片编号"和"标题幻灯片中不显示"前方的复选框,如图 10-19 所示,单击"全部应用"。

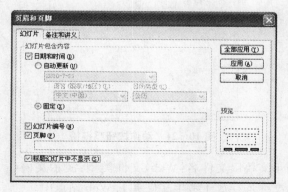

图 10-19　"页眉和页脚"对话框

③ 为第二张幻灯片文本区中的各行文字建立超链接,分别指向具有相应标题的幻灯片。

解析:

1. 单击第2张幻灯片,选择"吐鲁番葡萄"文字,单击【插入】→【超链接】命令,在"插入超链接"对话框中单击"本文档中的位置",单击标题为"吐鲁番葡萄"的幻灯片,单击"确定"按钮,如图10-20所示;

2. 同理设置其他文字的超级链接。

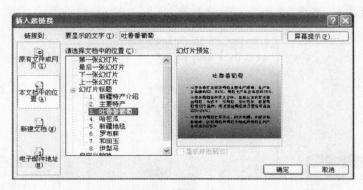

图10-20 插入超链接

④ 在最后一张幻灯片的右下角添加"第一张"动作按钮,超链接指向第一张幻灯片。

解析:

单击最后一张幻灯片,单击【幻灯片放映】→【动作按钮】→【第一张】图标命令,按住鼠标左键在幻灯片右下角拖动至合适位置即可松开,在弹出的"动作设置"对话框中选择"单击鼠标"选项卡,默认超链接至第一张幻灯片,如图10-21所示。

图10-21 动作按钮超链接

⑤ 将制作好的演示文稿以文件名:Web,文件类型:演示文稿(＊.ppt)保存,同时另存为 Web页 Web.htm,文件均存放于考生文件夹下 Web 站点中。

解析:

1. 单击常用工具栏中的保存按钮 ▢;

2. 单击【文件】→【另存为网页】命令,在弹出的"另存为"对话框中修改保存类型为"网页"，单击"保存"按钮，如图 10－22 所示，单击 "关闭"按钮关闭演示文稿。

图 10－22　另存为网页对话框

⑥ 为左框架网页中的文字"新疆特产介绍"建立超链接，指向 Web. htm 文件，目标框架为"新建窗口"。

【解析】

1. 选择左框架网页中的文字"新疆特产介绍"，单击【插入】→【超链接】命令，在弹出的"插入超链接"对话框中选择 Web. htm 文件，如图 10－23(a)所示；

2. 单击"目标框架"按钮，在弹出的"目标框架"中单击"新建窗口"选项，如图 10－23(b)所示，单击"确定"按钮将返回至"插入超链接"对话框，单击"确定"按钮。

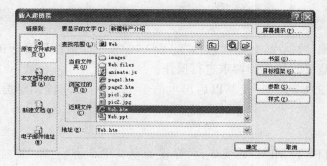

(a)"插入超链接"对话框　　　　　　(b) 目标框架设置

图 10－23　插入超链接

(6) 将所有修改过的网页以原文件名保存，文件均存放于考生文件夹下 Web 站点中。

【解析】

单击常用工具栏上的"保存"按钮 ，单击关闭网站的按钮 。

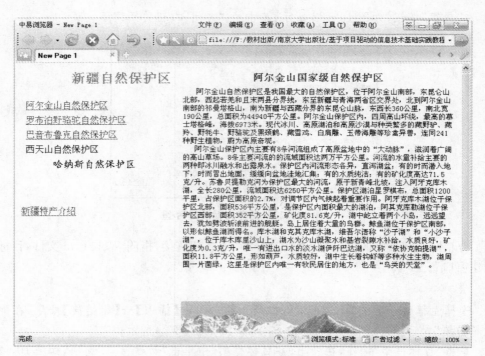

图 10－24　网页样张

三、Access 操作题

打开考生文件夹中"TEST. MDB"数据库,数据库包括"院系"、"学生"和"成绩"表,表的所有字段均用汉字来命名以表示其意义。按下列要求进行操作。

(1) 基于"学生"表,查询所有"1991－7－1"及其以后出生的学生名单,要求输出学号、姓名,查询保存为"CX1"。

解析:

1. 双击打开考生文件夹下的"TEST. MDB"数据库,在弹出的窗口中单击"打开"按钮,在左侧列表框中选择"查询",双击右侧框中的"在设计视图中创建查询"选项;

2. 在弹出的"显示表"对话框中选择"表"选项卡,选择"学生"表,单击"添加"按钮,如图10－25(a)所示,单击"关闭"按钮;

3. 在"查询1:选择查询"窗口下方的表格中,"字段"一行中选择"学号"、"姓名"、"出生日期",单击"出生日期"的"显示"一栏中的复选框,在"出生日期"的"条件"一栏输入">1991－7－1",如图 10－25(b)所示;

4. 单击常用工具栏中的"运行"按钮 后,出现了查询结果窗口,如图 10－25(c)所示;

5. 单击 按钮后,出现了"另存为"对话框,在查询名称下方的文本框中输入"CX1",如图 10－25(d)所示,单击"确定"按钮,单击"关闭"按钮 关闭查询结果。

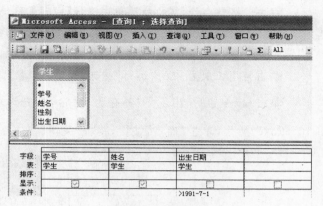

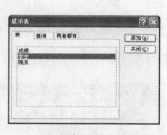

（a）添加查询的表　　　　　　　（b）设置查询条件

（c）查询结果　　　　　　　（d）保存查询结果

图 10-25　单表查询

（2）基于"院系"、"学生"、"成绩"表，查询各院系学生成绩的均分，要求输出院系代码、院系名称、成绩均分，查询保存为"CX2"。

解析：

1. 双击数据库"TEST. MDB"下方"在设计视图中创建查询"选项，在弹出的"显示表"窗口中选择"表"选项卡下方的三个表，如图 10-26（a）所示，单击"添加按钮"，单击"关闭"按钮；

2. 在"查询 1：选择查询"窗口下方的表格中，拖动"成绩"表中的"学号"字段至"学生"表中的"学号"处，在"成绩表"和"学生"之间出现一根连接线，同理拖动"院系"表中的"院系代码"字段至"学生"表中的"院系代码"字段，如图 10-26（c）所示；

3. 右击表格空白处,在快捷菜单中选择【总计】项,如图10-26(b)所示,在"字段"一行中选择"院系.院系代码"、"院系.院系名称"、"成绩.成绩",在"总计"一行中依次选择"分组"、"分组"、"平均值",在"排序"一行中的"院系代码"下方选择"升序"或"降序",如图10-25(c)所示;

4. 单击常用工具栏中的"运行"按钮![]后,出现了查询结果窗口,如图10-25(d)所示;

5. 单击![]按钮后,出现了"另存为"对话,在查询名称下方的文本框中输入"CX2",如图10-25(e)所示,单击"确定"按钮,单击"关闭"按钮![]关闭查询结果。

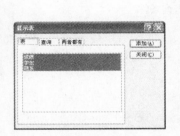

(a) 添加查询的表

(b) 添加汇总项

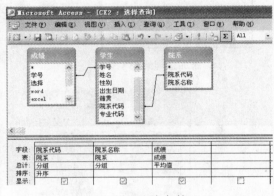

(c) 设置查询条件

(d) 查询结果

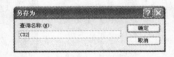

(e) 保存查询结果

图 10-26   多表查询

(3) 保存数据库"TEST.MDB"。

单击"关闭"按钮![],关闭数据库"TEST.MDB"。

10.2   实战演练

10.2.1   Word 2003 与 Excel 2003 的综合应用

1. Word 与 Excel 综合应用 1

调入考生文件夹中的 ED.RTF 文件,参考样张按下列要求进行操作。

(1) 将页面设置为 16 开,上、下、左、右页边距均为 2 厘米,每页 40 行,每行 42 个字符。

(2) 参考样张,给文章加标题"中医药信息的数字化问题",并将标题设置为华文行楷、小一号字、左对齐,副标题为"——信息的客观化规范化",四号字、右对齐。

(3) 参考样张,将 3 个小标题设置为四号、黑体、加粗,并加蓝色、1.5 磅、阴影边框,填充浅黄色底纹。

（4）设置奇数页页眉为"计算机在中医药中的应用"，偶数页页眉为"中医药信息编码"，所有页的页脚为自动图文集"第 X 页 共 Y 页"，均居中显示。

（5）设置正文第一段首字下沉 3 行，首字字体为隶书，其余各段（不含小标题）设置为首行缩进 2 字符。

（6）将正文所有的"中医药"的动态效果设置为礼花绽放。

（7）将正文最后一段设置为等宽三栏，在栏间添加分隔线。

（8）参考样张，在倒数第二、三段插入图片 zy.jpg，图片大小为高度 5 厘米、宽度 3 厘米，环绕方式为四周型。

（9）根据"中药别名统计表.doc"文件中提供的表格，制作如样张所示的 Excel 图表，具体要求如下：

① 将"中药别名统计表.doc"文件中的表格（不包括标题行）转换为 Excel 工作表，要求自第一行第一列开始存放，工作表命名为"中药别名统计"；

② 在工作表"中药别名统计"的单元格 B20 中利用函数统计别名的总数；

③ 根据工作表"中药别名统计"中单元格区域 A1:B11 的数据生成一张"柱形圆柱图"，并嵌入"中药别名统计"工作表中，要求系列产生在行上，图表标题为"常用十味中药别名数统计图"，数据标志显示值；

④ 参考样张，将生成的图表，以"增强型图元文件"形式选择性粘贴到 Word 文档的最后；

⑤ 将工作簿以文件名：EX，文件类型：Microsoft Excel 工作簿（*.xls），存放于考生文件夹中。

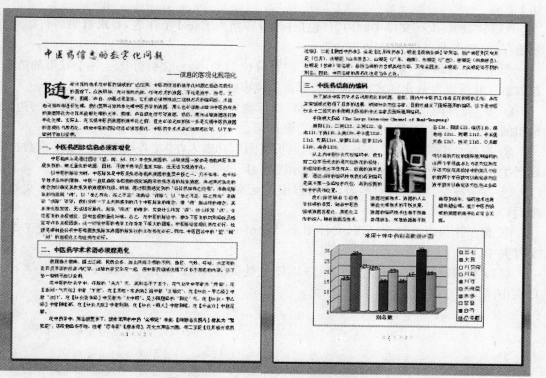

图 10－27　Word 与 Excel 综合应用一

(10) 将编辑好的文章以文件名：DONE，文件类型：RTF 格式(＊.RTF)，存放于考生文件夹中。

2. Word 与 Excel 综合应用 2

调入考生文件夹中的 ED.RTF 文件，参考样张，按下列要求进行操作。

(1) 将页面设置为：纸张类型为自定义大小，宽度 20 厘米，高度 28 厘米，左、右页边距为 3.5 厘米。

(2) 参考样张，给文章加标题"送花艺术"，并将标题设置为楷体、一号字、加粗、居中对齐，字符缩放 150％，文字效果为礼花绽放。

(3) 设置正文第三段首字下沉 2 行，首字为黑体、加粗、红色，其余段落首行缩进 2 个字符。

(4) 将正文中所有的"花"设置为楷体、海绿色。

(5) 为正文第八、九两段设置 1.5 磅、带阴影的褐色边框，底纹图案为 10％的青绿色。

(6) 设置奇数页页眉为"节日送花艺术"，偶数页页眉为"女性分类"，均居中显示，页脚为页码，右侧对齐。

(7) 把介绍女性分类的三段分成等宽的三栏，栏间有分隔线。

(8) 在"情侣送礼大百科"一段中插入图片"玫瑰.jpg"，设置图片大小为高度 4 厘米、宽度 5 厘米，环绕方式为四周型，左对齐。

(9) 参考样张插入自选图形"云形标注"，并输入文字"九朵玫瑰代表长长久久"，设置图形线条为 1 磅、粉红色，填充色为浅黄色，环绕方式为紧密型。

(10) 根据"数据.doc"文件中提供的表格，制作如样张所示的 Excel 图表，具体要求如下：

① 将"数据.doc"文件中的内容(包括标题)转换为 Excel 工作表，要求自第一行第一列开始存放，工作表命名为"花卉调查"；

② 在"花卉调查"工作表 C2 列中输入"百分比"，利用公式"百分比＝各个城市的数量/总数量"，并设置百分比样式，小数点后保留 2 位小数，所有的数据居中表示；

③ 在"花卉调查"工作表，合并单元格，令标题居中、加粗、字号为 20，设置表格的边框，最粗的线作为外边框、最细的线作为内边框；

④ 根据表中的数据生成一张"数据点折线图"，并嵌入在"花卉调查"表中，要求数据系列产生在列，标题为"花卉调查"，靠右显示图例，且显示值；

⑤ 参考样张，将生成的图表以"增强型图元文件"的形式选择性粘贴到 Word 文档的最后；

⑥ 将工作簿以文件名：EX，文件类型：Microsoft Excel 工作簿(＊.XLS)，存放于考生文件夹中。

(11) 将编辑好的文章以文件名：DONE，文件类型：RTF 格式(＊.RTF)，存放于考生文件夹中。

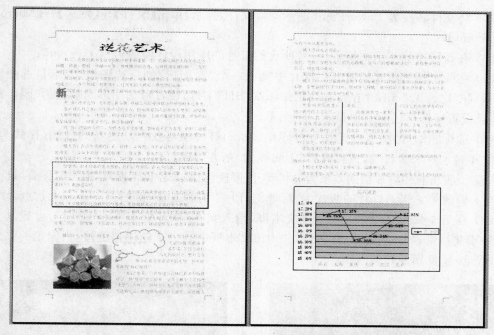

图 10‐28 Word 与 Excel 综合应用二

10.2.2 Word 2003 与 PowerPoint 2003 的综合应用

（1）打开 Word 文档"上海简介.doc"，并切换至大纲视图，通过大纲工具栏中的 ⬅ 或 ➡ 按钮，设置"上海简介"、"上海市标"、"上海市花"、"上海景点"、"上海国际会议中心"、"滨江大道"、"陆家嘴"、"金茂大厦"、"世纪大道"、"黄浦江观光台"、"气象信号台"、"亚细亚大楼"段落为标题一，其余段落降级为标题二，如图 10‐29 所示；

⬥ 上海简介

　□ 上海简称沪，别称申，是中国最大的经济中心城市，也是国际著名的港口城市。在中国的经济发展中具有极其重要的地位。上海位于北纬 31 度 14 分，东经 121 度 29 分。上海地处长江三角洲前缘，北界长江，东濒东海，南临杭州湾，西接江苏、浙江两省。地处南北海岸线中心，长江三角洲东缘，长江由此入海，交通便利，腹地宽阔，地理位置优越，是一个良好的江海港口。上海全市面积 6340.5 平方公里，占我

⬥ 上海市标

　□ 上海市市标 1990 年经上海市人大常委会审议通过，上海市市标是是以市花白玉兰，沙船和螺旋桨三者组成的三角形图案。三角形图形似轮船的螺旋桨，象征着上海是一座不断前进的城市，图案中心扬帆出海的沙船，是上海港最古老的船舶，它象征着上海是一个历史悠久的港口城市，展示了灿烂辉煌的明天。沙船的背景是迎着早春盛开的白玉兰。

⬥ 上海市花

　□ 1986 年经上海市人大常委会审议通过，决定白玉兰为上海市市花。白玉兰在上海的气候下，开花特别早，冬去

图 10‐29 PowerPoint 2003 样张一

（2）将文件转换为 PowerPoint 演示文稿文件，提示：单击【文件】→【发送】→【Microsoft PowerPoint】；

（3）在新转换的演示文稿中，设置所有幻灯片的应用设计模板为"artsy. pot"；

（4）在除了标题版式的所有幻灯片中插入一个"太阳形"的自选图形，要求自选图形的高度和宽度均为 4.2cm，并在自选图形中添加"SH"字母，设置自选图形的阴影为"阴影样式 3"，并且设置鼠标移过时突出显示自选图形；

（5）除标题幻灯片外，设置其余幻灯片显示幻灯片编号及自动更新的日期（样式为"×××× 年 ×× 月 ×× 日"），页脚内容"上海称为'东方明珠'"；

（6）设置所有幻灯片切换效果为盒状展开、慢速、每隔 5 秒自动换页，换页时伴有风铃声；

（7）修改第 4 张幻灯片的版式为"标题幻灯片"，并添加副标题为"——八大景点介绍"；

（8）在第 4 张幻灯片中插入竖排文本框，输入文本"欢迎您来上海参观！"，设置其字体格式为华文行楷、44 号字、加粗、黄色，并为该文本框中的文字创建超链接，指向第一张幻灯片，如图 10 - 30 所示；

图 10 - 30　PowerPoint 2003 样张二

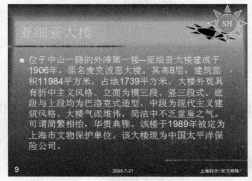

图 10 - 31　PowerPoint 2003 样张三

（9）在第 8 张幻灯片之后插入版式为"项目清单"的新幻灯片，将"亚细亚大楼. txt"文件中的文本复制至新幻灯片中的相应位置，幻灯片标题为"亚细亚大楼"；

（10）将新插入幻灯片的背景填充效果颜色预设为红日西斜，底纹式样为"从标题"，变形为第二种样式，如图 10 - 31 所示；

（11）在最后一张幻灯片的右下角插入一个"自定义"动作按钮，在动作按钮中添加文字"返回"，单击按钮后超链接指向标题为"上海景点"的幻灯片，同时伴有"照相机"的声音，如图 10 - 32 所示；

（12）将所有幻灯片的放映方式设置为"观众自行浏览（窗口）"；

（13）将编辑完的演示文稿以文件名"上海简介. pps"，保存类型为"PowerPoint 放映"保存在"考生文件夹"中。

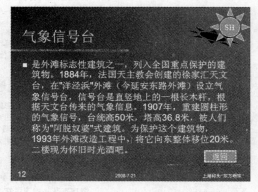

图 10 - 32　PowerPoint 2003 样张四

10.2.3　PowerPoint 2003 与 FrontPage 2003 的综合应用

1. PowerPoint 与 FrontPage 综合应用 1

所需素材均存放于考生文件夹的 Web 子文件夹中，参考样页按下列要求进行操作。

（1）打开站点"Web"，新建一个"标题"的框架网页，把 main. htm 设置为下框架的初始网页，上框架中新建网页，并设置上框架高度为 120 像素。

（2）在上框架中输入文字"游遍希腊"，设置其字体为楷体、加粗、36 磅。

（3）在上框架中插入横幅广告管理器，间隔 1 秒依次显示 pic - 1. jpg、pic - 2. jpg 图片，设置其宽度为 120，高度为 80，过渡效果为水平遮蔽，对齐方式为右对齐。

（4）在上框架网页中，设置背景音乐为 music. mid，背景图片为 bg. gif。

（5）在下框架网页中，为表格的各行文字"气候"、"购物"和"美食"建立超链接，指向本网页中同名的书签。

（6）完善 Web. ppt 文件，并发布为网页，链接到网页中，具体要求如下：

① 设置文稿应用设计模板为 Strategic；

② 在末尾插入一张版式为"空白"的幻灯片，插入图片 map. jpg，设置其尺寸高宽缩放比例为 150%，其动画效果为百叶窗、垂直展开；

③ 在新插入的第 4 张幻灯片的右下角插入动作按钮"开始"，超链接指向第 1 张幻灯片；

④ 将第 3 张幻灯片设置为隐藏；

⑤ 将制作好的演示文稿以文件名：Web，文件类型：演示文稿（＊. ppt）保存，同时另存为 Web 页 Web. htm，文件均存放于考生文件夹下 Web 站点中；

⑥ 为网页横幅广告管理器中的图片建立超链接，指向 Web. htm，目标框架为"新建窗口"。

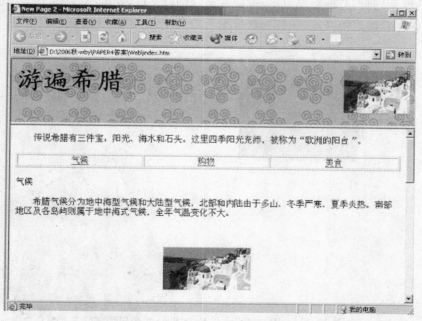

图 10 - 33　PowerPoint 与 FrontPage 综合应用样张一

（7）将制作好的框架网页、上框架网页分别以文件名 Index. htm，Top. htm 保存，同时保存修改过的 main. htm 文件，文件均存放于考生文件夹下 Web 站点中。

2. PowerPoint 与 FrontPage 综合应用 2

所需素材均存放于考生文件夹的 Web 子文件夹中，参考样页按下列要求进行操作。

（1）打开站点"Web"，编辑框架网页 index. htm，在上框架中输入文字"我喜欢的花"，并居中显示，并应用动态 HTML 效果，当鼠标悬停时，出现粉红色凹线方框。

（2）在左框架中插入 4 行 1 列的表格，边框颜色为浅绿色，在表格中分别输入"荷花"、"梅花"、"月季"、"牡丹"，设置字体为幼圆、12 磅，并为表格中的文字分别建立超链接，指向"荷花. htm"、"梅花. htm"、"月季. htm"、"牡丹. htm"，目标框架为新建窗口。

（3）编辑"荷花. htm"，在网页中插入"荷花. jpg"，设置图片的大小为 250 像素，对齐方式为左对齐，以同样的方式编辑"梅花. htm"、"月季. htm"、"牡丹. htm"。

（4）设置右框架的初始网页为"荷花. htm"，过渡效果设置为离开网页时，周期 2 秒，盒状放射；

（5）完善 Web. ppt，并发布为网页，链接到网页中，具体要求如下：

① 将 Word 文档"杜鹃花. doc"中所有内容粘贴到最后一张幻灯片正文中；

② 将所有幻灯片的设计模板设置为 High Voltage. pot，并设置配色方案为第二行第一列效果；

③ 在最后一张幻灯片的右下角输入汉字"返回"，并超链接指向第二张幻灯片；

④ 将制作好的演示文稿以文件名：Web，文件类型：演示文稿（＊. ppt）保存，同时另存为 Web 页 Web. htm，文件均存放在考生文件夹下 Web 站点中。

（6）左框架表格下输入文字"六大名花"，并超链接到 Web. htm，目标框架为右框架。将制作好的框架网页、左框架网页、上框架网页分别以文件名 index. htm、left. htm、top. htm 保存，同时保存修改过的文件，文件均存放于考生文件夹下 WEB 站点中。

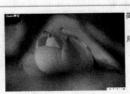

图 10‑34　PowerPoint 与 FrontPage 综合应用样张二